工程造价编制疑难问题解答丛书

水暖工程造价编制 800 问

本书编写组 编

中国建材工业出版社

图书在版编目(CIP)数据

水暖工程造价编制 800 问/《水暖工程造价编制 800 问》编写组编. —北京：中国建材工业出版社，2012.5

（工程造价编制疑难问题解答丛书）

ISBN 978-7-5160-0107-3

Ⅰ.①水… Ⅱ.①水… Ⅲ.①给排水系统-建筑安装-工程造价-预算编制-问题解答②采暖设备-建筑安装-工程造价-预算编制-问题解答 Ⅳ.①TU723.3-44

中国版本图书馆 CIP 数据核字(2012)第 014010 号

水暖工程造价编制 800 问
本书编写组　编

出版发行：	中国建材工业出版社
地　　址：	北京市西城区车公庄大街 6 号
邮　　编：	100044
经　　销：	全国各地新华书店
印　　刷：	北京紫瑞利印刷有限公司
开　　本：	850mm×1168mm　1/32
印　　张：	13
字　　数：	400 千字
版　　次：	2012 年 5 月第 1 版
印　　次：	2012 年 5 月第 1 次
定　　价：	30.00 元

本社网址：www.jccbs.com.cn
本书如出现印装质量问题，由我社发行部负责调换。电话：(010)88386906
对本书内容有任何疑问及建议，请与本书责编联系。邮箱：dayi51@sina.com

内 容 提 要

本书依据《建设工程工程量清单计价规范》(GB 50500—2008)和《全国统一安装工程预算定额》第八册《给排水、采暖、燃气工程》(GYD—208—2000)进行编写,重点对水暖工程造价编制时常见的疑难问题进行了详细解释与说明。全书主要内容包括水暖系统简介,工程造价基础知识,水暖工程定额原理,水暖工程定额计价,水暖工程工程量清单计价,给排水、采暖管道工程计量与计价,管道附件工程计量与计价,卫生器具制作安装工程计量与计价,供暖器具安装工程计量与计价,燃气器具安装工程计量与计价,采暖工程系统调整计量与计价,热力设备安装工程计量与计价等。

本书对水暖工程造价编制疑难问题的讲解通俗易懂,理论与实践紧密结合,既可作为水暖工程造价人员岗位培训的教材,也可供水暖工程造价编制与管理人员工作时参考。

水暖工程造价编制 800 问
编 写 组

主　编：孙邦丽
副主编：梁金钊　方　芳
编　委：秦礼光　郭　靖　李良因　何晓卫
　　　　伊　飞　杜雪海　范　迪　马　静
　　　　侯双燕　郭　旭　葛彩霞　汪永涛
　　　　王　冰　徐梅芳　蒋林君　黄志安
　　　　沈志娟

前　言

工程造价涉及到国民经济各部门、各行业，涉及社会再生产中的各个环节，其不仅是项目决策、制定投资计划和控制投资以及筹集建设资金的依据，也是评价投资效果的重要指标以及合理利益分配和调节产业结构的重要手段。编制工程造价是一项技术性、经济性、政策性很强的工作。要编制好工程造价，必须遵循事物的客观经济规律，按客观经济规律办事；坚持实事求是，密切结合行业特点和项目建设的特定条件并适应项目前期工作深度的需要，在调查研究的基础上，实事求是地进行经济论证；坚持形成有利于资源最优配置和效益达到最高的经济运作机制，保证工程造价的严肃性、客观性、真实性、科学性及可靠性。

工程造价编制有一套科学的、完整的计价理论与计算方法，不仅需要工程造价编制人员具有过硬的基本功，充分掌握工程定额的内涵、工作程序、子目包括的内容、工程量计算规则及尺度，同时也需要工程造价编制人员具备良好的职业道德和实事求是的工作作风，并深入工程建设第一线收集资料、积累知识。

为帮助广大工程造价编制人员更好地从事工程造价的编制与管理工作，快速培养一批既懂理论，又懂实际操作的工程造价工作者，我们组织工程造价领域有着丰富工作经验的专家学者，编写这套《工程造价编制疑难问题解答丛书》。本套丛书包括的分册有：《建筑工程造价编制 800 问》、《装饰装修工程造价编制 800 问》、《水暖工程造价编制 800 问》、《通风空调工程造价编制 800 问》、《建筑电气工程造价编制 800 问》、《市政工程造价编制 800 问》、《园林绿化工程造价编制 800 问》、《公路工程造价编制 800 问》、《水利水电工程造价编制 800 问》、《管道工程造价编制 800 问》。

本套丛书的内容是编者多年实践工作经验的积累，丛书从最基础的工程造价理论入手，采用一问一答的编写形式，重点介绍了工程造价的组成及编制方法。作为学习工程造价的快速入门级读物，丛书在阐述工程造价基础理论的同时，尽量辅以必要的实例，并深入浅出、循序渐进地进行讲解说明。丛书中还收集整理了工程造价编制方面的技巧、经验和相关数据资料，使读者在了解工程造价主要知识点的同时，还可快速掌握工程预算编制的方法与技巧，从而达到易学实用的目的。

本套丛书主要包括以下特点：

（1）丛书内容全面、充实、实用，对建设工程造价人员应了解、掌握及应用的专业知识，融会于各分册图书之中，有条理进行介绍、讲解与引导，使读者由浅入深地熟悉、掌握相关专业知识。

（2）丛书以"易学、易懂、易掌握"为编写指导思想，采用一问一答的编写形式。书中文字通俗易懂，图表形式灵活多样，对文字说明起到了直观、易学的辅助作用。

（3）丛书依据《建设工程工程量清单计价规范》（GB 50500—2008）及建设工程各专业概预算定额进行编写，具有一定的科学性、先进性、规范性，对指导各专业造价人员规范、科学地开展本专业造价工作具有很好的帮助。

由于编者水平及能力所限，丛书中错误及疏漏之处在所难免，敬请广大读者及业内专家批评指正。

编 者

目 录

第一章 水暖系统简介 / 1

1. 什么是给水系统? / 1
2. 室内给水系统按供水对象分为哪几类? / 1
3. 生产给水系统的作用是什么? / 1
4. 什么是消防给水系统? / 1
5. 什么是生活给水系统? / 1
6. 室内给水系统由哪几部分组成? / 1
7. 什么是引入管? / 1
8. 什么是水表节点? / 2
9. 给水管道包括哪些? / 2
10. 什么是给水附件? / 2
11. 什么是加压和贮水设备? / 3
12. 室内给水系统的给水方式有哪些? / 3
13. 什么情况下宜采用直接给水方式? / 3
14. 什么情况下宜采用设水泵给水方式? / 4
15. 什么情况下宜采用设水箱给水方式? / 5
16. 什么情况下宜采用设水泵和水箱联合给水方式? / 5
17. 什么情况下宜采用设气压给水装置给水方式? / 6
18. 什么情况下宜采用竖向分区供水给水方式? / 6
19. 室内给水方式的选择应遵循哪些原则? / 7
20. 室内给水系统水平干管管路图式分为哪几种? / 7
21. 室外给水系统由哪些部分组成? / 8
22. 室外给水管网的布置形式分为哪几种? / 8
23. 给水排水工程有哪些专用术语? / 9
24. 室内排水系统分为哪几类? / 10
25. 什么是生活排水系统? / 10
26. 什么是工业废水排水系统? / 11
27. 建筑雨水排水系统的作用是什么? / 11
28. 室内排水系统由哪几部分组成? / 11
29. 排水管道系统由哪些部分组成? / 12
30. 室内排水系统中清通设备由哪些组成? / 12
31. 哪些部位应设置污水提升设备? / 12
32. 排水管道中为何要设置通气管系统? / 13
33. 室内排水系统的排水方式有哪几种? / 13
34. 室内排水系统符合哪些要求? / 13
35. 室内排水系统的设置应遵循哪些原则? / 13
36. 室外排水系统由哪些部分组成? / 14
37. 污水系统设污水泵站的作用是什么? / 14
38. 什么是建筑中水系统? / 14
39. 建筑中水系统分为哪几类? / 14

40. 燃气输配系统由哪些组成？ /15
41. 燃气长距离输送系统由哪些部分组成？ /15
42. 压送设备的作用是什么？ /15
43. 燃气贮存装置的作用是什么？其设备主要有哪些？ /15
44. 燃气压送储存系统的工艺有哪些？ /15
45. 燃气管道系统由哪些部分组成？ /15
46. 燃气系统附属设备包括哪些？ /16
47. 凝水器分为哪几种？ /16
48. 补偿器的形式有哪几种？ /16
49. 燃气调压器分为哪几类？ /16
50. 燃气过滤器通常设置在哪些部位？ /16
51. 室内采暖系统由哪些部分组成？ /17
52. 室内采暖管道分为哪些种类？ /17
53. 采暖系统分为哪几类？ /17
54. 热水采暖系统可分为哪几类？ /17
55. 蒸汽采暖系统分为哪几类？ /18
56. 低压蒸汽采暖系统如何布置？ /18
57. 低压蒸汽采暖系统的管路如何布置？ /19
58. 高压蒸汽采暖系统怎样布置？其具有哪些特性？ /20
59. 高压蒸汽采暖管路应如何布置？ /21
60. 自然循环双管热水采暖系统应如何布置？ /22
61. 自然循环上分式单管热水采暖系统应如何布置？ /23
62. 自然循环热水采暖系统管路应如何布置？ /23
63. 机械循环上分式双管及单管热水采暖系统应如何布置？ /24
64. 机械循环下分式双管热水采暖应如何布置？ /25
65. 机械循环下供上回式热水采暖系统应如何布置？ /26
66. 机械循环水平串联式热水采暖系统应如何布置？ /26
67. 什么是同程式采暖系统？ /27
68. 高层建筑物热水采暖系统的形式有哪些？ /27
69. 高层建筑按层分区垂直式热水采暖系统应如何布置？ /28
70. 水平双线单管热水采暖系统应如何布置？ /29
71. 垂直双线单管采暖系统应如何布置？ /29
72. 单、双管混合式热水采暖系统应如何布置？ /30
73. 什么是双管系统？双管系统的特点有哪些？ /30
74. 什么是单管系统？单管系统的特点有哪些？ /30
75. 单管系统与双管系统的区别有哪些？ /30
76. 什么是供热系统？供热系统主要由哪几部分组成？ /31
77. 供热系统分为哪几类？ /31
78. 供热系统的形式有哪些？ /31
79. 什么是以热水为热媒的区域锅炉房集中供热？ /31
80. 什么是以蒸汽为热媒的区域蒸汽锅炉房集中供热？ /31

目 录

第二章 工程造价基础知识 / 33

1. 什么是工程造价? / 33
2. 工程费用包括哪些内容? 工程其他费用包括哪些内容? / 33
3. 什么是建筑工程费用? / 33
4. 什么是安装工程费用? / 33
5. 什么是设备及工器具购置费用? / 34
6. 如何理解工程造价的大额性? / 34
7. 如何理解工程造价的个别性、差异性? / 34
8. 如何理解工程造价的层次性? / 34
9. 如何理解工程造价的动态性? / 34
10. 如何理解工程造价的兼容性? / 35
11. 工程造价的职能有哪些? / 35
12. 工程造价的作用有哪些? / 36
13. 工程造价计价的特征有哪些? / 37
14. 工程造价计价的原理是什么? / 37
15. 工程造价计价的特点是什么? / 38
16. 工程造价计价的顺序是什么? / 38
17. 什么是工料单价法? / 38
18. 以直接费为基础的工料单价法计价程序是怎样的? / 38
19. 以人工费和机械费为基础的工料单价法计价程序是怎样的? / 39
20. 以人工费为基础的工料单价法计价程序是怎样的? / 39
21. 什么是综合单价法? / 40
22. 以直接费为基础的综合单价法计价程序是怎样的? / 40
23. 以人工费和机械费为基础的综合单价法计价程序是怎样的? / 40
24. 以人工费为基础的综合单价法计价程序是怎样的? / 41
25. 单价可分为哪些种类? / 41
26. 什么是建筑安装工程价格指数? / 41
27. 建筑安装工程价格指数可分为哪些种类? / 41
28. 建筑安装工程价格指数如何编制? / 42
29. 影响工程造价的因素有哪些? / 42
30. 工程造价的理论构成由哪几部分组成? / 43
31. 我国现行工程造价主要由哪几部分构成? / 43
32. 什么是国产设备原价? / 43
33. 什么是国产标准设备及其原价? / 44
34. 什么是国产非标准设备及其原价? / 44
35. 如何计算非标准设备原价? / 45
36. 什么是进口设备原价? / 45
37. 进口设备的交货方式有哪些? / 46
38. 如何计算进口设备原价? / 46
39. 如何计算设备运杂费? / 48
40. 设备运杂费由哪些部分构成? / 48
41. 如何计算工、器具及生产家具购置费? / 49
42. 建筑安装工程费用由哪些部分构成? / 49
43. 直接费由哪些部分构成? 如何计算? / 49
44. 间接费由哪些部分构成? / 49
45. 如何计算间接费? / 49
46. 什么是工程建设其他费用? / 51
47. 什么是土地使用费? / 51

48. 什么是土地征用及迁移补偿费？ / 51
49. 土地征用及迁移补偿费包括哪些内容？ / 52
50. 取得国有土地使用费包括哪些内容？ / 52
51. 什么是建设单位管理费？ / 53
52. 什么是勘察设计费？ / 53
53. 什么是研究试验费？ / 54
54. 什么是建设单位临时设施费？ / 54
55. 什么是工程监理费？ / 54
56. 什么是工程保险费？ / 55
57. 什么是工程承包费？ / 55
58. 什么是基本预备费？ / 55
59. 什么是涨价预备费？ / 56
60. 如何确定基本建设项目投资方向调节税的税率？ / 57
61. 如何确定更新改造项目投资方向调节税税率？ / 57
62. 什么是建设期投资贷款利息？ / 57
63. 什么是流动资金？ / 58

第三章 水暖工程定额原理 / 60

1. 什么是定额？ / 60
2. 怎样理解定额的时效性？ / 60
3. 怎样理解定额的系统性？ / 60
4. 定额的作用包括哪些？ / 61
5. 怎样理解定额只适用于正常施工条件？ / 61
6. 建设工程定额如何分类？ / 61
7. 什么是劳动定额？ / 62
8. 什么是材料消耗定额？ / 62
9. 什么是机械台班使用定额？ / 62

10. 什么是施工定额？其作用有哪些？ / 63
11. 什么是预算定额？其作用有哪些？ / 63
12. 什么是概算定额？其作用有哪些？ / 64
13. 什么是地方定额？ / 64
14. 什么是行业定额？ / 64
15. 什么是企业定额？ / 64
16. 什么是定额基价？ / 64
17. 定额基价由哪些内容组成？ / 64
18. 什么是定额水平？ / 65
19. 劳动定额的研究对象是什么？ / 65
20. 劳动定额的作用是什么？ / 65
21. 劳动定额的制定方法有哪些？ / 65
22. 劳动定额的表现形式有哪些？ / 66
23. 什么是时间定额？ / 66
24. 如何计算时间定额？ / 66
25. 什么是产量定额？ / 66
26. 如何计算产量定额？ / 67
27. 时间定额和产量定额的关系如何？ / 67
28. 劳动定额的表示方法包括哪几种？ / 67
29. 如何计算综合定额、合计定额？ / 67
30. 如何确定劳动消耗定额？ / 68
31. 如何划分疲劳程度的等级？ / 68
32. 什么是劳动生产率？ / 68
33. 施工中材料消耗分为哪几类？ / 69
34. 什么是材料损耗量？ / 69
35. 什么是材料净用量？ / 69
36. 什么是材料总消耗量？ / 69
37. 什么是材料损耗率？ / 69
38. 材料损耗量、净用量、总消耗量、损耗率之间的关系是怎样的？ / 69

39. 怎样确定制定材料消耗定额的方法? / 70
40. 如何用观测法制定材料消耗定额? / 70
41. 如何用试验法制定材料消耗定额? / 70
42. 如何用统计法制定材料消耗定额? / 70
43. 如何用理论法制定材料消耗定额? / 71
44. 采用观测法制定材料消耗定额应注意哪些问题? / 71
45. 什么是周转性材料? / 71
46. 什么是周转性材料消耗的定额量? / 72
47. 什么是一次使用量? / 72
48. 什么是周转使用量? / 72
49. 什么是周转回收量? / 72
50. 什么是摊销量? / 72
51. 什么是周转次数? / 72
52. 什么是周转性材料损耗量? / 73
53. 机械台班使用定额的表现形式分为哪几类? / 73
54. 什么是机械时间定额? / 73
55. 什么是机械产量定额? / 73
56. 什么是机械1h纯工作正常生产率? / 74
57. 什么是机械正常利用系数? / 74
58. 如何计算施工机械定额? / 74
59. 预算定额的表现形式有哪些? / 75
60. 预算定额分为哪几类? / 75
61. 预算定额的编制依据有哪些? / 75
62. 预算定额编制应遵循哪些原则? / 76
63. 编制预算定额分为哪几个步骤? / 76
64. 定额水平有哪些测算方法? / 77
65. 预算定额包括哪些内容? / 77

66. 如何编制预算定额项目表? / 78
67. 预算定额的表格形式如何? / 78
68. 如何确定预算定额的计量单位? / 79
69. 定额项目中工料计量单位及小数位数应如何取定? / 80
70. 如何确定预算定额中人工、材料、施工机械消耗量? / 80
71. 什么是人工工日消耗量? / 80
72. 什么是基本用工? / 80
73. 预算定额内的其他用工包括哪些内容? / 81
74. 什么是人工幅度差? / 81
75. 影响人工幅度差的主要因素有哪些? / 81
76. 预算定额中材料消耗量分为哪几种? / 82
77. 材料消耗量的计算方法有哪些? / 82
78. 什么是预算定额中的机械台班消耗量? / 83
79. 如何确定预算定额中的机械台班消耗量指标? / 83
80. 什么是机械幅度差? / 83
81. 机械幅度差的内容包括哪些? / 83
82. 如何取定机械幅度差的系数? / 83
83. 什么是《全国统一安装工程预算定额》? / 84
84. 全统定额的特点有哪些? / 84
85. 现行的全统定额有哪些分册? / 84
86. 全统定额第八册《给排水、采暖、燃气工程》适用范围有哪些? / 85
87. 给排水、采暖、燃气工程脚手架

搭拆费如何计算？ / 85
88. 给排水、采暖、燃气工程高层建筑物增加费如何计算？ / 85
89. 给排水、采暖、燃气工程超高增加费如何计算？ / 86
90. 给排水、采暖、燃气工程的其他费用如何计算？ / 86
91. 全统定额中给排水、采暖、燃气工程主要材料消耗率是如何取定的？ / 87
92. 什么是单位估价表？ / 88
93. 单位估价表分为哪几类？ / 88
94. 单位估价表的作用有哪些？ / 89
95. 单位估价表的内容包括哪些？ / 89
96. 概算定额与预算定额的区别有哪些？ / 90
97. 概算定额由哪些部分组成？ / 90
98. 概算定额的作用有哪些？ / 90
99. 概算定额的编制依据有哪些？ / 91
100. 概算定额的编制应遵循哪些原则？ / 91
101. 如何确定概算定额计量单位？ / 91
102. 如何确定概算定额与预算定额的幅度差？ / 92
103. 编制概算定额分为哪几个步骤？ / 92
104. 什么是概算指标？ / 92
105. 概算指标应如何应用？ / 93
106. 概算指标的作用有哪些？ / 93
107. 概算指标的表现形式分为哪几种？ / 93
108. 概算指标编制应遵循哪些原则？ / 93

109. 概算指标的编制依据有哪些？ / 94
110. 怎样编制综合概算指标？ / 94
111. 什么是投资估算指标？ / 94
112. 投资估算指标分为哪几种？ / 94
113. 什么是建设工程项目综合指标？ / 95
114. 投资估算指标编制分为哪几个阶段？ / 95
115. 什么是单项工程指标？ / 95
116. 什么是单位工程指标？ / 95
117. 投资估算指标的编制应遵循哪些原则？ / 95
118. 企业定额的编制原则是什么？ / 96
119. 企业定额的表现形式有哪几种？ / 96
120. 企业定额的特点有哪些？ / 97
121. 企业定额的性质是什么？ / 97
122. 企业定额的作用有哪些？ / 97
123. 企业定额的编制应遵循哪些原则？ / 98
124. 企业定额的编制步骤是怎样的？ / 98
125. 企业定额的编制目的是什么？ / 98
126. 如何确定企业定额水平？ / 98
127. 企业定额的编制方法有哪几种？ / 99
128. 如何确定企业定额的定额项目及其内容？ / 99
129. 如何确定企业定额的计量单位？ / 99
130. 怎样确定企业定额指标？ / 99
131. 什么是企业定额项目表？ / 100
132. 如何编制企业定额估价表？ / 100

第四章　水暖工程定额计价 / **101**

1. 投资估算文件由哪几部分组成？ / 101
2. 投资估算编制说明应包括哪些

目 录

    内容？ / 106
3. 投资分析一般包括哪些内容？ / 106
4. 总投资估算包括哪些内容？ / 107
5. 如何估算单项工程投资？ / 107
6. 如何估算工程建设其他费用？ / 107
7. 投资估算包括哪些工作内容？ / 107
8. 投资估算的费用如何构成？ / 108
9. 项目可行性研究阶段如何进行经济评价？ / 108
10. 如何计算工程保险费？ / 110
11. 如何计算联合试运行费？ / 110
12. 如何计算特殊设备安全监督检验费？ / 110
13. 如何计算建设用地费？ / 110
14. 如何计算可行性研究费？ / 111
15. 如何计算场地准备及临时设施费？ / 111
16. 如何计算引进技术和引进设备其他费？ / 111
17. 如何估算基本预备费？ / 112
18. 如何计算无形资产费用？ / 112
19. 如何计算其他资产费用（递延资产）？ / 113
20. 如何估算投资方向调节税？ / 113
21. 如何估算建设期贷款利息？ / 113
22. 如何估算流动资金？ / 113
23. 投资估算的编制依据有哪些？ / 115
24. 投资估算编制方法的一般要求是什么？ / 115
25. 可行性研究阶段如何进行投资估算？ / 116
26. 项目建议书阶段如何进行投资估算？ / 116
27. 什么是生产能力指数法？ / 117
28. 什么是系数估算法？ / 117
29. 什么是比例估算法？ / 117
30. 什么是混合法？ / 118
31. 什么是指标估算法？ / 118
32. 建设项目设计方案比选应遵循哪些原则？ / 118
33. 建设项目设计方案比选的内容包括哪些？ / 118
34. 建设项目设计方案比选的方法有哪些？ / 119
35. 什么是优化设计的投资估算编制？ / 119
36. 限额设计的投资估算编制的前提条件是什么？ / 119
37. 什么是设计概算？ / 119
38. 设计概算的作用包括哪些？ / 119
39. 设计概算的编制依据有哪些？ / 120
40. 概算编制说明包括哪些内容？ / 121
41. 概算总投资由哪些费用组成？ / 121
42. 如何编制其他费用、预备费用概算？ / 122
43. 项目概算总投资中应列入哪几项费用？ / 122
44. 单位工程概算有什么作用？其概算项目应怎样编制？ / 123
45. 单位工程概算分为哪两类？ / 123
46. 如何编制设备及安装工程单位工程概算？ / 123
47. 如何调整设计概算？ / 124
48. 设计概算审查的意义有哪些？ / 124

| 49. 设计概算审查的要求有哪些? / 125
| 50. 设计概算审查的内容有哪些? / 125
| 51. 设计概算审查的方法有哪几种? / 127
| 52. 设计概算审查的步骤是怎样的? / 128
| 53. 什么是施工图预算? / 129
| 54. 施工图预算分为哪两类? / 129
| 55. 施工图预算的作用是什么? / 129
| 56. 施工图预算包括哪些内容? / 130
| 57. 施工图预算的编制依据有哪些? / 130
| 58. 如何用单价法编制施工图预算? / 131
| 59. 如何用实物法编制施工图预算? / 131
| 60. 施工图预算审查的内容包括哪些? / 132
| 61. 施工图预算审查的作用是什么? / 132
| 62. 施工图预算审查的步骤是怎样的? / 132
| 63. 施工图审查的方法包括哪些? / 133
| 64. 如何确定概预算保留小数位数? / 134
| 65. 什么是工程结算? / 135
| 66. 工程价款的结算方式有哪些? / 135
| 67. 什么是工程价款按月结算? / 135
| 68. 什么情况适合工程价款竣工后一次结算? / 135
| 69. 什么是分段结算? / 136
| 70. 什么是目标结算? / 136
| 71. 工程结算文件由哪些组成? / 136
| 72. 工程结算编制应符合哪些要求? / 136
| 73. 工程结算的编制依据有哪些? / 137
| 74. 工程结算编制分为哪几个阶段? / 138
| 75. 工程结算的编制方法有哪些? / 139
| 76. 工程结算中涉及工程单价调整时应遵循哪些原则? / 139

| 77. 工程结算编制中涉及的工程单价应如何确定? / 140
| 78. 工程结算审查应符合哪些要求? / 140
| 79. 工程结算审查依据有哪些? / 141
| 80. 工程结算审查分为哪几个阶段? / 141
| 81. 工程结算审查的内容有哪些? / 142
| 82. 工程结算的审查方法有哪些? / 143
| 83. 新增资产分为哪几类? / 144
| 84. 什么是新增固定资产? / 144
| 85. 新增固定资产价值的计算应注意哪些? / 145
| 86. 交付使用财产的成本计算应符合哪些要求? / 145
| 87. 待摊投资应怎样进行分摊? / 145
| 88. 什么是工程竣工决算? / 146
| 89. 竣工决算的内容包括哪些? / 146
| 90. 竣工财务决算说明内容包括哪些? / 146
| 91. 竣工财务决算报表内容包括哪些? / 146
| 92. 什么是建设工程竣工工程平面示意图? / 147
| 93. 竣工工程平面示意图具体要求有哪些? / 147
| 94. 如何理解在竣工决算中对工程造价进行比较分析? / 148
| 95. 对工程造价进行分析的内容包括哪些? / 148
| 96. 竣工决算的作用有哪些? / 148
| 97. 竣工决算的编制依据有哪些? / 149
| 98. 竣工决算的编制步骤与方法有哪些? / 149
| 99. 如何确定流动资产的价值? / 150

100. 无形资产价值的确定应遵循哪些原则? / 151
101. 无形资产的计价方法有哪些? / 151
102. 如何确定递延资产价值? / 152

第五章 水暖工程工程量清单计价 / 153

1. 《建设工程工程量清单计价规范》适用的计价活动包括哪些? / 153
2. 《建设工程工程量清单计价规范》的法律基础是什么? / 153
3. 《建设工程工程量清单计价规范》遵循哪些原则? / 153
4. 《建设工程工程量清单计价规范》的特点有哪些? / 154
5. 什么是工程量清单? / 154
6. 工程量清单的编制依据有哪些? / 155
7. 分部分项工程量清单应包括哪些内容? / 155
8. 如何编制分部分项工程量清单? / 155
9. 如何设置分部分项工程量清单的项目编码? / 156
10. 如何确定分部分项工程量清单的项目名称? / 156
11. 分部分项工程量清单中所列工程量应遵守哪些规定? / 156
12. 如何确定分部分项工程量清单的计量单位? / 157
13. 如何描述分部分项工程量清单项目特征? / 157
14. 对工程量清单项目特征进行描述具有哪些重要的意义? / 157
15. 在描述工程量清单项目特征时应遵循哪些原则? / 158
16. 什么是工程量清单计价? / 158
17. 哪些工程必须采用工程量清单计价? / 158
18. 哪些项目属于国有资金投资项目? / 158
19. 哪些项目属于国家融资项目? / 158
20. 哪些工程不强制采用工程量清单计价? / 159
21. 工程量清单计价的发展趋势是什么? / 159
22. 应用清单计价规范附录时应注意的问题有哪些? / 159
23. 实行工程量清单计价的目的和意义是什么? / 160
24. 招标投标过程中采用工程量清单计价的优点有哪些? / 160
25. 工程量清单计价的影响因素有哪些? / 160
26. 清单计价怎样对人工费进行管理? / 161
27. 清单计价怎样对材料费进行管理? / 162
28. 清单计价怎样对机械费进行管理? / 162
29. 清单计价怎样对施工过程中的水电费进行管理? / 162
30. 清单计价怎样对设计变更和工程签证进行管理? / 163
31. 清单计价怎样对其他成本要素进行管理? / 163
32. 清单计价与定额计价的差别是什么? / 164
33. 清单计价模式下工程费用由哪些构成? / 164
34. 什么是分部分项工程费? 其包括哪些项目? / 166

35. 什么是人工费？其包括哪些内容？ / 166
36. 如何计算人工费？ / 166
37. 什么是材料费？其内容包括哪些？ / 167
38. 如何计算材料费？ / 167
39. 什么是施工机械使用费？其包括哪些内容？ / 167
40. 什么是折旧费？ / 168
41. 什么是大修理费？ / 168
42. 什么是经常修理费？ / 168
43. 什么是安拆费及场外运费？ / 168
44. 什么是施工机械台班单价中的人工费？ / 168
45. 什么是燃料动力费？ / 168
46. 什么是养路费及车船使用税？ / 168
47. 如何计算施工机械使用费？ / 169
48. 什么是企业管理费？如何计算？ / 169
49. 什么是管理人员工资？如何计算？ / 169
50. 什么是办公费？如何计算？ / 170
51. 什么是差旅交通费？如何计算？ / 170
52. 什么是固定资产使用费？如何计算？ / 170
53. 什么是工具用具使用费？ / 170
54. 如何计算工具使用费？ / 170
55. 什么是劳动保险费？如何确定？ / 171
56. 什么是工会经费？ / 171
57. 什么是职工教育经费？ / 171
58. 什么是财产保险费？ / 171
59. 什么是财务费？ / 171
60. 其他费用包括哪些？ / 171
61. 如何确定企业管理费费率？ / 171
62. 什么是利润？ / 172
63. 如何计算利润？ / 172
64. 什么是措施项目费？ / 172
65. 什么是环境保护费？如何计算？ / 173
66. 什么是文明施工费？如何计算？ / 173
67. 什么是安全施工费？如何计算？ / 173
68. 什么是临时设施费？其包括哪些内容？ / 173
69. 如何计算临时设施费？ / 173
70. 什么是夜间施工费？如何计算？ / 174
71. 什么是二次搬运费？如何计算？ / 174
72. 什么是大型机械设备进出场及安拆费？如何计算？ / 174
73. 什么是施工排水、降水费？如何计算？ / 175
74. 什么是已完工程及设备保护费？如何计算？ / 175
75. 什么是混凝土、钢筋混凝土模板及支架费？如何计算？ / 175
76. 什么是脚手架费？如何计算？ / 175
77. 什么是规费？其包括哪些内容？ / 175
78. 规费费率确定需要哪些数据资料？ / 176
79. 如何确定规费费率？ / 176
80. 什么是税金？其包括哪些内容？ / 176
81. 如何计算税金？ / 177
82. 其他项目费包括哪些？ / 177
83. 工程量清单计价表格由哪些表格组成？ / 178
84. 工程量清单计价表格适用范围是什么？ / 178
85. 工程量清单封面的形式如何？ / 180
86. 工程量清单封面如何填写？ / 181

87. 招标控制价封面的形式如何? / 181
88. 招标控制价封面如何填写? / 182
89. 投标总价封面的形式如何? / 182
90. 投标总价封面如何填写? / 183
91. 竣工结算总价封面的形式如何? / 183
92. 竣工结算总价封面如何填写? / 184
93. 总说明表格形式如何? / 184
94. 总说明如何填写? / 185
95. 工程项目招标控制价/投标报价汇总表表格形式如何? / 185
96. 工程项目招标控制价/投标报价汇总表如何填写? / 187
97. 单项工程招标控制价/投标报价汇总表表格形式如何? / 187
98. 单位工程招标控制价/投标报价汇总表表格形式如何? / 188
99. 工程项目竣工结算汇总表表格形式如何? / 189
100. 单项工程竣工结算汇总表表格形式如何? / 190
101. 单位工程竣工结算汇总表表格形式如何? / 191
102. 分部分项工程量清单与计价表表格形式如何? / 192
103. 分部分项工程量清单与计价表如何填写? / 192
104. 工程量清单综合单价分析表表格形式如何? / 193
105. 工程量清单综合单价分析表如何填写? / 194
106. 以"项"计价的措施项目清单与计价表表格形式如何? / 194
107. 以"项"计价的措施项目清单与计价表如何填写? / 195
108. 以综合单价形式计价的措施项目清单与计价表表格形式如何? / 195
109. 以综合单价形式计价的措施项目清单与计价表如何填写? / 196
110. 其他项目清单与计价汇总表表格形式如何? / 196
111. 其他项目清单与计价汇总表如何填写? / 196
112. 暂列金额明细表表格形式如何? / 197
113. 暂列金额明细表如何填写? / 197
114. 材料暂估单价表表格形式如何? / 198
115. 材料暂估单价表如何填写? / 199
116. 专业工程暂估价表表格形式如何? / 199
117. 专业工程暂估价表如何填写? / 200
118. 计日工表表格形式如何? / 200
119. 计日工表如何填写? / 201
120. 总承包服务费计价表表格形式如何? / 201
121. 总承包服务费计价表如何填写? / 201
122. 索赔与现场签证计价汇总表表格形式如何? / 202
123. 费用索赔申请(核准)表表格形式如何? / 202
124. 费用索赔申请(核准)表如何填写? / 203
125. 现场签证表表格形式如何? / 203
126. 现场签证表如何填写? / 204
127. 规费、税金项目清单与计价表

表格形式如何？ /205
128. 规费、税金项目清单与计价表如何填写？ /205
129. 工程款支付申请（核准）表表格形式如何？ /206
130. 工程款支付申请（核准）表如何填写？ /207
131. 投标报价时如何确定规费和税金？ /207
132. 投标报价时如何确定投标总价？ /207
133. 怎样进行工程合同价款的约定？ /207
134. 工程合同价款的约定应满足哪些要求？ /208
135. 工程建设合同的形式有哪些？ /208
136. 单价合同和总价合同有什么区别？ /208
137. 什么是招标控制价？ /209
138. 招标控制价的编制依据有哪些？ /209
139. 对招标控制价的一般规定有哪些？ /209
140. 编制招标控制价时应注意哪些问题？ /210
141. 如何确定招标控制价的编制人员？ /210
142. 编制招标控制价时分部分项工程费如何确定？ /210
143. 编制招标控制价时措施项目费如何确定？ /210
144. 编制招标控制价时暂列金额如何确定？ /211
145. 编制招标控制价时暂估价如何确定？ /211

146. 编制招标控制价时计日工如何确定？ /211
147. 编制招标控制价时总承包服务费如何确定？ /211
148. 编制招标控制价时规费和税金如何确定？ /211
149. 使用招标控制价时应注意哪些问题？ /212
150. 投标报价编制的一般规定有哪些？ /212
151. 投标报价编制的依据有哪些？ /213
152. 投标报价时综合单价中可增列哪些费用？ /213
153. 投标报价时分部分项工程费如何确定？ /213
154. 投标报价时措施项目费如何确定？ /214
155. 投标报价时措施项目费计算应注意哪些问题？ /214
156. 投标报价时暂时金额如何确定？ /214
157. 投标报价时暂估价如何确定？ /214
158. 投标报价时计日工如何确定？ /215
159. 投标报价时总承包服务费如何确定？ /215
160. 合同中对合同价款的约定事项有哪些？ /215
161. 为什么要设置工程预付款？ /215
162. 如何对预付备料款进行限额？ /216
163. 备料款应怎样扣回？ /216
164. 备料款的扣款方式有哪些？ /216
165. 进度款支付的前提和依据是什么？ /217

166. 工程计量和付款可采有哪几种方式? / 217
167. 如何确认工程量? / 217
168. 合同收入包括哪些内容? / 218
169. 工程进度款支付应符合哪些规定? / 218
170. 工程保修金如何预留? / 218
171. 什么是索赔? / 219
172. 什么是建设工程索赔? / 219
173. 索赔发生的原因有哪些? / 219
174. 索赔的作用有哪些? / 220
175. 索赔需要哪些条件? / 220
176. 索赔证据的特征有哪些? / 220
177. 索赔证据的种类有哪些? / 221
178. 什么是单项索赔? / 222
179. 什么是综合索赔? / 222
180. 采取综合索赔时,承包人需要提供哪些证明? / 222
181. 当合同中未就承包人的索赔事项作具体约定时应如何处理? / 223
182. 承包人索赔的程序是怎样的? / 223
183. 索赔管理工作的内容包括哪些? / 224
184. 什么是工期索赔? / 224
185. 工期索赔的依据有哪些? / 224
186. 什么是费用索赔? / 225
187. 引起费用索赔的原因有哪些? / 225
188. 费用索赔应遵循哪些原则? / 225
189. 什么是反索赔? / 226
190. 反索赔的特征有哪些? / 226
191. 反索赔的作用有哪些? / 227
192. 反索赔的种类有哪些? / 227
193. 反索赔的工作内容包括哪些? / 227
194. 什么是工期拖延反索赔? / 228
195. 什么是发包人的索赔? / 228
196. 当合同中未就发包人的索赔事项作具体约定时应如何处理? / 228
197. 索赔事件发生后对工期有什么影响? / 228
198. 为何要进行现场签证? / 229
199. 工程价款的调整应符合哪些要求? / 229
200. 怎样进行综合单价调整? / 230
201. 怎样进行措施费的调整? / 231
202. 工程价格调整方法有哪些? / 231
203. 如何采用价格指数调整价格差额? / 231
204. 如何采用造价信息调整价格差额? / 232
205. 工程价款调整应注意哪些事项? / 232

第六章 给排水、采暖管道工程计量与计价 / 234

1. 全统定额给排水、采暖、燃气安装工程分册由哪些分部工程组成? / 234
2. 给排水、采暖、燃气管道安装分部工程包括哪些定额工作内容? / 234
3. 如何划分给排水管道安装工程界线? / 236
4. 给排水管道安装工程定额工作内容包括哪些?不包括哪些? / 237
5. 什么是镀锌钢管? / 237
6. 如何安装室外镀锌管道? / 237
7. 什么是管道的公称直径? / 238

8. 定额对室外镀锌钢管接头零件的用量及价格如何取定? / 238
9. 定额对室内镀锌钢管接头零件的用量及价格如何取定? / 239
10. 定额对燃气室外镀锌钢管接头零件的用量及价格如何取定? / 241
11. 定额对燃气室内镀锌钢管接头零件的用量及价格如何取定? / 242
12. 钢管的优缺点有哪些? / 243
13. 钢管按生产方法分为哪几类? / 243
14. 什么是无缝钢管? 包括哪几种? / 244
15. 什么是焊接钢管? 分为哪几种? / 244
16. 直缝焊管与螺旋焊管的区别是什么? / 244
17. 螺纹的加工制作方法有哪些? / 244
18. 钢管的管端形式分为哪几种? / 245
19. 管道工程中使用的无缝钢管采用什么形式标注? / 245
20. 焊接钢管与无缝钢管的对应关系如何? / 245
21. 不锈钢管的安装应符合哪些要求? / 245
22. 钢管按断面形状分为哪几大类? / 246
23. 钢管按壁厚分为哪几种? / 246
24. 钢管按用途钢管分为哪几种? / 246
25. 定额对室外焊接钢管接头零件的用量及价格如何取定? / 246
26. 定额对室内焊接钢管接头零件的用量及价格如何取定? / 248
27. 什么是铸铁管? / 250
28. 承插铸铁管的规格及尺寸如何确定? / 250

29. 什么是柔性抗震铸铁管? / 251
30. 柔性抗震铸铁管的特点有哪些? / 251
31. 给水铸铁管分为哪几种? / 251
32. 给水铸铁管管件分为哪几种? 其连接方式有哪些? / 251
33. 什么是承插铸铁排水管? 接口形式有哪些? / 252
34. 铸铁管安装有哪些要求? / 252
35. 铸铁管安装时应注意哪些事项? / 253
36. 定额对室内排水铸铁管接头零件的用量及价格如何取定? / 254
37. 定额对柔性抗震铸铁排水管接头零件的用量及价格如何取定? / 255
38. 什么是橡胶连接管? / 257
39. 橡胶连接管的性能有哪些? / 257
40. 塑料管的优缺点有哪些? / 257
41. 塑料管的连接方式有哪些? / 258
42. 塑料复合管的特征有哪些? / 258
43. 钢骨架塑料复合管适用于哪些范围? / 258
44. 塑料管安装应注意哪些事项? / 258
45. 交联聚乙烯管的规格有哪些? 其适用范围及连接方式有哪些? / 259
46. 聚丙烯管的种类有哪些? 其适用于哪些系统? / 260
47. 硬聚氯乙烯排水管有哪些规格? / 260
48. 耐酸酚醛塑料管有哪些规格? / 261
49. 软聚氯乙烯管有哪些规格? / 261
50. 聚乙烯(PE)管有哪些规格? / 263
51. 聚丙烯(PP)管有哪些规格? / 263
52. 铜管的特点有哪些? / 264

目 录

53. 铜管管件常见的形状有哪些？ / 264
54. 金属管道的连接方式有哪些？ / 264
55. 如何确定管道的管位？ / 266
56. 如何选用给水管道的材料？ / 266
57. 预应力钢筋混凝土管安装程序和方法是怎样的？ / 266
58. 怎样计算给排水、采暖、燃气管道工程定额工程量？ / 266
59. 怎样计算给排水、采暖、燃气管道清单工程量？ / 268
60. 如何布置热水管道？ / 269
61. 刷油前如何清理管道表面？ / 270
62. 管道的冲洗消毒要点有哪些？ / 270
63. 怎样计算管道消毒、冲洗、压力试验的定额工程量？ / 271
64. 怎样计算镀锌铁皮套管制作工程定额工程量？ / 271
65. 管道支架分为哪几类？ / 271
66. 管道支架的作用是什么？ / 271
67. 管道支架的形式有哪几种？ / 271
68. 当水平管道沿柱或墙架空敷设时如何考虑水平管道支架？ / 272
69. 地上平管和垂直弯管支架的应用特点是什么？ / 272
70. 什么情况下应装设管道吊架？ / 272
71. 什么情况下应使用弹簧管架？ / 273
72. 如何理解大管支承小管的管架？ / 273
73. 管道支架适用于哪些范围？ / 273
74. 常用的支吊架有哪些？ / 273
75. 怎样计算管道支架制作安装工程定额工程量？ / 274
76. 怎样计算管道支架制作安装工程清单工程量？ / 275
77. 排水管道灌水试验的使用工具有哪些？ / 275
78. 排水管道灌水试验时，如何进行通球试验？ / 276
79. 排水管道灌水试验时，如何进行灌水试漏？ / 276
80. 排水管道灌水试验时胶囊使用应注意哪些事项？ / 278
81. 室内采暖管道水压试验时如何确定试验压力？ / 278
82. 室内采暖管路水压试验前应进行哪些检查？ / 278
83. 室内采暖排水管道水压试验的具体步骤是怎样的？ / 279
84. 给排水、采暖、燃气管道安装应描述哪些清单项目？ / 279
85. 水暖及燃气管道工程定额计价应注意哪些事项？ / 280

第七章 管道附件工程计量与计价 / 281

1. 阀门、水位标尺安装由哪几个分项工程组成？包括哪些定额工作内容？ / 281
2. 低压器具、水表组成与安装由哪几个分项工程组成？包括哪些定额工作内容？ / 282
3. 阀门、水位标尺安装工程定额说明有哪些要点？ / 282
4. 低压器具、水表组成与安装工程定额说明有哪些要点？ / 283
5. 什么是螺纹阀门？其与管道有

哪些连接方式？ / 283
6. 内螺纹阀门和外螺纹阀门安装应符合哪些要求？ / 283
7. 什么是焊接法兰阀门？ / 283
8. 什么是带短管甲乙的法兰阀？ / 284
9. 怎样计算法兰阀（带短管甲乙）安装工程定额工程量？如接口材料不同时，是否可调整？ / 284
10. 螺纹阀门安装定额适用于哪些范围？法兰阀门安装定额适用于哪些范围？ / 284
11. 阀门型号应怎样表示？ / 284
12. 怎样计算各种阀门安装工程定额工程量？ / 289
13. 什么是法兰？ / 290
14. 法兰的类型有哪些？ / 290
15. 什么是平焊法兰？ / 290
16. 对焊法兰的优点有哪些？ / 290
17. 什么是螺纹法兰？ / 290
18. 平焊钢法兰一般适用于哪种管道？ / 290
19. 普通焊接法兰和加强焊接法兰各适用于哪种管道？应怎样安装？ / 290
20. 如何选用法兰衬垫？ / 291
21. 怎样计算法兰连接用垫片工程量？ / 291
22. 什么是自动排气阀？ / 291
23. 怎样计算自动排气阀安装工程定额工程量？ / 292
24. 安全阀分为哪几种？ / 293
25. 安全阀的安装应符合哪些要求？ / 293
26. 减压器常见的结构形式有哪几种？ / 294
27. 减压器的安装应符合哪些要求？ / 294
28. 疏水器分为哪几种？ / 294
29. 疏水器的作用是什么？ / 294
30. 疏水器的安装应符合那些要求？ / 295
31. 怎样计算减压器、疏水器组成安装定额工程量？ / 295
32. 怎样计算螺纹阀门、螺纹法兰阀门、焊接法兰阀门、带短管甲乙的法兰阀、自动排气阀、安全阀的清单工程量？ / 296
33. 什么是塑料排水管消声器？ / 296
34. 管道中为什么要设置伸缩器？ / 296
35. 怎样加工方形伸缩器？ / 296
36. 套管式伸缩器有哪些种类？应怎样安装？ / 297
37. 波形伸缩器的特点及适用范围是怎样的？ / 297
38. 怎样计算伸缩器制作安装定额工程量？ / 297
39. 怎样计算伸缩器的清单工程量？ / 297
40. 什么是水表？ / 297
41. 水表分为哪几种？ / 297
42. 旋翼式水表的构造及适用范围是怎样的？ / 297
43. 螺翼式水表的构造及适用范围是怎样的？ / 298
44. 翼轮复式水表的构造适用范围是怎样的？ / 298
45. 水表类型的选择有何要求？ / 298
46. 如何确定水表公称直径？ / 298
47. 水表结点由哪几部分组成？ / 298
48. 怎样计算法兰水表安装定额工

目 录

程量?	/ 299
49. 什么是燃气表?	/ 299
50. 燃气表一般分为哪几种?	/ 299
51. 燃气表的安装数量有哪些要求?	/ 300
52. 公商用燃气表安装有哪些要求?	/ 300
53. 常用的燃气表有哪几种?	/ 300
54. 什么是浮标液面计?	/ 300
55. 浮漂水位标尺的作用是什么?	/ 300
56. 如何套用浮标液面计、浮漂水位标尺定额项目?	/ 300
57. 什么是抽水缸?	/ 301
58. 什么是燃气管道调长器?	/ 301
59. 什么是调长器与阀门连接?	/ 301
60. 怎样计算浮标液面计、浮漂水位标尺、抽水缸、燃气管道调长器、调长器与阀门连接工程清单工程量?	/ 301
61. 什么是浮球阀? 具有哪些规格?	/ 301
62. 怎样计算浮球阀安装工程定额工程量?	/ 301
63. 压力表由哪些部件组成? 其工作原理是怎样的?	/ 301
64. 压力表的选用应注意哪些事项?	/ 302
65. 压力表的安装应遵循哪些原则?	/ 302
66. 怎样计算减压器、疏水器、法兰、水表、燃气表、塑料排水管消声器清单工程量?	/ 302
67. 旁通管的作用是什么?	/ 303
68. 冲洗管的作用是什么?	/ 303
69. 检查管的作用是什么?	/ 303
70. 过滤器的作用是什么?	/ 303
71. 止回阀的作用是什么?	/ 303
第八章 卫生器具制作安装工程计量与计价	**/ 304**
1. 卫生器具制作安装由哪几个分项工程组成? 各包括哪些定额工作内容?	/ 304
2. 卫生器具制作安装定额说明包括哪些要点?	/ 305
3. 什么是卫生器具?	/ 306
4. 卫生器具分为哪几类?	/ 306
5. 卫生器具常用的配件有哪些? 其质量有何要求?	/ 306
6. 连接卫生器具的排水管管径和最小坡度有什么要求?	/ 307
7. 卫生器具的固定方法有哪些?	/ 307
8. 如何计算卫生器具组成安装工程定额工程量?	/ 308
9. 怎样计算卫生器具制作安装清单工程量?	/ 309
10. 浴盆分为哪几种?	/ 310
11. 浴盆安装工程定额量计算应注意什么问题?	/ 311
12. 浴盆有哪些型号和规格?	/ 311
13. 什么是卫生盆?	/ 311
14. 卫生盆有哪些型号和规格?	/ 312
15. 洗面器有哪些形式?	/ 312
16. 什么是挂式洗面器?	/ 312
17. 什么是立柱式洗面器?	/ 312
18. 什么是台式洗面器?	/ 312
19. 洗面器的材质分为哪几种?	/ 312
20. 洗面器有哪些型号及规格?	/ 312

21. 洗面器的安装形式有哪几种？ / 313
22. 化验盆一般装置在哪些地方？其构造是怎样的？ / 314
23. 淋浴器具有哪些特点？ / 314
24. 淋浴间分为哪些种类？ / 314
25. 桑拿浴房的适用范围及类型有哪些？ / 315
26. 按摩浴缸的构造是怎样的？ / 315
27. 按摩浴缸的缸体应符合哪些要求？ / 315
28. 按摩浴缸的安装应符合哪些要求？ / 315
29. 烘手机一般安装于哪些部位？ / 315
30. 洗涤盆（洗菜盆）一般安装于哪些部位？ / 315
31. 洗涤盆有哪些常用的规格？ / 316
32. 大便器分为哪几类？ / 316
33. 坐式大便器有哪些规格？ / 316
34. 蹲式大便器安装定额工程量计算应注意什么问题？ / 317
35. 什么是大便槽？ / 317
36. 大便器与铸铁排水管如何连接？ / 317
37. 小便器分为哪几种形式？其冲洗方式有哪些？ / 318
38. 小便器的主要配套材料有哪些？ / 318
39. 小便器有哪些形式和规格？ / 318
40. 怎样计算小便槽冲洗管制作与安装定额工程量？ / 319
41. 怎样计算大便槽、小便槽自动冲洗箱安装定额工程量？ / 319
42. 小便槽冲洗管制作安装有哪些要求？ / 319
43. 膨胀水箱的构造是怎样的？ / 320

44. 如何计算膨胀水箱水容积？ / 320
45. 膨胀水箱有哪些型号和规格？ / 321
46. 圆形钢板水箱有哪些型号和规格？ / 322
47. 矩形钢板水箱有哪些型号和规格？ / 323
48. 冲洗水箱分为哪几类？ / 323
49. 什么是排水栓？ / 323
50. 水龙头的安装应符合哪些规定？ / 323
51. 水龙头的支管安装应注意哪些事项？ / 324
52. 地漏设置应符合哪些要求？ / 324
53. 地面扫除口设置有哪些要求？ / 324
54. 热水器材料应符合哪些要求？ / 324
55. 热水器安装工艺流程是怎样的？ / 325
56. 开水炉设置有哪些要求？ / 325
57. 怎样计算电热水器、电开水炉安装定额工程量？ / 325
58. 容积式热交换器分为哪几种？ / 325
59. 怎样计算容积式水加热器安装定额工程量？ / 326
60. 什么是蒸汽-水加热器？ / 326
61. 蒸汽-水加热器应具备哪些功能？ / 326
62. 怎样计算蒸汽-水加热器安装定额工程量？ / 326
63. 消毒器外观应符合哪些要求？ / 326
64. 冷热水混合器的类型有哪些？其构造及参数应符合哪些规定？ / 326
65. 怎样计算冷热水混合器安装定额工程量？ / 327
66. 什么是饮水器？ / 327
67. 怎样计算饮水器安装定额工程量？ / 328
68. 饮水器的设置有哪些要求？ / 328

目录

69. 脚踏开关安装定额工程量计算应注意什么问题? / 328

第九章 供暖器具安装工程计量与计价 / 329

1. 供暖器具安装由哪几个分项工程组成? 各包括哪些定额工作内容? / 329
2. 供暖器具安装工程定额说明包括哪些要点? / 329
3. 散热器按材料的不同可分为哪几种? / 330
4. 什么是铸铁散热器? / 330
5. 铸铁散热器分为哪几种? / 330
6. 常见铸铁散热器的构造尺寸是怎样的? / 330
7. 常见铸铁散热器的性能参数有哪些? / 330
8. 柱型散热器(暖气片)的类型有哪些? / 332
9. 柱型散热具有哪些规格? / 332
10. 钢制壁板式散热器安装应符合哪些要求? / 333
11. 钢制柱式散热器的构造形式如何? / 333
12. 长翼型散热器组对如何操作? / 334
13. 长翼型散热器的规格有哪些? / 335
14. 圆翼型散热器组对应注意哪些事项? / 335
15. 圆翼型散热器的连接方式有哪几种? / 335
16. 圆翼型散热器特性有哪些? / 336
17. 柱型散热器组对如何操作? / 337
18. 翼型散热器(暖气片)如何连接? 其类型包括哪些? / 338
19. 怎样计算铸铁散热器组成安装工程定额工程量? / 338
20. 钢制散热器的特性有哪些? / 338
21. 钢制散热器分为哪几种? / 338
22. 钢闭式散热器由哪些部件组成? / 338
23. 钢制板式散热器由哪些部件组成? 有哪些规格? / 339
24. 光排管散热器分为哪几种? / 339
25. 光排管散热器的外形尺寸是怎样的? / 339
26. 怎样计算光排管散热器制作安装定额工程量? / 340
27. 如何计算散热器的面积? / 341
28. 如何确定散热器的片数? / 342
29. 扁管式散热器结构是怎样的? 有几种形式? / 342
30. 铝合金散热器的特性有哪些? / 343
31. 散热器组对有哪些要求? / 343
32. 散热器的安装形式有哪几种? / 343
33. 散热器的布置应遵循哪些原则? / 344
34. 散热器的质量应符合哪些要求? / 345
35. 散热器安装应注意哪些事项? / 345
36. 散热器支管安装应注意哪些事项? / 346
37. 连接散热器管道的坡度应符合哪些规定? / 346
38. 散热器冷风门安装有哪些要求? / 346
39. 散热器水压试验时如何确定试验压力? / 347
40. 散热器水压试验的具体步骤是怎样的? / 347
41. 什么是暖风机? 其特点有哪些? / 348

42. 如何确定暖风机台数? /350
43. 暖风机可分为哪几种? /350
44. 空气幕按结构可分为哪几种? 具有哪些特点? /350
45. 怎样计算热空气幕安装定额工程量? /351
46. 怎样计算供暖器具安装清单工程量? /351

第十章 燃气器具安装工程计量与计价 /353

1. 燃气器具安装由哪几个分项工程组成? 各包括哪些定额工作内容? /353
2. 燃气器具安装工程定额说明包括哪些要点? /354
3. 燃气开水炉的特性有哪些? /355
4. 燃气开水炉安装应遵循哪些原则? /355
5. 什么是燃气采暖炉? /356
6. 燃气室外采暖器适用于哪些场所? 其特性有哪些? /356
7. 燃气壁挂式采暖炉的特性有哪些? /356
8. 什么是沸水器? /356
9. 如何计算燃气表安装定额工程量? /356
10. 什么是燃气? /356
11. 燃气分为哪几类? /357
12. 什么是天然气? /357
13. 什么是人工燃气? 如何分类? /357
14. 燃气快速热水器按燃气种类分为哪些种类? /358
15. 燃气快速热水器按安装位置或给排气方式分为哪些种类? /358
16. 燃气快速热水器按用途分为哪些种类? /358
17. 燃气快速热水器按供暖热水系统结构形式分为哪些种类? /359
18. 燃气灶具如何分类? /359
19. 如何计算燃气加热设备、灶具定额工程量? /359
20. 如何计算燃气器具安装清单工程量? /360
21. 燃气灶具的类型代号如何表示? /361
22. 气电两用灶具的类型代号如何表示? /361
23. 灶具的型号如何表示? /361
24. 气嘴的特性有哪些? /362
25. 如何计算气嘴安装定额工程量? /362
26. 用户引入管的作用有哪些? /362
27. 引入管采用地下引入时应符合哪些规定? /362
28. 引入管采用室外地上引入时应符合哪些规定? /362
29. 引入管穿过承重墙或基础时应符合哪些规定? /363
30. 什么是燃气立管? 其安装应符合哪些要求? /363
31. 什么是燃气用户支管? 其安装应符合哪些要求? /364
32. 燃气管道的切割应符合哪些要求? /364
33. 管道切口质量应符合哪些要求? /364
34. 如何计算各种燃气管道安装定额工程量? /364

第十一章 采暖工程系统调整计量与计价 /365

1. 通暖运行前应做好哪些准备工作? /365

2. 通暖运行应注意哪些事项? / 366
3. 通暖调试的目的是什么? / 366
4. 管道冲洗应做好哪些准备工作? / 366
5. 管道冲洗的顺序是什么? / 367
6. 管道清洗的方法有哪些? / 367
7. 怎样计算采暖工程系统调整清单工程量? / 368

第十二章 热力设备安装工程计量与计价 / 369

1. 什么是锅炉?分为哪几类? / 369
2. 锅炉本体结构由哪几部分组成? / 369
3. 什么是锅筒?其作用是什么? / 369
4. 水冷壁由哪些部件组成?其作用是什么? / 369
5. 省煤器由哪些部件组成?其作用是什么? / 370
6. 过热器的作用是什么? / 370
7. 再热器的作用是什么? / 370
8. 水冷壁、过热器、省煤器安装工程定额工作内容包括哪些?不包括哪些? / 370
9. 锅炉房的建筑形式有哪些? / 371
10. 如何确定锅炉房的位置? / 371
11. 供热锅炉等设备的布置间距应符合哪些规定? / 372
12. 烘炉常用的方法有哪些? / 372
13. 为什么要进行煮炉? / 372
14. 煮炉应注意哪些事项? / 373
15. 锅炉试运行应注意哪些事项? / 373
16. 锅炉本体钢结构安装定额工作内容包括哪些? / 373
17. 压力在 8MPa 以上时怎样计算 35~130t/h 锅炉机组定额工程量? / 374
18. 锅炉本体安装定额工作内容包括哪些?不包括哪些? / 374
19. 怎样计算锅炉本体安装定额工程量? / 375
20. 汽包安装定额工作内容包括哪些?不包括哪些? / 375
21. 汽包的内部装置包括哪些? / 375
22. 除氧器及水箱安装定额工作内容包括哪些?不包括哪些? / 375
23. 加热器安装定额工作内容包括哪些?不包括哪些? / 375
24. 为什么锅炉用水要经过水处理才能使用? / 376
25. 水中杂质及其对锅炉的危害有哪些? / 376
26. 水处理设备及箱罐安装工程定额说明包括哪些要点? / 377
27. 什么是虹吸滤池? / 378
28. 钢筋混凝土池类工艺流程装置安装定额工作内容包括哪些?不包括哪些? / 378
29. 水处理设备系统试运转定额中包括哪些费用?不包括哪些费用? / 379
30. 锅炉用水分为哪几种? / 379
31. 锅炉炉墙的作用有哪些?具有哪些特点? / 380
32. 敷管式及膜式冷壁炉墙砌筑定额项目包括哪些工作内容? / 380
33. 炉墙中局部耐火混凝土、耐火

塑料及保温混凝土浇灌定额适用于哪些部位? / 381
34. 炉墙填料填塞工程定额适用于哪些部位? 其工程量如何计算? / 381
35. 筑炉常用的材料有哪些? / 381
36. 锅炉本体结构的基本安全有哪些技术要求? / 381
37. 什么是快装锅炉? / 382
38. 快装锅炉成套设备安装定额工作内容包括哪些? 不包括哪些? / 382
39. 常压、立式锅炉本体设备安装定额工作内容包括哪些? 不包括哪些? / 382
40. 怎样计算热力设备安装工程清单工程量? / 383
41. 组装锅炉本体安装定额工作内容包括哪些? 不包括哪些? / 383
42. 散装锅炉本体安装定额工作内容包括哪些? 不包括哪些? / 384
43. 什么是螺旋除渣机? / 384
44. 除渣设备安装定额工作内容包括哪些? 不包括哪些? / 384
45. 双辊齿轮式破碎机安装定额工作内容包括哪些? 不包括哪些? / 385
46. 如何安装锅炉本体? / 385
47. 燃油(气)锅炉本体安装定额工作内容包括哪些? 不包括哪些? / 386
48. 烟气净化设备安装定额工作内容包括哪些? 不包括哪些? / 387
49. 锅炉水处理设备安装定额工作内容包括哪些? 不包括哪些? / 387
50. 板式换热器设备安装定额工作内容包括哪些? 不包括哪些? / 387

参考文献 / 388

第一章

·水暖系统简介·

1. 什么是给水系统？

给水系统是指从天然水源取水，按照用户（城市、工业企业、农业）的水质水量的要求进行必要的处理，然后输送到千家万户和各工业企业以及农田农场的管网系统。

2. 室内给水系统按供水对象分为哪几类？

室内给水系统按照供水对象分为生产给水系统、消防给水系统、生活给水系统。

3. 生产给水系统的作用是什么？

生产给水系统主要是解决生产车间内部的用水，对象范围比较广，如设备的冷却、产品及包装器皿的洗涤或产品本身所需用的水（如饮料、锅炉、造纸等）。

4. 什么是消防给水系统？

消防给水系统是指城镇的民用建筑、厂房以及用水进行灭火的仓库，按国家对有关建筑物的防火规定所设置的给水系统，它是提供扑救火灾用水的主要设施。

5. 什么是生活给水系统？

生活给水系统是以民用住宅、饭店、宾馆、公共浴室等为主，提供日常饮用、盥洗、冲刷等用水的给水系统。

6. 室内给水系统由哪几部分组成？

室内给水系统是由引入管、水表节点、给水管道、配水龙头和用水设备、给水附件、加压和贮水设备等组成。

7. 什么是引入管？

对一幢单独建筑物而言，引入管是穿过建筑物承重墙或基础，自室外给水管将水引入室内给水管网的管段,也称进户管。对于一个工厂、一个建筑群体、一个学校而言,引入管是指总进水管。

8. 什么是水表节点?

水表节点是指引入管上装设的水表及其前后设置的阀门、泄水装置的总称(图1-1)。阀门用以修理和拆换水表时关闭管网,泄水装置主要用于系统检修时放空管网、检测水表精度及测定进户点压力值。为了使水流平稳流经水表,确保其计量准确,在水表前后应有符合产品标准规定的直线管段。

水表及其前后的附件一般设在水表井中。温暖地区的水表井一般设在室外,寒冷地区为避免水表冻裂,可将水表设在采暖房间内。

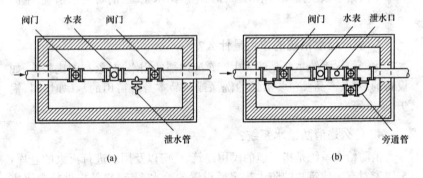

图1-1 水表节点
(a)无旁通管的水表节点;(b)有旁通管的水表节点

在建筑内部的给水系统中,除了在引入管上安装水表外,在需计量水量的某些部位和设备的配水管上也要安装水表。为利于节约用水,住宅建筑每户的进户管上均应安装分户水表。

9. 给水管道包括哪些?

给水管道包括水平或垂直干管、立管、横支管等。

10. 什么是给水附件?

给水附件是指用于管道系统中调节水量、水压,控制水流方向,以及关断水流,便于管道、仪表和设备检修的各类阀门,如截止阀、止回阀、闸阀等。

11. 什么是加压和贮水设备?

加压、贮水设备是指在室外给水管网水量、压力不足或室内对安全供水、水压稳定有要求时,在给水系统中设置的水泵、气压给水设备和水池、水箱等。

12. 室内给水系统的给水方式有哪些?

根据供水用途和对水量、水压的要求及建筑物的条件,室内给水系统有不同的给水方式。建筑物内的给水方式一般有直接给水方式、设水泵给水方式、设水箱给水方式、设水泵和水箱联合给水方式、设气压给水装置给水方式、竖向分区供水给水方式。以上是几种常用的基本给水方式。应当指出的是,室内给水系统没有固定的方式,在设计时可以根据具体情况,采用其中某种或综合几种而组合成适用的给水方式。

13. 什么情况下宜采用直接给水方式?

当市政给水管网的水质、水量、水压均能满足室内给水管网要求时,宜采用直接给水方式。即室内给水管网与室外给水管网直接相连,室内给水系统在室外给水管网的压力下工作,如图 1-2 所示。其优点是可以充分利用室外管网水压,减少能源浪费,其系统简单,安装维护方便,不设室内动力设备,节省了投资,当外网的水压、水量能够保证时,供水安全可靠。其缺点是水量、水压受室外给水管网的影响较大。

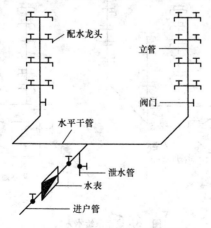

图 1-2 直接给水方式示意图

14. 什么情况下宜采用设水泵给水方式？

若一天内室外给水管网压力大部分时间不足，且室内用水量较大又较均匀时，则可采用单设水泵给水方式。此时，由于出水量均匀，水泵工作稳定，电能消耗比较经济，可适用于生产车间的局部增压给水，一般民用建筑物极少采用。

(1)当建筑内用水量大且较均匀时，可用恒速水泵供水；当建筑物内用水不均匀时，宜采用一台或多台水泵变速运行供水，以提高水泵的工作效率。

(2)为充分利用室外管网压力，节省电能，当水泵与室外管网直接连接时，应设旁通管，如图 1-3(a)所示。当室外管网压力足够大时，可自动开启旁通管的逆止阀直接向建筑物内供水。

(3)因水泵直接从室外管网抽水，会使外网压力降低，影响附近用户用水，严重时还可能造成外网负压，在管道接口不严时，其周围土壤中的渗漏水会吸入管内，污染水质，所以当采用水泵直接从室外管网抽水时，必须征得供水部门的同意，并在管道连接处采取必要的防护措施，以免污染水质。为避免上述问题，可在系统中增设贮水池，采用水泵与室外管网间接连接的方式，如图 1-3(b)所示。

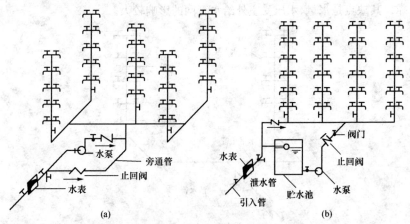

图 1-3　设水泵给水方式

15. 什么情况下宜采用设水箱给水方式？

当市政管网提供的水压周期性不足时可采用设水箱的给水方式。当低峰用水时（一般在夜间），利用室外管网提供的水压，直接向建筑内部给水系统供水并向水箱进水，水箱贮备水量；当高峰用水时（一般白天），室外管网提供的水压不足，由水箱向建筑内部给水系统供水，如图1-4所示。当室外给水管网水压偏高或不稳定时，为保证建筑内给水系统的良好工况或满足稳压供水的要求，也可采用设水箱的给水方式，以达到调节水压和水量的目的。

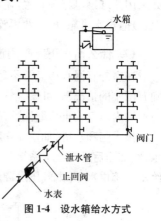

图 1-4 设水箱给水方式

16. 什么情况下宜采用设水泵和水箱联合给水方式？

当室外给水管网中压力低于或周期性低于建筑内部给水管网所需水压，而且建筑内部用水量又很不均匀时，宜采用设置水泵和水箱的联合给水方式，如图1-5所示。

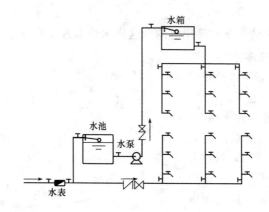

图 1-5 设水泵和水箱联合给水方式

这种给水方式，水泵可及时向水箱充水，使水箱容积大为减小；又因为水箱的调节作用,水泵出水量稳定,可以使水泵在高效率下工作;水箱如采用浮球继电器等装置,还可使水泵启闭自动化。因此,这种方式技术上合理,供水可靠,虽然费用较高,但其长期效果是经济的。

17. 什么情况下宜采用设气压给水装置给水方式?

在室外管网水压经常不足,而建筑内又不宜设置高位水箱或设水箱确有困难的情况下,可设置气压给水设备。气压给水装置是利用密闭压力水罐内空气的可压缩性贮存、调节和压送水量的给水装置,其作用相当于高位水箱和水塔,如图1-6所示。水泵从贮水池或由室外给水管网吸水,经加压后送至给水系统和气压水罐内,停泵时,再由气压水罐向室内给水系统供水,并由气压水罐调节、贮存水量及控制水泵运行。

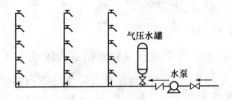

图1-6 设气压供水装置给水方式

18. 什么情况下宜采用竖向分区供水给水方式?

在层数较多的建筑物中,室外给水管网水压往往只能供到建筑物下面几层,而不能供到建筑物上层时,为了充分有效地利用室外管网的水压,常将建筑物分成上下两个供水区,如图1-7所示。下区直接在城市管网压力下工作,上区则由水泵水箱联合给水(水泵水箱按上区需要考虑)。两区

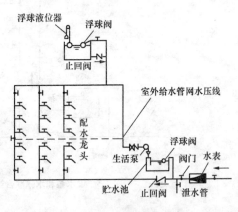

图1-7 分区给水方式

间可由一根或几根立管连通,在分区处装设阀门,必要时可使整个管网全由水箱供水或由室外管网直接向水箱充水。如果设有室内消防时,消防水泵则要按上下两区用水考虑。这种给水方式对建筑物低层设有洗衣房、浴室、大型餐厅和厨房等用水量大的建筑物尤其有经济意义。

19. 室内给水方式的选择应遵循哪些原则?

室内给水方式的选择,必须依据用户对水质、水压和水量的要求,室外管网所能提供的水质、水量和水压情况,卫生器具及消防设备在建筑物内的分布,以及用户对供水安全可靠性的要求等条件来确定。

室内给水方式,一般应根据下列原则进行选择:

(1)在满足用户要求的前提下,应力求给水系统简单、管道长度短,以降低工程费用及运行管理费用。

(2)应充分利用城市管网水压直接供水。当室外给水管网水压不能满足整个建筑物的用水要求时,可以考虑建筑物下面的数层利用室外管网水压直接供水,建筑物上面的几层采用加压供水。

(3)供水应安全可靠,管理、维修方便。

(4)当两种及两种以上用水的水质接近时,应尽量采用共用给水系统。

(5)生产给水系统在经济技术比较合理时,应尽量采用循环给水系统或复用给水系统,以节约用水。

(6)生活给水系统中,卫生器具给水配件处的静水压力不得大于0.6MPa。如果超过该值,宜采用竖向分区供水,以防使用不便和卫生器具及配件破裂漏水,造成维修工作量的增加。生产给水系统的最大静水压力,应根据工艺要求及各种用水设备的工作压力和管道、阀门、仪表等的工作压力确定。

20. 室内给水系统水平干管管路图式分为哪几种?

按水平干管在建筑内敷设的位置不同,管路图式可分为下行上给式和上行下给式两种。

(1)下行上给式。这种给水方式的水平干管可以敷设在地下室顶棚板下、专门的地沟内或在底层直接埋地敷设,自下向上供水。民用建筑直接由室外管网供水时,大多采用下行上给式给水方式。

(2)上行下给式。这种给水方式的水平干管设于顶层顶棚板下、平屋顶上或吊顶中,自上向下供水。一般有屋顶水箱的给水方式或下行布置有困难时,常常采用这种方式。上行下给式的缺点是:在寒冷地区干管容易结冻,必须保温;干管发生损坏漏水时,损坏墙面和室内装修,维修困难,施工质量要求较高。因此,在没有特殊要求和敷设困难时,一般不宜采用这种管路图式。

21. 室外给水系统由哪些部分组成?

以地面水为水源的给水系统,一般由以下各部分组成:
(1)取水构筑物:从天然水源取水的构筑物。
(2)一级泵站:从取水构筑物取水后,将水压送至净水构筑物的泵站构筑物。
(3)净水构筑物:处理水并使其水质符合要求的构筑物。
(4)清水池:为收集、储备、调节水量的构筑物。
(5)二级泵站:将清水池的水送到水塔或管网的构筑物。
(6)输水管:承担由二级泵站至水塔的输水管道。
(7)水塔:收集、储备、调节水量,并可将水压入配水管网的建筑。
(8)配水管网:将水输送至各用户的管道。一般可将室外给水管道狭义地理解为配水管网。

22. 室外给水管网的布置形式分为哪几种?

室外管网在给水系统中占有十分重要的地位,干管送来的水,由配水管网送到各用水地区和街道。室外给水管网的布置形式分为枝状和环状两种。

(1)枝状管网。枝状配水管网见图1-8(a),其管线如树枝一样,向用水区伸展。它的优点是管线总长度较短,初期投资较省。但供水安全可靠性差,当某一段管线发生故障时,其后面管线供水就会中断。

(2)环状管网。环状管网见图1-8(b)。因其管网布置纵横相互连通,形成环状,故称环状管网。它的优点是供水安全可靠。但管线总长度较枝状管网长,管网中阀门多,基建投资相应增加。

实际工程中,往往将枝状管网和环状管网结合起来进行布置,如图1-8(c)所示。可根据具体情况,在主要给水区采用环状管网,在边远地区采用枝状管网。无论枝状管网还是环状管网,都应将管网中的主干管道布置在两侧用水量较大的地区,并以最短的距离向最大的用水户供水。

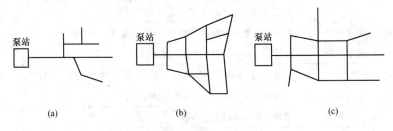

图1-8 配水管网
(a)枝状管网;(b)环状管网;(c)综合型管网

23. 给水排水工程有哪些专用术语?

给水排水工程名词解释见表1-1。

表1-1 给水排水名词解释

名词	解释
伸顶通气管	排水立管与最上层排水横支管连接处向上垂直延伸至室外作通气用的管道
通气管	为使排水系统内空气流通,压力稳定,防止水封破坏而设置的与大气相通的管道
通气立管	系指通气立管、副通气立管和专用通气立管之总称
主通气立管	连接环形通气管和排水立管的通气立管
副通气立管	仅与环形通气管连接的通气立管
专用通气立管	仅连接排水立管的通气立管
器具通气管 (小透气) (各个通气)	卫生器具存水弯出口端接出的通气管段
环形通气管 (辅助通气管)	在多个卫生器具的排水横支管上,从最始端卫生器具的下游端接至通气立管的那一段通气管段

续表

名词	解释
结合通气管	排水立管与通气立管的连接通气管段
接触消毒池	使消毒剂与污水混合,进行消毒的构筑物
内排水系统	屋面雨水通过设在建筑物内的雨水管道排至室外的排水系统
外排水系统	屋面雨水排水管设在墙外侧排水的系统
贯通枝状	从建筑物不同侧引入而在室内形成的枝状给水管道,互相连通
引入管	由室外给水管网引入建筑物的给水管段
立管	呈垂直或与垂线夹角小于45°的管道
横管	呈水平或与水面线夹角小于45°的管道

24. 室内排水系统分为哪几类?

室内排水系统的主要任务是将人们在日常生活中或生产活动中使用过的水及时、顺利地收集并排出室外。根据水被污染情况的不同,一般分为以下三类:

(1)生活排水系统。

(2)工业废水排水系统。

(3)建筑雨水排水系统。

25. 什么是生活排水系统?

生活排水系统是指用于排除民用建筑、公共建筑以及工业企业生活间的生活污废水的系统。

(1)生活污水一般指冲洗便器以及类似的卫生设备所排出的,含有大量粪便、纸屑、病原菌等被严重污染的水。

(2)生活废水一般指厨房、食堂、洗衣房、浴室、盥洗室等处卫生器具所排出的洗涤废水。生活废水一般可作为中水的原水,经过适当的处理,可以作为杂用水,用于冲洗厕所、浇洒绿地、冲洗道路、冲洗汽车等。

因此,根据污、废水水质的不同,以及污水处理、杂用水的需要等情况的不同,生活排水系统又可以分为生活污水排水系统、生活废水排水系统。

26. 什么是工业废水排水系统？

工业废水排水系统可分为两类：生产废水和生产污水。

(1)生产废水：系指在生产过程中形成，但未直接参与生产工艺，未被生产原料、半成品或成品污染，仅受到轻度污染的水，或温度稍有上升的水。如循环冷却水等，经简单处理后可回用或排入水体。

(2)生产污水：系指在生产过程中所形成，并被生产原料、半成品或成品等废料所污染，污染比较严重的水。按照我国环保法规，类似这些污水必须在厂内经过处理，达到国家的排放标准以后，才能排入室外排水管道。

27. 建筑雨水排水系统的作用是什么？

建筑雨水排水系统用于排除建筑屋面雨水或积雪。其一般需要单独设置，新建居住小区应采用生活排水与雨水分流排水系统，以利于雨水的回收利用。

28. 室内排水系统由哪几部分组成？

室内排水系统的组成见表1-2。

表 1-2 室内排水系统的组成

名称	组成
受水器	受水器是接受污(废)水并转向排水管道输送的设备，如各种卫生器具、地漏、排放工业污水或废水的设备、排除雨水的雨水斗等
存水弯	各个受水器与排水管之间，必须设置存水弯，以使用存水弯的水封阻止排水管道内的臭气和害虫进入室内(卫生器具本身带有存水弯的，就不必再设存水弯)
排水支管	排水支管是将卫生器具或生产设备排出的污水(或废水)排入到立管中去的横支管
排水立管	各层排水支管的污(废)水排入立管，立管应设在靠近杂质多、排水量大的排水点处
排水横干管	对于大型高层公共建筑，由于排水立管很多，为了减少首层的排出管的数量而在管道层内设置排水横干管，以接收各排水立管的排水，然后通过数量较少的立管，将污水(或废水)排到各排出管

续表

名 称	组 成
排出管	排出管是立管与室外检查井之间的连接管道,它接受一根或几根立管流来的污水排至室外管道中去
通气管	通气管通常是指立管向上延伸出屋面的一段(称伸顶通气管);当建筑物到达一定层数且排水支管连接卫生器具大于一定数量时,还有专用通气管

29. 排水管道系统由哪些部分组成?

排水管道系统包括器具排水管、存水弯、横支管、立管、埋地横干管、排出管等组成部分。

排水系统中,必须设置存水弯,在每一个卫生器具的排水口的下方或在与卫生器具连接的排水管上,以防止管道内的有害气体、虫类等通过管道进入室内,危害人们健康。

30. 室内排水系统中清通设备由哪些组成?

污水管道容易堵塞,为疏通室内排水管道,保障排水畅通,需要设置清通设备。室内排水系统中的清通设备一般有三种:检查口、清扫口和检查井。

(1)检查口是带有螺栓盖板的短管,清通时将盖板打开。一般在立管上设置检查口,在室内埋地横干管上设检查口井。

(2)在管道最容易堵塞处,如在横支管的起端设清扫口、乙字弯上部等处设清扫口。

(3)检查井一般不设在室内,对于工业废水管道,如厂房很大,排水管难以直接排出室外,而且无有毒有害气体或大量蒸汽时,可以在室内设置检查井。

生活污水管道一般不在室内设置检查井,但有时建筑物间距过小,或情况特殊,只能设在室内时,要考虑密封措施,如双层井盖或密封井盖等。

31. 哪些部位应设置污水提升设备?

地下室、人防工程、地下铁道等处,污水无法自流到室外,必须设有集水池、水泵等污水提升设备将污水抽送到室外排出去,以保持室内良好的卫生环境。建筑内部污废水提升需要设置污水集水池和污水泵房,配置相应的污水提升泵。

32. 排水管道中为何要设置通气管系统？

由于室内排水管道中是气水两相流,当排水系统中突然大量排水时,可能导致系统中的气压波动,造成水封破坏,使有毒有害气体进入室内。为防止此类现象发生,需要在室内排水系统中设置通气管系统。

33. 室内排水系统的排水方式有哪几种？

室内排水有分流和合流两种方式,选用分流或合流的排水系统应根据污水性质、污染程度,结合室外排水制度和有利于综合利用与处理的要求确定。

在一般情况下,室内排水系统的设置应为室外的污水处理和综合利用提供便利条件,尽可能做到清、污分流,以保证污水处理系统的处理效果和有用物质的回收和综合利用。

水质相近的生活排水和生产污、废水,可采用合流排水系统排除,以节省管材。为便于污水的处理和回收利用,含有害有毒物质的生产污水和含有大量油脂的生产废水、有回收利用价值的生产废水,均应设独立的生产污水和生产废水系统分流排放。

34. 室内排水系统符合哪些要求？

(1)管道布置最省,以及能迅速排除室内的污(废)水。

(2)使排水管道内的气压波动尽量稳定,从而防止管道系统水封被破坏,避免排水管道中有毒或有害的气体进入室内。

(3)管道及设备的安装必须牢固,不致因建筑物或管道本身发生少许震动和变位时使管道系统漏水。

(4)尽可能做到清污分流,减少有毒或有害物质污水的排放量,并保证污水处理构筑物的处理效果。

35. 室内排水系统的设置应遵循哪些原则？

(1)生活粪便污水不可与雨水合流。

(2)冷却系统的废水可与雨水合流。

(3)被有机杂质污染的生产污水可与生活粪便污水合流。

(4)含大量固体杂质的污水,浓度大的酸性和碱性污水以及含有毒物质或油脂的污水,应设置独立的排水系统,且应经局部处理达到国家规定的排放标准后,方允许排入室外排水管网。

36. 室外排水系统由哪些部分组成?

室外排水系统由排水管道、检查井、跌水井、雨水口等组成,其中检查井设在管道交汇处、转弯处、管径或坡度改变处、跌水处以及直线管段上每隔一定距离的地方;跌水井按管道跌水水头的大小设置;雨水口的设置由泄水能力及道路形式确定。

37. 污水系统设污水泵站的作用是什么?

污水一般以重力流排除,但有时由于受地形等条件的限制而发生困难,就需要设置泵站。泵站分局部泵站、中途泵站和总泵站等。

38. 什么是建筑中水系统?

建筑中水系统是以建筑物的冷却水、沐浴排水、盥洗排水、洗衣排水等为水源,经过物理、化学方法的工艺处理,用于对厕所冲洗便器、绿化、洗车、道路浇洒、空调冷却及水景等供水的系统。

39. 建筑中水系统分为哪几类?

根据中水的供水范围,中水系统大致可分为三种类型,见表1-3。

表1-3　　　　　中水系统基本类型

类型	系统图	特　点	适用范围
城市中水系统	上水管道→城市→下水管道→污水处理厂/中水处理站→中水管道	工程规模大,投资大,处理水量大,处理工艺复杂,一般短时期内难以实现	严重缺水城市,无可开辟地面和地下淡水资源时
小区中水系统	上水管道→建筑物→中水管道→中水处理站→下水管道	可结合城市小区规划,在小区污水处理厂,部分污水深度处理回用,可节水30%,工程规模较大,水质较复杂,管道复杂,但集中处理的处理费用较低	缺水城市的小区建筑物、分布较集中的新建住宅小区和集中高层建筑群

续表

类型	系统图	特　点	适用范围
建筑中水系统	上水管道 → 建筑物 → 下水管道；建筑物 ↔ 中水管道 ← 中水处理站	采用优质排水为水源，处理方便，流程简单，投资省、占地小，在建筑物内便于与其他设备机房统一考虑，管道短，施工方便，处理水量容易平衡	大型公共建筑、公寓和旅馆、办公楼等

40. 燃气输配系统由哪些组成？

燃气输配系统分为燃气长距离输送系统和燃气压送储存系统。其中燃气压送储存系统主要由压送设备和储存装置组成。

41. 燃气长距离输送系统由哪些部分组成？

燃气长距离输送系统通常由集输管网、气体净化设备、起点站、输气干线、输气支线、中间调压计量站、压气站、分配站、电保护装置等组成，按燃气种类、压力、质量及输送距离的不同，在系统的设置上有所差异。

42. 压送设备的作用是什么？

压送设备是燃气输配系统的心脏，用来提高燃气压力或输送燃气，目前在中、低压两级系统中使用的压送设备有罗茨式鼓风机和往复式压送机。

43. 燃气贮存装置的作用是什么？其设备主要有哪些？

燃气贮存装置的作用是保证不间断地供应燃气，平衡、调度燃气供应量。其设备主要有低压湿式储气柜、低压干式储气柜、高压储气罐（圆筒形、球形）。

44. 燃气压送储存系统的工艺有哪些？

燃气压送储存系统的工艺有低压储存、中压输送；低压储存、中低压分路输送等。

45. 燃气管道系统由哪些部分组成？

城镇燃气管道系统由输气干管、中压输配干管、低压输配干管、配气支管和用气管道等组成。

(1)输气干管。输气干管是将燃气从气源厂或门站送至城市各高中压调压站的管道。

(2)中压输配干管。中压输配干管是将燃气从气源厂或储配站送至城市各用气区域的管道,包括出厂管、出站管和城市道路干管。

(3)低压输配干管。低压输配干管是将燃气从调压站送至燃气供应地区,并沿途分配给各类用户的管道。

(4)配气支管。配气支管分为中压支管和低压支管。中压支管是将燃气从中压输配干管引至调压站的管道,低压支管是将燃气从低压输配干管引至各类用户室内燃气计量表前的管道。

(5)用气管道。用气管道是将燃气引向室内各个燃具的管道。

46. 燃气系统附属设备包括哪些?

燃气系统附属设备包括凝水器、补偿器、调压器以及过滤器等。

47. 凝水器分为哪几种?

按构造凝水器可分为封闭式和开启式两种,设置在输气管线上,用以收集、排除燃气的凝水。封闭式凝水器无盖,安装方便,密封良好,但不易清除内部的垃圾、杂质;开启式凝水器有可以拆卸的盖,内部垃圾、杂质清除比较方便。常用的凝水器有铸铁凝水器、钢板凝水器等。

48. 补偿器的形式有哪几种?

补偿器的形式有套筒式和波形管式,常用在架空管、桥管上,用以调节因环境温度变化而引起的管道膨胀与收缩。埋地铺设的聚乙烯管道,在长管段上通常设置套筒式补偿器。

49. 燃气调压器分为哪几类?

燃气调压器按构造可分为直接式调压器与间接式调压器两类;按压力应用范围分为高压、中压和低压调节器;按燃气供应对象分为区域、专用和用户调压器。其作用是降低和稳定燃气输配管网的压力。直接式调压器靠主调压器自动调节,间接式调压器设有指挥系统。

50. 燃气过滤器通常设置在哪些部位?

过滤器通常设置在压送机、调压器、阀门等设备进口处,用以清除燃气中的灰尘、焦油等杂质。过滤器的过滤层由不锈钢丝绒或尼龙网组成。

51. 室内采暖系统由哪些部分组成？

室内采暖系统一般由管道、水箱、用热设备和开关调节配件等组成。其中热水采暖系统的设备包括散热器、膨胀水箱、补给水箱、集气罐、除污器、放气阀及其他附件等。蒸汽采暖系统的设备除散热器外，还有冷凝水收集箱、减压器及疏水器等。

52. 室内采暖管道分为哪些种类？

室内采暖的管道分为导管、立管和支管，一般由热水（或蒸汽）干管、回水（或冷凝水）干管接至散热器支管组成。导管多用无缝钢管，立、支管多采用焊接钢管（镀锌或不镀锌）。管道的连接方式有焊接和丝接两种。直径在32mm以上时多采用焊接；直径在32mm以下时采用丝接。

53. 采暖系统分为哪几类？

根据热媒的种类，采暖系统可分为热水采暖系统、蒸汽采暖系统与热风采暖系统。

(1) 热水采暖系统。即热媒为热水的采暖系统。根据热水在系统中循环流动动力的不同，热水采暖系统又分为自然循环热水采暖系统（即重力循环热水采暖系统）、机械循环热水采暖系统（即以水泵为动力的采暖系统）与蒸汽喷射热水采暖系统。

(2) 蒸汽采暖系统。即热媒是蒸汽的采暖系统。根据蒸汽压力的不同，蒸汽采暖系统又分为低压蒸汽采暖系统和高压蒸汽采暖系统。

(3) 热风采暖系统。即热媒为空气的采暖系统。这种系统是用辅助热媒（放热带热体）把热能从热源输送至热交换器，经热交换器把热能传给主要热媒（受热带热体），由主要热媒再把热能输送至各采暖房间。这里的主要热媒是空气。例如，热风机采暖系统、热泵采暖系统均为热风采暖系统。

54. 热水采暖系统可分为哪几类？

热水采暖系统按照水循环动力可分为两种：一种是自然循环系统；另一种是机械循环系统。

(1) 自然循环热水采暖系统。自然循环热水采暖系统一般分为双管系统和单管系统。自然循环采暖系统内热水是靠水的密度差进行循环的,只适用于低层小型建筑。

(2)机械循环热水采暖系统。机械循环热水采暖系统形式与自然循环热水采暖系统形式基本相同,只是机械循环热水采暖系统中增加了水泵装置,对热水加压,使其循环压力升高,使水流速度加快,循环范围加大,适用于作用半径大的热水采暖系统。

55. 蒸汽采暖系统分为哪几类?

蒸汽采暖系统按供汽压力分为低压蒸汽采暖系统和高压蒸汽采暖系统。当供汽压力≤0.07MPa时,称为低压蒸汽采暖系统;当供汽压力>0.07MPa时,称为高压蒸汽采暖系统。

56. 低压蒸汽采暖系统如何布置?

图1-9为完整的上分式低压蒸汽采暖系统的布置示意图。系统运行时,由锅炉生产的蒸汽经过管道进入散热器内。蒸汽在散热器内凝结成水放出汽化潜热;通过散热器把热量传给室内空气,维持室内的设计温度。而散热器中的凝结水,经回水管路流回凝结水箱中,再由凝结水泵加压送入锅炉重新加热成水蒸气再送入采暖系统中,如此周而复始的循环运行。

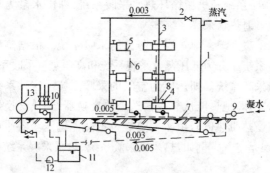

图1-9 上分式低压蒸汽采暖系统

1—总立管;2—蒸汽干管;3—蒸汽立管;4—蒸汽支管;5—凝水支管;
6—凝水立管;7—凝水干管;8—调节阀;9—疏水器;
10—分汽缸;11—凝结水箱;12—凝结水泵;13—锅炉

第一章 水暖系统简介

57. 低压蒸汽采暖系统的管路如何布置？

低压蒸汽采暖系统的管路布置可分为：双管上分式、下分式、中分式蒸汽采暖系统及单管垂直上分式和下分式蒸汽采暖系统。

低压蒸汽采暖系统管路布置的常用型式、适用范围及系统特点简要汇总见表1-4。

表1-4　　　　低压蒸汽采暖系统常用的几种型式

型式名称	图 式	特点及适用范围
双管上供下回式		1. 特点 (1)常用的双管做法。 (2)易产生上热下冷。 2. 适用范围 室温需调节的多层建筑
双管下供下回式		1. 特点 (1)可缓和上热下冷现象。 (2)供汽立管需加大。 (3)需设地沟。 (4)室内顶层无供汽干管、美观。 2. 适用范围 室温需调节的多层建筑
双管中供下回式		1. 特点 (1)接层方便。 (2)与上供下回式对比解决上热下冷有利一些。 2. 适用范围 当顶层无法敷设供汽干管的多层建筑

型式名称	图式	特点及适用范围
单管下供下回式		1. 特点 (1) 室内顶层无供汽干管美观。 (2) 供汽立管要加大。 (3) 安装简便、造价低。 (4) 需设地沟。 2. 适用范围 三层以下建筑
单管上供下回式		1. 特点 (1) 常用的单管做法。 (2) 安装简便、造价低。 2. 适用范围 多层建筑

注：1. 蒸汽水平干管汽、水逆向流动时坡度应大于5‰，其他应大于3‰。
2. 水平敷设的蒸汽干管每隔30～40m宜设抬管泄水装置。
3. 回水为重力干式回水方式时，回水干管敷设高度，应高出锅炉供汽压力折算静水压力再加200～300mm安全高度。如系统作用半径较大时，则需采取机械回水。

58. 高压蒸汽采暖系统怎样布置？其具有哪些特性？

高压蒸汽采暖系统布置如图1-10所示。

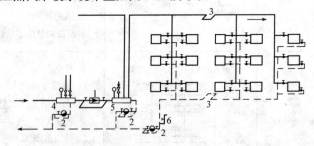

图1-10 双管上分式高压蒸汽采暖系统图示
1—减压阀；2—疏水器；3—伸缩器；4—生产用分汽缸；
5—采暖用分汽缸；6—放气管

第一章 水暖系统简介

高压蒸汽采暖系统一般采用双管上分式系统形式。因为单管系统里蒸汽和凝水在一根管子里流动,容易产生水击现象。而下分式系统又要求把干管布置在地面上或地沟内,障碍较多,所以很少采用。在小的采暖系统可以采用异程双管上分式的系统形式;在系统的作用半径超过80m时,最好采用同程双管上分式系统形式。

高压蒸汽采暖系统比低压蒸汽采暖系统供汽压力高,流速大,作用半径大,散热器表面温度高,凝结水温度高。此系统多用于工厂里的采暖。

59. 高压蒸汽采暖管路应如何布置?

高压蒸汽采暖管路布置常用的型式、适用范围及系统特点简要汇总见表1-5。

表1-5　　　　高压蒸汽采暖系统常用的几种型式

型式名称	图　式	特点及适用范围
上供下回式		1. 特点 常用的做法,可节约地沟 2. 适用范围 单层公用建筑或工业厂房
上供上回式		1. 特点 (1)除节省地沟外检修方便。 (2)系统泄水不便。 2. 适用范围 工业厂房暖风机供暖系统
水平串联式		1. 特点 (1)构造最简单、造价低。 (2)散热器接口处易漏水漏汽。 2. 适用范围 单层公用建筑

续表

型式名称	图 式	特点及适用范围
同程辐射板式		1. 特点 (1)供热量较均匀。 (2)节省地面有效面积。 2. 适用范围 工业厂房及车间
双管上供下回式		1. 特点 可调节每组散热器的热流量 2. 适用范围 多层公用建筑及辅助建筑,作用半径不超过 80m

60. 自然循环双管热水采暖系统应如何布置?

自然循环双管热水采暖系统的布置如图 1-11 所示。

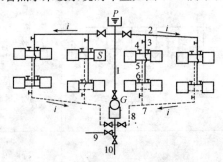

图 1-11 自然循环双管上分式热水采暖系统
G—锅炉;P—膨胀水箱;S—散热器;
1—供水总立管;2—供水干管;3—供水立管;4—供水支管;5—回水支管;
6—回水立管;7—回水干管;8—回水总立管;9—充水管(给水管);10—放水管

61. 自然循环上分式单管热水采暖系统应如何布置？

自然循环上分式单管热水采暖系统的布置如图1-12所示。这种系统每组散热器热水流量不能单独调节，而单管跨越式在每组散热器前面安装阀门，并用跨越管连通散热器的进口及出口支管，使进入散热器的热水分成两部分，一部分进入散热器，另一部分进入跨越管内与其回水混合，进入下一层散热器。这种系统称单管跨越式热水采暖系统，如图1-13所示。

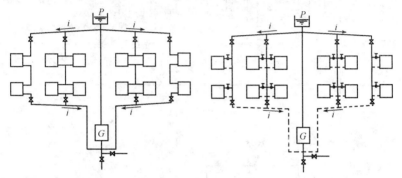

图1-12 自然循环上分式单管热水采暖系统

图1-13 自然循环单管跨越式热水采暖系统

62. 自然循环热水采暖系统管路应如何布置？

自然循环热水采暖系统管路布置的常用形式、适用范围及系统特点简要汇总见表1-6。

表1-6　　　自然循环热水采暖系统常用几种型式

型式名称	图　式	特点及适用范围
单管上供下回式	($i=0.05$, $L\geqslant 50m$, $i=0.005$, 上水)	1. 特点 (1)升温慢、作用压力小、管径大、系统简单、不消耗电能。 (2)水力稳定性好。 (3)可缩小锅炉中心与散热器中心距离节约钢材。 (4)不能单独调节热水流量及室温。 2. 适用范围 作用半径不超过50m的多层建筑

续表

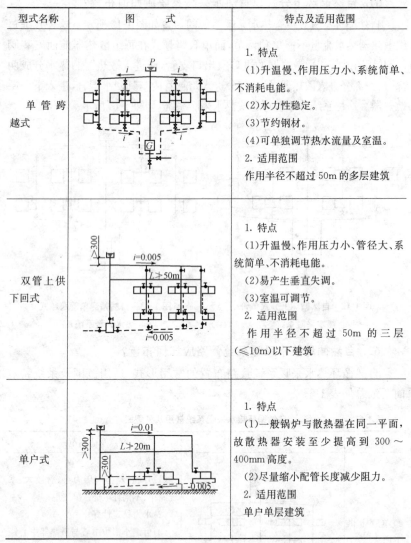

型式名称	图式	特点及适用范围
单管跨越式		1. 特点 (1)升温慢、作用压力小、系统简单、不消耗电能。 (2)水力性稳定。 (3)节约钢材。 (4)可单独调节热水流量及室温。 2. 适用范围 作用半径不超过50m的多层建筑
双管上供下回式		1. 特点 (1)升温慢、作用压力小、管径大、系统简单、不消耗电能。 (2)易产生垂直失调。 (3)室温可调节。 2. 适用范围 作用半径不超过50m的三层（≤10m）以下建筑
单户式		1. 特点 (1)一般锅炉与散热器在同一平面，故散热器安装至少提高到300～400mm高度。 (2)尽量缩小配管长度减少阻力。 2. 适用范围 单户单层建筑

63. 机械循环上分式双管及单管热水采暖系统应如何布置？

机械循环上分式双管及单管热水采暖系统如图1-14、图1-15所示。

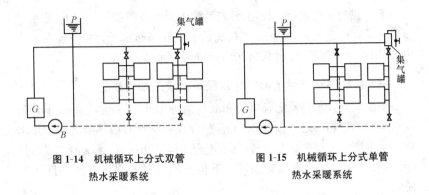

图 1-14　机械循环上分式双管热水采暖系统

图 1-15　机械循环上分式单管热水采暖系统

机械循环上分式双管和单管热水采暖系统,与自然循环上分式双管和单管采暖系统相比,除了增加水泵外,还增加了排气设备。

在机械循环系统中,水的流速快,超过了水中分离出的空气的浮升速度。为了防止空气进入立管,供水干管应设置沿水流方向向上的坡度,使管内气泡随水流方向运动,聚集到系统最高点,通过排气设备排到大气中去,坡度值为 0.002～0.003,回水干管按水流方向设下降坡度,使系统内的水能够顺利地排出。

64. 机械循环下分式双管热水采暖应如何布置?

下分式双管热水采暖系统的供水干管和回水干管均敷设在系统所有散热器之下,如图 1-16 所示。

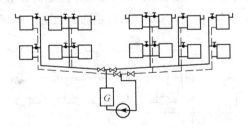

图 1-16　机械循环下分式双管热水采暖系统

下分式双管热水采暖系统排除空气较困难,主要靠顶层散热器的跑风阀排除空气。工作时,热水从底层散热器依次流向顶层散热器。

下分式与上分式相比较,上分式系统干管敷设在顶层天棚下,适用于顶层有天棚的建筑物,而下分式系统供水干管和回水干管均敷设在地沟中,适用于平屋顶的建筑物或有地下室的建筑物。

65. 机械循环下供上回式热水采暖系统应如何布置?

下供上回式采暖系统有单管和双管两种形式,其特点是供水干管敷设在所有的散热器之下;而回水干管敷设在系统所有散热器之上。热水自下而上流过各层散热器,与空气气泡向上运动相一致,系统内空气易排除,一般用于高温热水采暖系统。下供上回式热水采暖系统如图 1-17 所示。

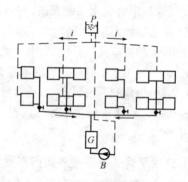

图 1-17 下供上回式热水采暖系统

66. 机械循环水平串联式热水采暖系统应如何布置?

机械循环水平串联式热水采暖系统的布置如图 1-18 所示。

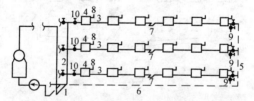

图 1-18 水平串联式热水采暖系统
1—供水干管;2—供水立管;3—水平串联管;
4—散热器;5—回水立管;6—回水干管;
7—方形伸缩器;8—手动放气阀;9—泄水管;10—阀门

这种形式构造简单，管道少穿楼板，便于施工，有较好的热稳定性。但这种系统串联的环路不宜太长，每个环路散热器组数以 8～12 组为宜，且每隔 6m 左右须设置 1 个方形伸缩器，以解决水平管的热胀冷缩问题。在每一组散热器上安装手动放气阀，以排除系统内空气。水平串联式一般用于厂房、餐厅、俱乐部等采暖房间。供、回水管一般设在地沟内，也可设在散热器上面，如图 1-19 所示。

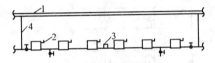

图 1-19　供回水干管在散热器上的连接形式
1—空气管；2—排气装置；3—方形伸缩器；4—闭合管

67. 什么是同程式采暖系统？

同程式采暖系统是指采暖系统中，供回水干管中热媒流向相同，且在各个环路中热媒所流经的管路长度基本相等的系统。反之，为异程式采暖系统。同程式采暖系统的特性是水力稳定，压力易平衡；当系统较大时，采用同程式采暖系统效果较好。同程式采暖系统形式如图 1-20 所示。

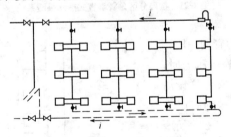

图 1-20　同程式热水采暖系统

68. 高层建筑物热水采暖系统的形式有哪些？

高层建筑热水采暖系统的形式有按层分区垂直式热水采暖系统、水平双线单管热水采暖系统及单、双管混合系统。

69. 高层建筑按层分区垂直式热水采暖系统应如何布置？

高层建筑按层分区垂直式热水采暖系统应用较多。这种系统是在垂直方向分成两个或两个以上的热水采暖系统。每个系统都设置膨胀水箱及排气装置,自成独立系统,互不影响。下层采暖系统通常与室外管直接连接,其他层系统与外网隔绝式连接。通常采用热交换器使上层系统与室外管网隔绝,尤其是高层建筑采用的散热器承压能力较低时,这种隔绝方式应用较多。利用热交换器使上层采暖系统与室外管网隔绝的采暖系统如图 1-21 所示。

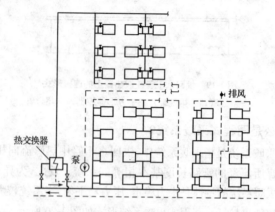

图 1-21 按层分区单管垂直式热水采暖系统

当室外热力管网的压力低于高层建筑静水压力时,上层采暖系统可单独增设加压水泵,把水输送到高层采暖系统中去,如图 1-22 所示。

在设置加压泵时,需注意选用散热器的承压能力应大于高层建筑整个采暖系统所产生的静水压力。

加压泵可设置在底层

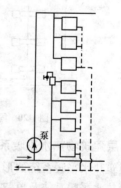

图 1-22 采用加压水泵的连接方式

系统入口处,也可设置在建筑物中间层的设备层内。

按层分区垂直式热水采暖系统中各区系统包括的楼层数目较少,可

70. 水平双线单管热水采暖系统应如何布置？

水平双线单管热水采暖系统布置如图1-23所示。这种系统能够分层调节，也可以在每一个环路上设置节流孔板、调节阀来保证各环路中的热水流量。

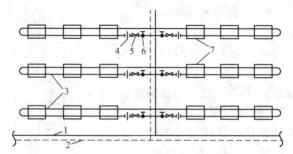

图1-23　水平双线单管热水采暖系统
1—热水干管；2—回水干管；3—双线水平管；4—节流孔板；
5—调节阀；6—截止阀；7—散热器

71. 垂直双线单管采暖系统应如何布置？

垂直双线单管采暖系统布置如图1-24所示。

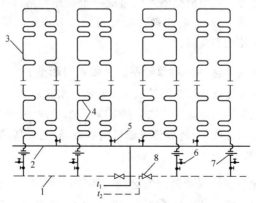

图1-24　垂直双线单管供暖系统
1—回水干管；2—供水干管；3—双线立管；4—散热器或加热盘管；
5—截止阀；6—立管冲洗排水阀；7—节流孔板；8—调节阀

垂直双线单管采暖系统是由Ⅱ形单管式立管组成。这种系统的散热器通常采用蛇形管式或辐射板式。这种系统克服了高层建筑容易产生的垂直失调，但这种系统立管阻力小，容易引起水平失调，一般可在每个Ⅱ形单管的回水立管上设置孔板，或者采用同程式系统来消除水平失调现象。

72. 单、双管混合式热水采暖系统应如何布置？

单、双管混合式热水采暖系统布置如图 1-25 所示。

将高层建筑中的散热器沿垂直方向，每 2～3 层分为 1 组；在每一组内采用双管系统形式，而各组之间用单管连接；这就组成了单、双管混合式系统。

这种系统既能防止楼层过多时双管系统所产生的垂直水力失调现象，又能防止单管系统难以对散热器进行单个调节的缺点。

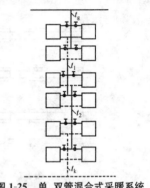

图 1-25　单、双管混合式采暖系统

73. 什么是双管系统？双管系统的特点有哪些？

双管系统是指连接散热器的供水主管和回水主管分别设置的系统。双管系统的特点是每组散热器可以组成一个循环管路，每组散热器的进水温度基本上是一致的，各组散热器可自行调节热煤流量，互相不受影响，因此，便于使用和检修。

74. 什么是单管系统？单管系统的特点有哪些？

单管系统是指连接散热器的供水立管和回水立管用同一根立管的系统。单管系统的特点是立管将散热器串联起来，构成一个循环环路，各楼层间散热器进水温度不同，离热水进口端越近，温度越高，离热水出口端越近，温度越低。

75. 单管系统与双管系统的区别有哪些？

单管系统的工作过程与双管系统基本相同，单管系统和双管系统的主要区别是热水流向散热器的顺序不同。在双管系统中，热水平行地流经各组散热器，而单管系统热水按顺序依次流经各组散热器。

76. 什么是供热系统？供热系统主要由哪几部分组成？

供热系统是指由供热企业经营，对多个用户进行供热的，自热源至城市供热站输送热水或水蒸气的管道系统。

供热管道主要由管道、管路附件和安全计量仪表等组成。管路附件是指安装在管路上用来调节、控制、保证管道运行等功能的附属部件，具体有阀门、疏水器、排气装置、减压阀、补偿器、管道支架等。安全计量仪表有压力表、温度计、流量计等。

77. 供热系统分为哪几类？

(1) 根据管道中输送介质不同分类，城市供热管道可分为热水管道、蒸汽管道和凝结水管道。

(2) 按管道根数不同分类，可分为单管、双管、三管和四管系统。

(3) 根据系统中热介质的密封程度不同分类，可分为闭式系统和开式系统。

1) 闭式系统中热介质是在完全封闭的系统中循环，热介质不被取出而只是放出热量。

2) 开式系统中，热介质被部分取出或全部取出，直接用于生产或生活（如淋浴）。

78. 供热系统的形式有哪些？

(1) 以热水为热媒的区域锅炉房集中供热。

(2) 以蒸汽为热媒的区域蒸汽锅炉房集中供热。

79. 什么是以热水为热媒的区域锅炉房集中供热？

图 1-26 为以热水为热媒的区域热水锅炉房集中供热系统。该系统利用热水循环水泵使水在系统中循环，水在锅炉中被加热到需要的温度后，通过供水管道输送到各热用户，满足各热用户采暖或加热生活用热水。循环水在各热用户冷却降温后，再经回水管道流回锅炉重新被加热。系统中的热水供、回水管道即为城市热水供热管道。

80. 什么是以蒸汽为热媒的区域蒸汽锅炉房集中供热？

图 1-27 为以蒸汽为热媒的区域锅炉房集中供热系统。蒸汽锅炉产生的蒸汽通过蒸汽管道输送到各热用户，供生产、生活、采暖用热。各用

户的凝结水经过凝结水管道流回锅炉房的凝结水箱中。锅炉产生的蒸汽也可以通过汽水换热器转换成热水以满足热水用热的用户。因此，城市供热管道即是系统中蒸气管道与凝结水管道。

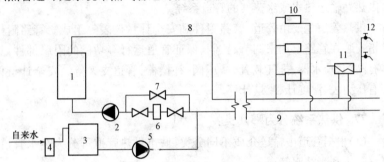

图 1-26 区域热水锅炉房集中供热系统
1—热水锅炉；2—循环水泵；3—补水箱；4—软水器；5—补水泵；6—除污器；
7—阀门；8—热水供水管道；9—热水回水管道；10—供暖散热器；
11—生活热水换热器；12—热水用水装置

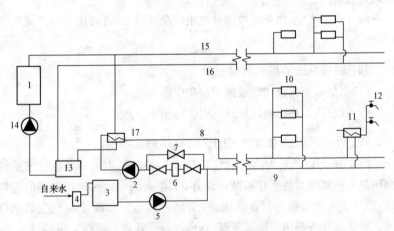

图 1-27 区域蒸汽锅炉房集中供热系统
1—蒸汽锅炉；2—循环水泵；3—补水箱；4—软水器；5—补水泵；6—除污器；7—阀门；
8—热水供水管道；9—热水回水管道；10—供暖散热器；11—生活热水换热器；
12—热水用水装置；13—凝结水箱；14—锅炉给水泵；15—蒸汽管道；
16—凝结水管道；17—汽水换热器

第二章
·工程造价基础知识·

1. 什么是工程造价？

工程造价是指进行一个工程项目的建造所需要花费的全部费用。工程造价有两种含义。第一种含义是从投资者角度来定义，即工程造价是指建设一项工程预期开支或实际开支的全部固定资产的投资费用。第二种含义是从市场角度来定义的，即工程造价就是指工程价格。工程造价主要由工程费用和工程其他费用组成。

2. 工程费用包括哪些内容？工程其他费用包括哪些内容？

工程费用包括建筑工程费用、安装工程费用和设备及工器具购置费用。工程其他费用包括建设单位管理费、土地使用费、研究试验费、勘察设计费、建设单位临时设施费、工程监理费、工程保险费、生产准备费、引进技术和进口设备其他费用、工程承包费、联合试运转费、办公和生活家具购置费等。

3. 什么是建筑工程费用？

建筑工程费用是指工程项目设计范围内的建设场地平整、竖向布置土石方工程费；各类房屋建筑及其附属的室内供水、供热、卫生、电气、燃气、通风空调、弱电等设备及管线安装工程费；各类设备基础、地沟、水池、冷却塔、烟囱烟道、水塔、栈桥、管架、挡土墙、厂区道路、绿化等工程费；铁路专用线、厂外道路、码头等工程费。

4. 什么是安装工程费用？

安装工程费是指主要生产、辅助生产、公用等单项工程中需要安装的工艺、电气、自动控制、运输、供热、制冷等设备、装置安装工程费；各种工艺、管道安装及衬里、防腐、保温等工程费；供电、通信、自控等管线缆的安装工程费。

5. 什么是设备及工器具购置费用？

设备及工器具购置费用是指建设项目设计范围内需要安装及不需要安装的设备、仪器、仪表等及其必要的备品备件购置费；为保证投产初期正常生产所必需的仪器仪表、工卡量具、模具、器具及生产家具等的购置费。在生产性建设项目中，设备工器具费用可称为"积极投资"，其占项目投资费用比重的提高，标志着技术的进步和生产部门有机构成的提高。

6. 如何理解工程造价的大额性？

工程建设项目实物形体庞大，尤其是现代工程建设项目更是具有建设规模日趋庞大，组成结构日趋复杂化、多样化、资金密集、建设周期长等特点，因此，工程项目在建设中消耗大量资源，造价高昂，动辄数百万、数千万、数亿、十几亿，特大型工程项目的造价可达百亿、千亿元人民币，对国民经济影响重大。

7. 如何理解工程造价的个别性、差异性？

任何一项工程都有特定的用途、功能、规模，因此，对每一项工程的结构、造型、空间分割、设备配置和内外装饰都有具体的要求，因而使工程内容和实物形态都具有个别性、差异性。产品的差异性决定了工程造价的个别性差异。同时，每项工程所处地区、地段都不相同，使得工程造价的个别性更加突出。

8. 如何理解工程造价的层次性？

工程的层次性决定造价的层次性。一个建设项目往往含有多个能够独立发挥设计效能的单项工程。一个单项工程又是由能够各自发挥专业效能的多个单位工程组成。与此相适应，工程造价有三个层次：建设项目总造价、单项工程造价和单位工程造价。如果专业分工更细，单位工程的组成部分——分部分项工程也可以成为交换对象，这样工程造价的层次就增加分部工程和分项工程而成为 5 个层次。另外，从造价的计算和工程管理的角度看，工程造价的层次性也是非常突出的。

9. 如何理解工程造价的动态性？

建设项目产品的固定性、生产的流动性、费用的变异性和建设周期长等特点决定了工程造价具有动态性。任何一项工程从决策到竣工交付使用,都有一个较长的建设周期,而且由于不可控因素的影响,在预计工期内,有许多影响工程造价的动态因素,如设备材料价格、工资标准、地区差异及汇率变化等。因此,工程造价始终处于不确定状态,直至竣工决算后才能最终确定工程的实际造价。

10. 如何理解工程造价的兼容性?

工程造价的兼容性首先表现在它具有两种含义,其次表现在工程造价构成因素的广泛性和复杂性。在工程造价中,成本因素非常复杂。其中为获得建设工程用地支出的费用、项目可行性研究和规划设计费用、与政府一定时期政策(特别是产业政策和税收政策)相关的费用占有相当的份额。另外,盈利的构成也较为复杂,资金成本较大。

11. 工程造价的职能有哪些?

工程造价除具有一般商品价格职能以外,还有其他特殊的职能。

(1)预测职能。由于工程造价具有大额性和动态性的特点,因此,无论是投资者或是承包商都要对拟建工程进行预先测算。投资者预先测算工程造价不仅作为项目决策依据,同时也是筹集资金、控制造价的依据。承包商对工程造价的测算,既为投标决策提供依据,也为投标报价和成本管理提供依据。

(2)控制职能。工程造价的控制职能一方面体现在对业主投资的控制,即在投资的各个阶段,根据对造价的多次性预估,对造价进行全过程、多层次的控制;另一方面体现在对以承包商为代表的商品和劳务供应企业的成本控制。在价格一定的条件下,企业实际成本开支决定企业的盈利水平。所以企业要以工程造价来控制成本,利用工程造价提供的信息资料作为控制成本的依据。

(3)评价职能。工程造价既是评价项目投资合理性和投资效益的主要依据,也是评价项目的偿贷能力、盈利能力、宏观效益、企业管理水平和经营成果的重要依据。

(4)调控职能。工程建设直接关系到国家的经济增长、资源分配和资金流向,对国计民生都会产生重大影响。因此,国家对建设规模、结构进行宏观调节是在任何条件下都不可缺少的,对政府投资项目进行直接调控和管理也是非常必需的。这些都要通过工程造价来对工程建设中的物质消耗水平、建设规模、投资方向等进行调节。

12. 工程造价的作用有哪些？

建设项目工程造价涉及国民经济中的多个部门、多个行业及社会再生产中的多个环节，也直接关系到人们的生活和居住条件，其作用范围广泛。

(1)工程造价是项目决策的依据。建设项目具有投资巨大、资金密集、建设周期长等特点，故在不同的建设阶段工程造价皆可作为投资者或承包商进行项目投资或报价的决策依据。

(2)工程造价是制定投资计划和控制投资的依据。工程造价在控制投资方面的作用非常明显。制定正确的投资计划有利于合理、有效地使用建设资金。建设项目的投资计划是按照项目的建设工期、工程进度及建造价格等制定的。工程造价可作为制定项目投资计划及对计划的实施过程进行动态控制的主要依据，并可在市场经济利益风险机制的作用下作为控制投资的内部约束机制。

(3)工程造价是筹集建设资金的依据。投资体制的改革和市场经济的建立，要求项目的投资者具有很强的筹资能力，以保证工程建设有充足的资金供应。工程造价基本决定了建设资金的需要量，从而为筹集资金提供了比较准确的依据。当建设资金来源于金融机构的贷款时，金融机构在对项目的偿贷能力进行评估的基础上，也需要依据工程造价来确定给予投资者的贷款数额。

(4)工程造价是评价投资效果的重要指标。工程造价既是建设项目的总造价，又包含单项工程的造价和单位工程的造价，同时也包含单位生产能力的造价或单位建筑面积的造价等等。它能够为评价投资效果提供出多种评价指标，并能够形成新的价格信息，为今后类似项目的投资提供参照系。

(5)工程造价是合理分配利益和调节产业结构的手段。工程造价的高低涉及国民经济各部门和企业之间的利益分配。在市场经济中，工程造价受供求状况的影响，在围绕价值的波动中合理地确定工程造价可成为项目投资者、承包商等合理分配利润并适时调节产业结构的手段。

13. 工程造价计价的特征有哪些？

工程造价计价特征见表 2-1。

表 2-1　　　　　　　　　　工程造价计价特征

序号	特征	内　容　说　明
1	单件性	由于建筑产品具有固定性、实物形态上的差异性和生产的单件性等特征，故而每一项工程均需根据其特定的用途、功能、建设规模、建设地区和建设地点等单独进行计价
2	多次性	工程项目建设规模庞大、组成结构复杂、建设周期长、在工程建设中消耗资源多，造价高昂。因此，从项目的可行性论证到竣工验收、交付使用的整个过程需要按建设程序决策和分阶段实施。工程造价也需要在不同建设阶段多次进行计价，以保证工程造价计算的准确性和控制的有效性。多次计价是一个由粗到细、由浅入深，逐步接近工程实际造价的过程
3	组合性	工程建设项目是一个工程综合体，它可以从大到小分解为若干有内在联系的单项工程、单位工程、分部工程和分项工程。建设项目的这种组合性决定了其工程造价的计算也是分部组合而成的，它既反映出确定概算造价和预算造价的逐步组合过程，亦反映出合同价和结算价的确定过程。通常工程造价的计算顺序为：分部分项工程造价→单位工程造价→单项工程造价→建设项目总造价
4	方法的多样性	在工程建设的不同阶段确定工程造价的计价依据、精度要求均不同，由此决定了计价方法的多样性。不同的计价方法各有利弊，其适用条件也有所不同，计价时应根据具体情况加以选择
5	计价依据的复杂性	由于影响工程造价的因素多，计价依据复杂，种类繁多，因此，在确定工程造价时，必须熟悉各类计价依据，并加以正确利用

14. 工程造价计价的原理是什么？

工程造价计价的基本原理就是对工程项目的分解与组合。由于工程项目是单件性与多样性组成的集合体，每一个工程项目的建设都需要按业主的特定需要进行单独设计、单独施工，不能批量生产和按整个工程项目确定价格，只能以特殊的计价程序和计价方法进行计算，即要将整个项目进行分解、划分为可以按定额等技术经济参数测算价格的基本单元子项(或称分部、分项工程)。然后,将计算得出的各基本单元子项的造价再相结合,并汇总成工程总造价。

15. 工程造价计价的特点是什么?

工程计价的主要特点就是把工程结构分解,将工程分解至基本项就能较容易地计算出基本子项的费用。一般来说,分解结构层次越多,基本子项也越细,计算也越精确。工程造价的计算从分解到组合的特征与建设项目的组合性有关。一个建设项目是一个工程综合体,这个综合体可以分解为许多有内在联系的独立和不独立的工程,那么建设项目的工程计价过程就是一个逐步组合的过程。

16. 工程造价计价的顺序是什么?

从工程费用计算角度分析,工程造价计价的顺序是:分部分项工程单价→单位工程造价→单项工程造价→建设项目总造价。

17. 什么是工料单价法?

工料单价法是以分部分项工程量乘以单价后的合计为直接工程费,直接工程费以人工、材料、机械的消耗量及其相应价格确定,直接工程费汇总后另加间接费、利润、税金,生成单位工程发承包价的计价方法。

18. 以直接费为基础的工料单价法计价程序是怎样的?

表 2-2   以直接费为基础的工料单价法计价程序

序号	费用项目	计算方法	备注
1	直接工程费	按预算表	
2	措施费	按规定标准计算	
3	小计	1+2	
4	间接费	3×相应费率	
5	利润	(3+4)×相应利润率	
6	合计	3+4+5	
7	含税造价	6×(1+相应税率)	

19. 以人工费和机械费为基础的工料单价法计价程序是怎样的？

表2-3　　　　以人工费和机械费为基础的工料单价法计价程序

序号	费用项目	计算方法	备注
1	直接工程费	按预算表	
2	其中人工费和机械费	按预算表	
3	措施费	按规定标准计算	
4	其中人工费和机械费	按规定标准计算	
5	小计	1+3	
6	人工费和机械费小计	2+4	
7	间接费	6×相应费率	
8	利润	6×相应利润率	
9	合计	5+7+8	
10	含税造价	9×(1+相应税率)	

20. 以人工费为基础的工料单价法计价程序是怎样的？

表2-4　　　　以人工费为基础的工料单价法计价程序

序号	费用项目	计算方法	备注
1	直接工程费	按预算表	
2	直接工程费中人工费	按预算表	
3	措施费	按规定标准计算	
4	措施费中人工费	按规定标准计算	
5	小计	1+3	
6	人工费小计	2+4	
7	间接费	6×相应费率	
8	利润	6×相应利润率	
9	合计	5+7+8	
10	含税造价	9×(1+相应税率)	

21. 什么是综合单价法？

综合单价法是分部分项工程单价为全费用单价，全费用单价经综合计算后生成，其内容包括直接工程费、间接费、利润和税金（措施费也可按此方法生成全费用价格）。各分项工程是乘以综合单价的合价汇总后生成工程发承包价。

22. 以直接费为基础的综合单价法计价程序是怎样的？

表 2-5　　　以直接费为基础的综合单价法计价程序

序号	费用项目	计算方法	备注
1	分项直接工程费	人工费＋材料费＋机械费	
2	间接费	1×相应费率	
3	利润	(1＋2)×相应利润率	
4	合计	1＋2＋3	
5	含税造价	4×(1＋相应税率)	

23. 以人工费和机械费为基础的综合单价法计价程序是怎样的？

表 2-6　　　以人工费和机械费为基础的综合单价法计价程序

序号	费用项目	计算方法	备注
1	分项直接工程费	人工费＋材料费＋机械费	
2	其中人工费和机械费	人工费＋机械费	
3	间接费	2×相应费率	
4	利润	2×相应利润率	
5	合计	1＋3＋4	
6	含税造价	5×(1＋相应税率)	

24. 以人工费为基础的综合单价法计价程序是怎样的？

表 2-7　　　　以人工费为基础的综合单价法计价程序

序号	费用项目	计算方法	备注
1	分项直接工程费	人工费＋材料费＋机械费	
2	直接工程费中人工费	人工费	
3	间接费	2×相应费率	
4	利润	2×相应利润率	
5	合计	1＋3＋4	
6	含税造价	5×(1＋相应税率)	

25. 单价可分为哪些种类？

(1)人工单价。人工单价指一个建筑安装工人一个工作日在预算中应计入的全部人工费用，它反映了建筑安装工人的工资水平和一个工人在一个工作日中可以得到的报酬。

(2)材料单价。材料单价是指材料由供应者仓库或提货地点到达工地仓库后的出库价格。材料单价包括材料原价、供销部门手续费、包装费、运输费及采购保管费。

(3)机械台班单价。机械台班单价是指一台施工机械，在正常运转条件下每工作一个台班应计入的全部费用。机械台班单价包括折旧费、大修理费、经常修理费、安拆费及场外运输费、燃料动力费、人工费、车船使用税及保险费。

26. 什么是建筑安装工程价格指数？

建筑安装工程价格指数是反映一定时期由于价格变化对工程价格影响程度的指标，它是调整建筑安装工程价格差价的依据。建筑安装工程价格指数是报告期与基期价格的比值，可以反映价格变动趋势，用来进行估价和结算，估计价格变动对宏观经济的影响。

27. 建筑安装工程价格指数可分为哪些种类？

建筑安装工程价格指数因分类标准的不同可分为以下不同的种类。

(1) 按工程范围、类别和用途的不同，建筑安装工程价格指数可分为单项价格指数和综合价格指数。单项价格指数分别反映各类工程的人工、材料、施工机械及主要设备等报告期价格对基期价格的变化程度。综合价格指数综合反映各类项目或单项工程人工费、材料费、施工机械使用费和设备费等报告期价格对基期价格变化而影响造价的程度，反映造价总水平的变动趋势。

(2) 按工程价格资料期限长短的不同，建筑安装工程价格指数可分为时点价格指数、月指数、季指数和年指数。

(3) 按基期的不同，建筑安装工程价格指数可分为定基指数和环比指数。定基指数指各期价格与其固定时期价格的比值；环比指数指各时期价格与前一期价格的比值。

28. 建筑安装工程价格指数如何编制？

(1) 人工、机械台班、材料等要素价格指数的编制见下式：

$$材料（设备、人工、机械）价格指数 = \frac{报告期预算价格}{基期预算价格}$$

(2) 建筑安装工程价格指数的编制，见下式：

建筑安装工程价格指数 = 人工费指数 × 基期人工费占建筑安装工程价格的比例 + Σ（单项材料价格指数 × 基期该材料费占建筑安装工程价格比例）+ Σ（单项施工机械台班指数 × 基期该机械费占建筑安装工程价格比例）+（其他直接费、间接费综合指数）×（基期其他直接费、间接费占建安工程价格比例）

29. 影响工程造价的因素有哪些？

影响工程造价的主要因素为基本构造要素的单位价格和基本构造要素的实物工程数量，可用下列基本计算式表达：

$$工程造价 = \sum（工程实物量 × 单位价格）$$

在进行工程造价计价时，实物工程量的计量单位是由单位价格的计量单位决定的。如果单位价格计量单位的对象取得较大，得到的工程估算就较粗，反之则工程估算较细较准确。基本子项的工程实物量可以通

第二章 工程造价基础知识

过工程量计算规则和设计图纸计算而得,它可以直接反映工程项目的规模和内容。

30. 工程造价的理论构成由哪几部分组成?

工程造价的理论构成如图 2-1 所示。

(1)建设工程物质消耗转移价值的货币表现。包括建筑材料、燃料、设备等物化劳动和建筑机械台班、工具的消耗。

(2)建设工程中劳动工资报酬支出。即劳动者为自己的劳动创造的价值的货币表现,包括劳动者的工资和奖金等费用。

(3)盈利。即劳动者为社会创造价值的货币表现。包括设计、施工、建设单位的利润和税金等。

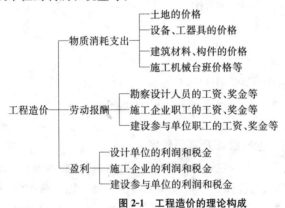

图 2-1 工程造价的理论构成

31. 我国现行工程造价主要由哪几部分构成?

我国现行工程造价的构成主要划分为设备及工、器具购置费用,建筑安装工程费用,工程建设其他费用,预备费,建设期贷款利息,固定资产投资方向调节税等几项。其具体构成内容如图 2-2 所示。

32. 什么是国产设备原价?

国产设备原价一般指的是设备制造厂的交货价,或订货合同价。它一般根据生产厂或供应商的询价、报价、合同价确定,或采用一定的方法计算确定。国产设备原价分为国产标准设备原价和国产非标准设备原价。

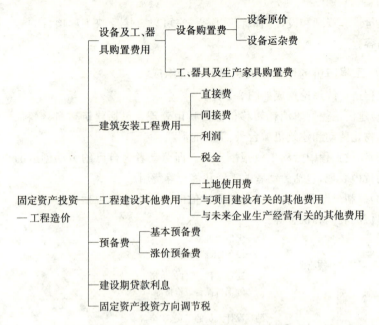

图 2-2 我国现行工程造价的构成

33. 什么是国产标准设备及其原价?

国产标准设备是指按照主管部门颁布的标准图纸和技术要求,由设备生产厂批量生产的,符合国家质量检验标准的设备。国产标准设备原价一般指的是设备制造厂的交货价,即出厂价。如设备系由设备成套公司供应,则以订货合同价为设备原价。有的设备有两种出厂价,即带有备件的出厂价和不带有备件的出厂价。在计算设备原价时,一般按带有备件的出厂价计算。

34. 什么是国产非标准设备及其原价?

国产非标准设备是指国家尚无定型标准,各设备生产厂不可能在工艺过程中采用批量生产,只能按一次订货,并根据具体的设计图纸制造的设备。非标准设备原价有多种不同的计算方法,如成本计算估价法、系列设备插入估价法、分部组合估价法、定额估价法等。但无论采用哪种方法都应该使非标准设备计价接近实际出厂价,并且计算方法要简便。

35. 如何计算非标准设备原价?

按成本计算估价法,非标准设备的原价由以下各项组成:

(1)材料费。其计算公式如下:

材料费=材料净重×(1+加工损耗系数)×每吨材料综合价

(2)加工费。包括生产工人工资和工资附加费、燃料动力费、设备折旧费、车间经费等。其计算公式如下:

加工费=设备总重量(吨)×设备每吨加工费

(3)辅助材料费(简称辅材费)。包括焊条、焊丝、氧气、氩气、氮气、油漆、电石等费用。其计算公式如下:

辅助材料费=设备总重量×辅助材料费指标

(4)专用工具费。按(1)~(3)项之和乘以一定百分比计算。

(5)废品损失费。按(1)~(4)项之和乘以一定百分比计算。

(6)外购配套件费。按设备设计图纸所列的外购配套件的名称、型号、规格、数量、重量,根据相应的价格加运杂费计算。

(7)包装费。按以上(1)~(6)项之和乘以一定百分比计算。

(8)利润。可按(1)~(5)项加第(7)项之和乘以一定利润率计算。

(9)税金。主要指增值税。计算公式为:

增值税=当期销项税额-进项税额

其中,当期销项税额=销售额×适用增值税率[销售额为(1)~(8)项之和]。

(10)非标准设备设计费:按国家规定的设计费收费标准计算。

综上所述,单台非标准设备原价可用下面的公式表达:

单台非标准设备原价={[(材料费+加工费+辅助材料费)×(1+专用工具费率)×(1+废品损失费率)+外购配套件费]×(1+包装费率)-外购配套件费}×(1+利润率)+销项税金+非标准设备设计费+外购配套件费

36. 什么是进口设备原价?

进口设备的原价是指进口设备的抵岸价,即抵达买方边境港口或边境车站,且交完关税等税费后形成的价格。进口设备抵岸价的构成与进口设备的交货方式有关。

37. 进口设备的交货方式有哪些？

（1）内陆交货类。内陆交货类即卖方在出口国内陆的某个地点交货。在交货地点，卖方及时提交合同规定的货物和有关凭证，并负担交货前的一切费用和风险；买方按时接受货物，交付货款，负担接货后的一切费用和风险，并自行办理出口手续和装运出口。货物的所有权也在交货后由卖方转移给买方。

（2）目的地交货类。目的地交货类即卖方在进口国的港口或内地交货，包括目的港船上交货价、目的港船边交货价（FOS）和目的港码头交货价（关税已付）及完税后交货价（进口国的指定地点）等几种交货价。其特点是买卖双方承担的责任、费用和风险是以目的地约定交货点为分界线，只有当卖方在交货点将货物置于买方控制下才算交货，才能向买方收取货款。

（3）装运港交货类。装运港交货类即卖方在出口国装运港交货，主要有装运港船上交货价（FOB），习惯称离岸价格，运费在内价（C&F）和运费、保险费在内价（CIF），习惯称到岸价格。其特点是卖方按照约定的时间在装运港交货，只要卖方把合同规定的货物装船后提供货运单据便完成交货任务，可凭单据收回货款。

38. 如何计算进口设备原价？

进口设备采用最多的是装运港船上交货价（FOB），其抵岸价的构成可概括为：

进口设备原价 = 货价 + 国际运费 + 运输保险费 + 银行财务费 + 外贸手续费 + 关税 + 增值税 + 消费税 + 海关监管手续费 + 车辆购置附加费

（1）货价。一般指装运港船上交货价（FOB）。设备货价分为原币货价和人民币货价，原币货价一律折算为美元表示，人民币货价按原币货价乘以外汇市场美元兑换人民币中间价确定。进口设备货价按有关生产厂商询价、报价、订货合同价计算。

（2）国际运费。即从装运港（站）到达我国抵达港（站）的运费。我国进口设备大部分采用海洋运输，小部分采用铁路运输，个别采用航空运输。进口设备国际运费计算公式为：

国际运费（海、陆、空）＝原币货价（FOB）×运费率

第二章 工程造价基础知识

$$国际运费(海、陆、空) = 运量 \times 单位运价$$

其中,运费率或单位运价参照有关部门或进出口公司的规定执行。

(3)运输保险费。对外贸易货物运输保险是由保险人(保险公司)与被保险人(出口人或进口人)订立保险契约,在被保险人交付议定的保险费后,保险人根据保险契约的规定对货物在运输过程中发生的承保责任范围内的损失给予经济上的补偿。这是一种财产保险。计算公式为:

$$运输保险费 = \frac{原币货价(FOB) + 国外运费}{1 - 保险费率} \times 保险费率$$

其中,保险费率按保险公司规定的进口货物保险费率计算。

(4)银行财务费。一般是指中国银行手续费,可按下式简化计算:

$$银行财务费 = 人民币货价(FOB) \times 银行财务费率$$

(5)外贸手续费。指按对外经济贸易部规定的外贸手续费率计取的费用,外贸手续费率一般取 1.5%。计算公式为:

$$外贸手续费 = [装运港船上交货价(FOB) + 国际运费 + 运输保险费] \times 外贸手续费率$$

(6)关税。由海关对进出国境或关境的货物和物品征收的一种税。计算公式为:

$$关税 = 到岸价格(CIF) \times 进口关税税率$$

其中,到岸价格(CIF)包括离岸价格(FOB)、国际运费、运输保险费等费用,它作为关税完税价格。进口关税税率分为优惠和普通两种。优惠税率适用于与我国签订有关税互惠条款的贸易条约或协定的国家的进口设备;普通税率适用于与我国未订有关税互惠条款的贸易条约或协定的国家的进口设备。进口关税税率按我国海关总署发布的进口关税税率计算。

(7)增值税。是对从事进口贸易的单位和个人,在进口商品报关进口后征收的税种。我国增值税条例规定,进口应税产品均按组成计税价格和增值税税率直接计算应纳税额。即:

$$进口产品增值税额 = 组成计税价格 \times 增值税税率$$
$$组成计税价格 = 关税完税价格 + 关税 + 消费税$$

增值税税率根据规定的税率计算。

(8)消费税。对部分进口设备(如轿车、摩托车等)征收,一般计算公式为：

$$应纳消费税额 = \frac{到岸价 + 关税}{1 - 消费税税率} \times 消费税税率$$

其中，消费税税率根据规定的税率计算。

(9) 海关监管手续费。指海关对进口减税、免税、保税货物实施监督、管理、提供服务的手续费。对于全额征收进口关税的货物不计本项费用。其公式如下：

$$海关监管手续费 = 到岸价 \times 海关监管手续费率$$

(10) 车辆购置附加费：进口车辆需缴进口车辆购置附加费。其公式如下：

$$进口车辆购置附加费 = (到岸价 + 关税 + 消费税 + 增值税) \times 进口车辆购置附加费率$$

39. 如何计算设备运杂费？

设备运杂费按设备原价乘以设备运杂费率计算，其公式为：

$$设备运杂费 = 设备原价 \times 设备运杂费率$$

其中，设备运杂费率按各部门及省、市等的规定计取。

40. 设备运杂费由哪些部分构成？

(1) 国产标准设备由设备制造厂交货地点起至工地仓库（或施工组织设计指定的需要安装设备的堆放地点）止所发生的运费和装卸费。

进口设备则由我国到岸港口、边境车站起至工地仓库（或施工组织设计指定的需要安装设备的堆放地点）止所发生的运费和装卸费。

(2) 在设备出厂价格中没有包含的设备包装和包装材料器具费；在设备出厂价或进口设备价格中如已包括了此项费用，则不应重复计算。

(3) 供销部门的手续费，按有关部门规定的统一费率计算。

(4) 建设单位（或工程承包公司）的采购与仓库保管费，是指采购、验收、保管和收发设备所发生的各种费用，包括设备采购、保管和管理人员工资、工资附加费、办公费、差旅交通费、设备供应部门办公和仓库所占固定资产使用费、工具用具使用费、劳动保护费、检验试验费等。这些费用可按主管部门规定的采购保管费率计算。

一般来讲,沿海和交通便利的地区,设备运杂费率相对低一些;内地和交通不很便利的地区就要相对高一些,边远省份则要更高一些。对于非标准设备来讲,应尽量就近委托设备制造厂,以大幅度降低设备运杂费。进口设备由于原价较高,国内运距较短,因而运杂费比率应适当降低。

41. 如何计算工、器具及生产家具购置费?

工具、器具及生产家具购置费,是指新建或扩建项目初步设计规定的,保证初期正常生产必须购置的没有达到固定资产标准的设备、仪器、工卡模具、器具、生产家具和备品备件等的购置费用。一般以设备购置费为计算基数,按照部门或行业规定的工具、器具及生产家具费率计算。计算公式为:

工具、器具及生产家具购置费=设备购置费×定额费率

42. 建筑安装工程费用由哪些部分构成?

我国现行建筑安装工程造价的构成,按原建设部、财政部共同颁发的建标[2003]206号文件规定如图2-3所示。

43. 直接费由哪些部分构成? 如何计算?

直接费由直接工程费和措施费组成。

(1)直接工程费。直接工程费是指施工过程中耗费的构成工程实体的各项费用,包括人工费、材料费、施工机械使用费。即:

直接工程费=人工费+材料费+施工机械使用费

(2)措施费。措施费是指为完成工程项目施工,发生于该工程施工前和施工过程中非工程实体项目的费用。

44. 间接费由哪些部分构成?

间接费由规费和企业管理费组成。

(1)规费。规费是指政府和有关权力部门规定必须缴纳的费用(简称规费)。

(2)企业管理费。企业管理费是指建筑安装企业组织施工生产和经营管理所需费用。

45. 如何计算间接费?

间接费的计算方法按取费基数的不同分为以下三种:

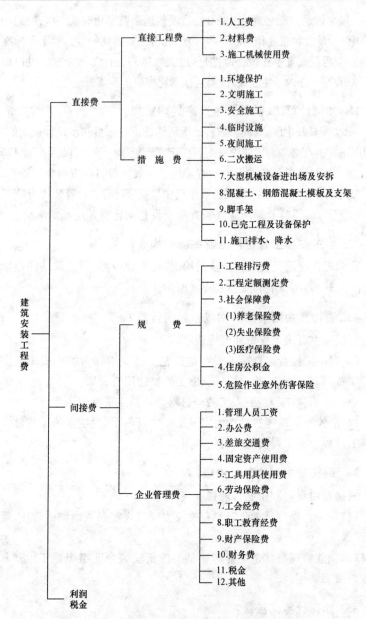

图 2-3 建筑安装工程费用的构成

(1)以直接费为计算基础：
$$间接费=直接费合计\times间接费费率(\%)$$
(2)以人工费和机械费合计为计算基础：
$$间接费=人工费和机械费合计\times间接费费率(\%)$$
$$间接费费率(\%)=规费费率(\%)+企业管理费费率(\%)$$
(3)以人工费为计算基础：
$$间接费=人工费合计\times间接费费率(\%)$$

46. 什么是工程建设其他费用？

工程建设其他费用是指从工程筹建到工程竣工验收交付使用止的整个建设期间，除建筑安装工程费用和设备、工器具购置费以外的，为保证工程建设顺利完成和交付使用后能够正常发挥效用而发生的一些费用。

工程建设其他费用，按其内容大体可分为三类。第一类为土地使用费，由于工程项目固定于一定地点与地面相连接，必须占用一定量的土地，也就必然要发生为获得建设用地而支付的费用；第二类是与项目建设有关的费用；第三类是与未来企业生产和经营活动有关的费用。

47. 什么是土地使用费？

任何一个建设项目都固定于一定地点与地面相连接，必须占用一定量的土地，也就必然要发生为获得建设用地而支付的费用，这就是土地使用费。它是指通过划拨方式取得土地使用权而支付的土地征用及迁移补偿费，或者通过土地使用权出让方式取得土地使用权而支付的土地使用权出让金。

48. 什么是土地征用及迁移补偿费？

土地征用及迁移补偿费，是指建设项目通过划拨方式取得无限期的土地使用权，依照《中华人民共和国土地管理法》等规定所支付的费用。其总和一般不得超过被征土地年产值的20倍，土地年产值则按该地被征用前3年的平均产量和国家规定的价格计算。

49. 土地征用及迁移补偿费包括哪些内容？

(1) 土地补偿费。征用耕地(包括菜地)的补偿标准，按规定，为该耕地年产值的若干倍，具体补偿标准由省、自治区、直辖市人民政府在此范围内制定。征用园地、鱼塘、藕塘、苇塘、宅基地、林地、牧场、草原等的补偿标准，由省、自治区、直辖市人民政府制定。征收无收益的土地，不予补偿。

(2) 青苗补偿费和被征用土地上的房屋、水井、树木等附着物补偿费。这些补偿费的标准由省、自治区、直辖市人民政府制定。征用城市郊区的菜地时，还应按照有关规定向国家缴纳新菜地开发建设基金。

(3) 安置补助费。征用耕地、菜地的，每个农业人口的安置补助费为该地每亩年产值的 2~3 倍，每亩耕地的安置补助费最高不得超过其年产值的 10 倍。

(4) 缴纳的耕地占用税或城镇土地使用税、土地登记费及征地管理费等。县市土地管理机关从征地费中提取土地管理费的比率，要按征地工作量大小，视不同情况，在 1‰~4‰ 幅度内提取。

(5) 征地动迁费。包括征用土地上的房屋及附属构筑物、城市公共设施等拆除、迁建补偿费、搬迁运输费，企业单位因搬迁造成的减产、停工损失补贴费，拆迁管理费等。

(6) 水利水电工程水库淹没处理补偿费。包括农村移民安置迁建费，城市迁建补偿费，库区工矿企业、交通、电力、通信、广播、管网、水利等的恢复、迁建补偿费，库底清理费，防护工程费，环境影响补偿费用等。

50. 取得国有土地使用费包括哪些内容？

取得国有土地使用费包括：土地使用权出让金、城市建设配套费、拆迁补偿与临时安置补助费等。

(1) 土地使用权出让金。土地使用权出让金是指建设工程通过土地使用权出让方式，取得有限期的土地使用权，依照《中华人民共和国城镇国有土地使用权出让和转让暂行条例》规定，支付的土地使用权出让金。

(2) 城市建设配套费。城市建设配套费是指因进行城市公共设施的建设而分摊的费用。

（3）拆迁补偿与临时安置补助费。此项费用由两部分构成，即拆迁补偿费和临时安置补助费或搬迁补助费。拆迁补偿费是指拆迁人对被拆迁人，按照有关规定予以补偿所需的费用。拆迁补偿的形式可分为产权调换和货币补偿两种形式。产权调换的面积按照所拆迁房屋的建筑面积计算；货币补偿的金额按照被拆迁人或者房屋承租人支付搬迁补助费。在过渡期内，被拆迁人或者房屋承租人自行安排住处的，拆迁人应当支付临时安置补助费。

51. 什么是建设单位管理费？

建设单位管理费是指建设项目从立项、筹建、建设、联合试运转、竣工验收、交付使用及后评估等全过程管理所需的费用。其内容包括：

（1）建设单位开办费。建设单位开办费指新建项目为保证筹建和建设工作正常进行所需办公设备、生活家具、用具、交通工具等购置费用。

（2）建设单位经费。建设单位经费包括工作人员的基本工资、工资性补贴、职工福利费、劳动保护费、劳动保险费、办公费、差旅交通费、工会经费、职工教育经费、固定资产使用费、工具用具使用费、技术图书资料费、生产人员招募费、工程招标费、合同契约公证费、工程质量监督检测费、工程咨询费、法律顾问费、审计费、业务招待费、排污费、竣工交付使用清理及竣工验收费、后评估等费用，不包括应计入设备、材料预算价格的建设单位采购及保管设备材料所需的费用。

建设单位管理费按照单项工程费用之和（包括设备及工、器具购置费和建筑安装工程费用）乘以建设单位管理费率计算。

建设单位管理费率按照建设项目的不同性质、不同规模确定。有的建设项目按照建设工期和规定的金额计算建设单位管理费。

52. 什么是勘察设计费？

勘察设计费是指为本建设项目提供项目建议书、可行性研究报告及设计文件等所需费用，内容包括：

（1）编制项目建议书、可行性研究报告及投资估算、工程咨询、评价以及为编制上述文件所进行勘察、设计、研究试验等所需费用。

(2)委托勘察、设计单位进行初步设计、施工图设计及概预算编制等所需费用。

(3)在规定范围内由建设单位自行完成的勘察、设计工作所需费用。

勘察设计费中,项目建议书、可行性研究报告按国家颁布的收费标准计算,设计费按国家颁布的工程设计收费标准计算;勘察费一般民用建筑6层以下的按3~5元/m^2计算,高层建筑按8~10元/m^2计算,工业建筑按10~12元/m^2计算。

53. 什么是研究试验费?

研究试验费是指为建设项目提供和验证设计参数、数据、资料等所进行的必要的试验费用以及设计规定在施工中必须进行试验、验证所需费用。它包括自行或委托其他部门研究试验所需人工费、材料费、试验设备及仪器使用费等。这项费用按照设计单位根据本工程项目的的需要提出的研究试验内容和要求计算。

54. 什么是建设单位临时设施费?

建设单位临时设施费是指建设期间建设单位所需临时设施的搭设、维修、摊销费用或租赁费用。

临时设施包括临时宿舍、文化福利及公用事业房屋与构筑物、仓库、办公室、加工厂以及规定范围内的道路、水、电、管线等临时设施和小型临时设施。

55. 什么是工程监理费?

工程监理费是指建设单位委托工程监理单位对工程实施监理工作所需费用。根据原国家物价局、建设部《关于发布工程建设监理费用有关规定的通知》([1992]价费字479号)等文件规定,工程监理费选择下列方法之一计算:

(1)一般情况应按工程建设监理收费标准计算,即按所监理工程概算或预算的百分比计算。

(2)对于单工种或临时性项目可根据参与监理的年度平均人数按

3.5~5万元/(人·年)计算。

56. 什么是工程保险费?

工程保险费是指建设项目在建设期间根据需要实施工程保险所需的费用。它包括以各种建筑工程及其在施工过程中的物料、机器设备为保险标的的建筑工程一切险,以安装工程中的各种机器、机械设备为保险标的的安装工程一切险,以及机器损坏保险等。根据不同的工程类别,分别以其建筑、安装工程费乘以建筑、安装工程保险费率计算。民用建筑(住宅楼、综合性大楼、商场、旅馆、医院、学校)占建筑工程费的 2‰~4‰;其他建筑(工业厂房、仓库、道路、码头、水坝、隧道、桥梁、管道等)占建筑工程费的 3‰~6‰;安装工程(农业、工业、机械、电子、电器、纺织、矿山、石油、化学及钢铁工业、钢结构桥梁)占建筑工程费的 3‰~6‰。

57. 什么是工程承包费?

工程承包费是指具有总承包条件的工程公司,对工程建设项目从开始建设至竣工投产全过程的总承包所需的管理费用。其具体内容包括组织勘察设计、设备材料采购、非标设备设计制造与销售、施工招标、发包、工程预决算、项目管理、施工质量监督、隐蔽工程检查、验收和试车直至竣工投产的各种管理费用。该费用按国家主管部门或省、自治区、直辖市协调规定的工程总承包费取费标准计算。如无规定时,一般工业建设项目为投资估算的 6%~8%,民用建筑(包括住宅建设)和市政项目为 4%~6%。不实行工程承包的项目不计算本项费用。

58. 什么是基本预备费?

基本预备费是指在初步设计及概算内难以预料的工程费用。费用内容包括:

(1)在批准的初步设计范围内,技术设计、施工图设计及施工过程中所增加的工程费用;设计变更、局部地基处理等增加的费用。

(2)一般自然灾害造成的损失和预防自然灾害所采取的措施费用。实行工程保险的工程项目费用应适当降低。

(3) 竣工验收时为鉴定工程质量对隐蔽工程进行必要的挖掘和修复费用。

基本预备费是按设备及工、器具购置费,建筑安装工程费用和工程建设其他费用三者之和为计取基础,乘以基本预备费率进行计算。

基本预备费=(设备及工、器具购置费+建筑安装工程费用+工程建设其他费用)×基本预备费率

基本预备费率的取值应执行国家及部门的有关规定。

59. 什么是涨价预备费?

涨价预备费是指建设项目在建设期间内由于价格等变化引起工程造价变化的预测预留费用。费用内容包括:人工、设备、材料、施工机械的价差费,建筑安装工程费及工程建设其他费用调整,利率、汇率调整等增加的费用。

涨价预备费的测算方法,一般根据国家规定的投资综合价格指数,按估算年份价格水平的投资额为基数,采用复利方法计算。其计算公式为:

$$PF = \sum_{t=1}^{n} I_t [(1+f)^t - 1]$$

式中 PF——涨价预备费;
  n——建设期年份数;
  I_t——建设期中第 t 年的投资计划额,包括设备及工器具购置费、建筑安装工程费、工程建设其他费用及基本预备费;
  f——年均投资价格上涨率。

【例 2-1】 某建设项目,建设期为 3 年,各年投资计划额如下:第一年贷款 7200 万元,第二年 10800 万元,第三年 3600 万元,年均投资价格上涨率为 6%,求建设项目建设期间涨价预备费。

【解】 第一年涨价预备费为:

$$PF_1 = I_1[(1+f)-1] = 7200 \times 0.06 = 432 \text{ 万元}$$

第二年涨价预备费为:

$$PF_2 = I_2[(1+f)^2 - 1] = 10800 \times (1.06^2 - 1) = 1334.88 \text{ 万元}$$

第三年涨价预备费为:

$$PF_3 = I_3[(1+f)^3 - 1] = 3600 \times (1.06^3 - 1) = 687.658 \text{ 万元}$$

因此,建设期的涨价预备费为:

$$PF = 432 + 1334.88 + 687.658 = 2454.54 \text{ 万元}$$

60. 如何确定基本建设项目投资方向调节税的税率?

(1)国家急需发展的项目投资,如农业、林业、水利、能源、交通、通讯、原材料、科教、地质、勘探、矿山开采等基础产业和薄弱环节的部门项目投资,适用零税率。

(2)对国家鼓励发展但受能源、交通等制约的项目投资,如钢铁、化工、石油、水泥等部分重要原材料项目,以及一些重要机械、电子、轻工工业和新型建材的项目,实行5%的税率。

(3)为配合住房制度改革,对城乡个人修建、购买住宅的投资实行零税率;对单位修建、购买一般性住宅投资,实行5%的低税率;对单位用公款修建、购买高标准独门独院、别墅式住宅投资,实行30%的高税率。

(4)对楼堂馆以及国家严格限制发展的项目投资,课以重税,税率为30%。

(5)对不属于上述四类的其他项目投资,实行中等税负政策,税率15%。

61. 如何确定更新改造项目投资方向调节税税率?

(1)为了鼓励企事业单位进行设备更新和技术改造,促进技术进步,对国家急需发展的项目投资,予以扶持,适用零税率;对单纯工艺改造和设备更新的项目投资,适用零税率。

(2)对不属于上述提到的其他更新改造项目投资,一律适用10%的税率。

62. 什么是建设期投资贷款利息?

建设期投资贷款利息是指建设项目使用银行或其他金融机构的贷

款,在建设期应归还的借款的利息。建设项目筹建期间借款的利息,按规定可以计入购建资产的价值或开办费。贷款机构在贷出款项时,一般都是按复利考虑的。作为投资者来说,在项目建设期间,投资项目一般没有还本付息的资金来源,即使按要求还款,其资金也可能是通过再申请借款来支付。当项目建设期长于一年时,为简化计算,可假定借款发生当年均在年中支用,按半年计息,年初欠款按全年计息,这样,建设期投资贷款的利息可按下式计算:

$$q_j = \left(P_{j-1} + \frac{1}{2}A_j\right) \cdot i$$

式中 q_j——建设期第 j 年应计利息;

P_{j-1}——建设期第 $(j-1)$ 年末贷款累计金额与利息累计金额之和;

A_j——建设期第 j 年贷款金额;

i——年利率。

【例 2-2】 某新建项目,建设期为 3 年,共向银行贷款 1300 万元,贷款金额为:第一年 300 万元,第二年 600 万元,第三年 400 万元。年利率为 6%,计算建设期利息。

【解】 在建设期,各年利息计算如下:

第一年应计利息 $= \frac{1}{2} \times 300 \times 6\% = 9$ 万元

第二年应计利息 $= \left(300 + 9 + \frac{1}{2} \times 600\right) \times 6\% = 36.54$ 万元

第三年应计利息 $= \left(300 + 9 + 600 + 36.54 + \frac{1}{2} \times 400\right) \times 6\%$

$= 68.73$ 万元

建设期利息总和 $= 9 + 36.54 + 68.73 = 114.27$ 万元。

63. 什么是流动资金?

流动资金是指生产经营性项目投产后,为进行正常生产运营,用于购买原材料、燃料,支付工资及其他经营费用等所需的周转资金。流动资金估算一般是参照现有同类企业的状况采用分项详细估算法,个别情况或者小型项目可采用扩大指标法。

第二章 工程造价基础知识

【例 2-3】 某建设工程在建设期初的建安工程费和设备工器具购置费为 45000 万元。按本项目实施进度计划,项目建设期为 3 年,投资分年使用比例为:第一年 25%,第二年 55%,第三年 20%,建设期内预计年平均价格总水平上涨率为 5%。建设期贷款利息为 1395 万元,建设工程其他费用为 3860 万元,基本预备费率为 10%。试估算该项目的建设投资。

【解】 (1)计算项目的涨价预备费:

第一年末的涨价预备费 $=45000 \times 25\% \times [(1+0.05)^1 - 1]$
$\qquad = 562.5$ 万元

第二年末的涨价预备费 $=45000 \times 55\% \times [(1+0.05)^2 - 1]$
$\qquad = 2536.88$ 万元

第三年末的涨价预备费 $=45000 \times 20\% \times [(1+0.05)^3 - 1]$
$\qquad = 1418.63$ 万元

该项目建设期的涨价预备费 $= 562.5 + 2536.88 + 1418.63$
$\qquad = 4518.01$ 万元

(2)计算项目的建设投资:

建设投资 = 静态投资 + 建设期贷款利息 + 涨价预备费
$\qquad = (45000 + 3860) \times (1 + 10\%) + 1395 + 4518.01$
$\qquad = 59659.01$ 万元

第三章

·水暖工程定额原理·

1. 什么是定额?

定额,简单地说就是"规定的额度",具体地说是指在正常的施工生产条件下,完成单位合格产品所必需的人工、材料、施工机械设备及其资金消耗的数量标准。不同的产品有不同的质量要求,因此,不能把定额看成是单纯的数量关系,而应看成是质和量的统一体。考察个别的生产过程中的因素不能形成定额,只有从考察总体生产过程中的各生产因素,归结出社会平均必需的数量标准,才能形成定额。同时,定额反映一定时期的社会生产力水平。

2. 怎样理解定额的时效性?

定额的时效性主要表现在定额所规定的各种工料消耗量是由一定时期的社会生产力水平确定,当生产条件发生较大变化时,定额制定授权部门必须对定额进行修订与补充,因此,定额具有一定的时效性。

3. 怎样理解定额的系统性?

工程建设定额是由多种定额结合而成的有机整体,它的结构复杂,有鲜明的层次,有明确的目标。

工程建设定额的系统性是由工程建设的特点决定的。按照系统论的观点,工程建设就是庞大的实体系统。工程建设定额是为这个实体系统服务的。因而工程建设本身的多种类、多层次就决定了以它为服务对象的工程建设定额的多种类、多层次。从整个国民经济来看,进行固定资产生产和再生产的工程建设,是一个有多项工程集合体的整体。其中包括农林水利、轻纺、机械、煤炭、电力、石油、冶金、化工、建材工业、交通运输、邮电工程,以及商业物资、科学教育文化、卫生体育、社会福利和住宅工程等。这些工程的建设都有严格的项目划分,如建设项目、单项工程、单位工程、分部分项工程;在计划和实施过程中有严密的逻辑阶段,如规划、可行性研究、设计、施工、竣工交付使用,以及投入使用后的维修。与此相适应必然形成工程建设定额的多种类、多层次。

4. 定额的作用包括哪些?

在工程建设和企业管理中,确定和执行先进合理的定额是技术和经济管理工作中的重要一环。定额具有以下几方面的作用。

(1)定额是投资决策和价格决策的依据。

(2)定额是编制计划的基础。

(3)定额是组织和管理施工的工具。

(4)定额是企业实行科学管理的基础。

(5)定额是总结先进生产方法的手段。

(6)定额有利于完善建筑市场信息系统。

(7)定额是确定工程造价的依据和评价设计方案经济合理性的尺度。

5. 怎样理解定额只适用于正常施工条件?

定额是按正常施工条件进行编制的,因此只适用于正常施工条件。

正常施工条件是指:

(1)设备、材料、成品、半成品及构件完整无损,符合质量标准和设计要求,附有合格证书和实验记录。

(2)安装工程和土建工程之间的交叉作业正常。

(3)安装地点、建筑物、设备基础、预留孔洞等均符合安装要求。

(4)水、电供应均满足安装施工正常使用。

(5)正常的气候、地理条件和施工环境。

当在非正常施工条件下施工时,如在高原、高寒地区、洞库、水下等特殊自然地理条件下施工,应根据有关规定增加其费用。

6. 建设工程定额如何分类?

在建设工程中,随不同层次管理工作的需要,编制了各种建设工程定额,其分类情况为:

(1)按生产要素分类:

1)劳动定额。

2)材料消耗定额。

3）机械台班使用定额。
(2) 按用途分类：
1）施工定额。
2）预算定额。
3）概算定额。
(3) 按适用范围分类：
1）全国统一定额。
2）地方定额。
3）企业定额。
(4) 按专业不同分类：
1）建筑工程消耗量定额。
2）装饰工程消耗量定额。
3）安装工程消耗量定额。
4）市政消耗量定额。
5）园林绿化工程消耗量定额。

7. 什么是劳动定额？

劳动定额又称人工定额，是规定在一定生产技术装备、合理的劳动组织与合理使用材料的条件下，完成质量合格的单位产品所需劳动消耗量标准，或规定单位时间内完成质量合格产品的数量标准。

8. 什么是材料消耗定额？

材料消耗定额是指在正常的施工（生产）条件下，在节约和合理使用材料的情况下，完成质量合格的单位产品所消耗的一定品种、规格的材料、半成品、配件等数量标准。

材料消耗定额是编制材料需要量计划、运输计划、供应计划、计算仓库面积、签发限额领料单和经济核算的根据。制定合理的材料消耗定额，是组织材料的正常供应，保证生产顺利进行，以及合理利用资源，减少积压、浪费的必要前提。

9. 什么是机械台班使用定额？

机械台班使用定额称机械台班消耗定额，是指在正常施工条件下，合理的劳动组合和使用机械,完成单位合格产品或某项工作所必需的机械工作时间,包括准备与结束时间、基本工作时间、辅助工作时间、不可避免的中断时间以及使用机械的工人生理需要与休息时间。

10. 什么是施工定额？其作用有哪些？

施工定额是规定在正常的施工条件下,为完成一定计量单位的某一施工过程或工序所需消耗的人工、材料和机械台班的数量标准。施工定额是以同一性质的施工过程为研究对象,以工序定额为基础编制的。为了适应生产组织和管理的需要,施工定额的划分很细,是建设工程定额中划分最细、定额子目最多的一种定额,也是工程建设中最基础性的定额。施工定额由劳动消耗定额、材料消耗定额和机械消耗定额三个相对独立的部分构成。

施工定额主要用于企业计划管理,组织和指挥施工生产,计算工人劳动报酬,激励工人在工作中的积极性和创造性,推广先进技术,编制施工预算,加强企业成本管理。由于施工定额和生产结合最紧密,直接反映生产技术水平和管理水平,所以它在工程建设定额体系中具有基础作用。施工定额的水平是确定预算定额、概算定额和概算指标的基础。

11. 什么是预算定额？其作用有哪些？

预算定额是指在正常的施工技术和施工组织条件下,规定拟完成一定计量单位的分部分项工程所需消耗的人工、材料和机械台班的数量标准。

预算定额是由国家主管机关或其授权单位组织编制、并经审批批准后颁发执行的。

预算定额的作用主要有:

(1)是编制施工图预算、确定建筑安装工程造价的基本依据。

(2)是施工企业编制施工组织设计、确定人工、材料和机械台班用量的依据。

(3)是建设单位向施工企业拨付工程款和进行竣工结算的依据。

(4)是施工单位进行经济活动分析的依据。

(5)是编制概算定额和概算指标的依据。

(6)是合理编制招标标底、投标报价的依据。

(7)是对设计方案和施工方案进行经济评价的依据。

12. 什么是概算定额？其作用有哪些？

概算定额也称扩大综合预算定额，它是在预算定额的基础上，根据有代表性的设计图纸及通用图、标准图和有关资料，把预算定额中的若干相关项合并、综合和扩大编制而成的，以达到简化工程量计算和编制设计概算的目的。

概算定额的作用主要有：

(1) 概算定额是编制投资计划，控制投资的依据。
(2) 概算定额是编制设计概算，进行设计方案优选的重要依据。
(3) 概算定额是施工企业编制施工组织总设计的依据。
(4) 概算定额是编制建设工程的控制价和报价，进行工程结算的依据。
(5) 概算定额是编制投资估算指标的基础。

13. 什么是地方定额？

地方定额是指由各省、市、自治区建设主管部门制定的各种定额，如《××市建设工程消耗量定额》。可以作为该地区建设工程项目招标控制价(标底)编制的依据，施工企业在没有自己的企业定额时也可以作为投标计价的依据。

14. 什么是行业定额？

行业定额是指由国家所属的主管部、委制定的行业专用的各种定额，如《铁路工程消耗量定额》、《交通工程消耗量定额》等。

15. 什么是企业定额？

企业定额是指建筑施工企业根据本企业的施工技术水平和管理水平，以及各地区有关工程造价计算的规定，并供本企业使用的工程消耗量定额。

16. 什么是定额基价？

定额基价是一个计量单位的分项工程的基础价格。

17. 定额基价由哪些内容组成？

定额基价由人工费、材料费、机械台班使用费组成的。

第三章　水暖工程定额原理

18. 什么是定额水平？

定额水平是指规定消耗在单位产品上的劳动、机械和材料数量的多少，是按照一定施工程序和工艺条件下规定的施工生产中活劳动和物化劳动的消耗水平。

19. 劳动定额的研究对象是什么？

劳动定额的研究对象是生产过程中活劳动的消耗量，即劳动者所付出的劳动量。具体来说，它所要考虑的是完成质量合格单位产品的活劳动消耗量。

20. 劳动定额的作用是什么？

劳动定额的作用主要表现在组织生产和按劳分配两个方面。在一般情况下，两者是相辅相成的，即生产决定分配，分配促进生产。当前对企业基层推行的各种形式的经济责任制的分配形式，无一不是以劳动定额作为核算基础的。

21. 劳动定额的制定方法有哪些？

劳动定额的制定随着施工技术水平的不断提高而不断改进。目前采用的制定方法有技术测定法、统计分析法、比较类推法和经验估计法。

(1)技术测定法。该方法是根据技术测定资料制定。目前已发展成为一个多种技术测定体系，包括计时观察测定法、工作抽样测定法、回归分析测定法和标准时间资料法四种。

(2)统计分析法。统计分析法是在过去完成同类产品或完成同类工序实际耗用工时的统计资料，以及根据当前生产技术组织条件的变化因素相结合的基础上，进行分析研究而制定劳动定额的一种方法。

(3)比较类推法。比较类推法是指以生产同类产品(或工序)的定额为依据，经过分析比较，类推出同一组定额中相邻项目定额水平的方法，又称典型定额法。这种方法具有简单方便、工作量小的优点，只要典型定额选择恰当，具有代表性，类推出的定额水平一般比较合理。采用这种方法要特别注意工序和产品的施工工艺和劳动组织"类似"或"近似"的特征，防止将差别大的项目作为同类型产品项目进行比较类推。一般情况下，首先选择好典型定额项目，并通过技术测定或统计分析确定相邻项目或类似项目的比较关系,然后再算出定额水平。

(4)经验估计法。该方法是由相关专业人员,按照施工图纸和技术规范,通过座谈讨论反复平衡而确定定额水平的一种方法。应用经验估计法制定定额,应以工序(或单项产品)为对象,分别估算出工序中每一操作的基本工作时间,然后考虑辅助工作时间、准备与结束时间和休息时间,经过综合处理,并对处理结果予以优化处理,即得出该项产品(工作)的时间定额。

22. 劳动定额的表现形式有哪些?

劳动定额是衡量劳动消耗量的计量尺度,生产单位产品的劳动消耗量可以用劳动时间来表示,同样在单位时间内劳动消耗量也可以用生产的产品数量来表示。因此,劳动定额按照用途不同,可分为时间定额和产量定额两种形式。

23. 什么是时间定额?

时间定额就是某种专业(工种)、某种技术等级的工人小组或个人,在合理的劳动组合、合理的使用材料、合理的施工机械配合条件下,生产某一单位合格产品所必需的工作时间,包括准备与结束时间、基本生产时间、辅助生产时间、不可避免的中断时间以及工人必要的休息时间。

24. 如何计算时间定额?

时间定额以工日为单位,根据现行的劳动制度,每工日是指一个工人工作一个工作日(8小时)。其计算公式如下:

$$单位产品时间定额(工日) = \frac{1}{每工产量}$$

或

$$单位产品时间定额(工日) = \frac{小组成员工日数总和}{台班产量}$$

25. 什么是产量定额?

产量定额就是在合理的劳动组合、合理的使用材料、合理的机械配合条件下,某种专业(工种)、某种技术等级的工人小组或个人,在单位工日中所完成的合格产品的数量。产量定额的计量单位,通常以自然单位或物理单位来表示。如台、套、个、米、平方米、立方米等。

第三章 水暖工程定额原理

26. 如何计算产量定额？

产量定额根据时间定额计算，计算公式如下：

$$每工产量 = \frac{1}{单位产品时间定额（工日）}$$

或

$$台班产量 = \frac{小组成员工日数的总和}{单位产品时间定额（工日）}$$

产量定额的高低与时间定额成反比，两者互为倒数。生产某一单位合格产品所消耗的工时越少，则在单位时间内的产品产量就越高。反之就越低。

$$时间定额 \times 产量定额 = 1$$

或

$$时间定额 = \frac{1}{产量定额}$$

$$产量定额 = \frac{1}{时间定额}$$

27. 时间定额和产量定额的关系如何？

时间定额和产量定额是同一个劳动定额量的不同表示方法，但有各自不同的用处。时间定额因为计量单位统一，便于综合，便于计算总工日数，便于核算工资，所以劳动定额一般均采用时间定额的形式。产量定额具有形象化的特点，目标直观明确，便于施工班组分配任务，便于编制施工作业计划。两种定额中，无论知道哪一种定额，都可以很容易计算出另一种定额。

28. 劳动定额的表示方法包括哪几种？

劳动定额的表示方法包括单式表示法、复式表示法及综合与合计表示法。

(1) 单式表示法。在劳动定额表中，单式表示法一般只列出时间定额，或产量定额，即两者不同时列出。

(2) 复式表示法。在劳动定额表中，复式表示法既列出时间定额，又列出产量定额。

(3) 综合与合计表示法。在劳动定额表中，综合定额与合计定额都表示同一产品的各单项（工序或工种）定额的综合或合计，按工序合计的定额称为综合定额，按工种综合的定额称为合计定额。

29. 如何计算综合定额、合计定额？

$$综合时间定额 = \sum 各单项工序时间定额$$

$$合计时间定额 = \Sigma 各单项工种时间定额$$

$$综合产量定额 = \frac{1}{综合时间定额}$$

$$合计产量定额 = \frac{1}{合计时间定额}$$

30. 如何确定劳动消耗定额？

劳动消耗定额是应用时间研究法获得工时消耗数据，从而制定的。时间定额是在拟定基本工作时间、辅助工作时间、不可避免中断时间、准备与结束的工作时间，以及休息时间的基础上制定的。

31. 如何划分疲劳程度的等级？

从事不同工种、不同工作的工人，疲劳程度有很大差别。为了合理确定休息时间，往往要对从事各种工作的工人进行观察、测定，以及进行生理和心理方面的测试，以便确定其疲劳程度。国内外往往按工作轻重和工作条件好坏，将各种工作划分为不同的级别。如我国某地区工时规范将体力劳动分为六类：最沉重、沉重、较重、中等、较轻、轻便。

划分出疲劳程度的等级，就可以合理规定休息需要的时间。在上面引用的工时规范中，其六个等级休息时间所占工作日比重见表3-1。

表 3-1　　　　　休息时间占工作日的比重

疲劳程度	轻便	较轻	中等	较重	沉重	最沉重
等级	1	2	3	4	5	6
占工作日比重(%)	4.16	6.25	8.33	11.45	16.7	22.9

32. 什么是劳动生产率？

劳动生产率是指人们在生产过程中的劳动效率，是劳动者的生产成果与规定劳动消耗量的比率。劳动生产率增长的实质是指在相应计量单位内所完成质量合格产品数量的增加，或完成质量合格单位产品所需消耗劳动量的减少，最终可归结为劳动消耗量的节省。其计算公式如下：

$$L = \frac{W}{T} \times 100\%$$

式中　L——劳动生产率；

W——完成某单位产品的实际消耗时间；

T——时间定额。

33. 施工中材料消耗分为哪几类？

施工中消耗的材料，可分为必须消耗的材料和损失的材料两类。

必须消耗的材料，是指在合理用料的条件下，生产合格产品所需消耗的材料。它包括：直接用于建筑和安装工程的材料；不可避免的施工废料；不可避免的材料损耗。

必须消耗的材料属于施工正常消耗，是确定材料消耗定额的基本数据。其中：直接用于建筑和安装工程的材料，称为材料净耗量，编制材料净用量定额；不可避免的施工废料和材料损耗，称为材料合理损耗量，编制材料损耗定额。

34. 什么是材料损耗量？

材料各种类型的损耗量之和称为材料损耗量。

35. 什么是材料净用量？

除去损耗量之后净用于工程实体上的材料数量称为材料净用量。

36. 什么是材料总消耗量？

材料净用量与材料损耗量之和称为材料总消耗量。

37. 什么是材料损耗率？

材料损耗量与材料总消耗量之比称为材料损耗率。

38. 材料损耗量、净用量、总消耗量、损耗率之间的关系是怎样的？

$$损耗率 = \frac{损耗量}{总消耗量} \times 100\%$$

$$损耗量 = 总消耗量 - 净用量$$

$$总消耗量 = \frac{净用量}{1-损耗率}$$

为了简便，通常将损耗量与净用量之比，作为损耗率。即：

$$损耗率 = \frac{损耗量}{净用量} \times 100\%$$

$$总消耗量 = 净用量 \times (1+损耗率)$$

39. 怎样确定制定材料消耗定额的方法？

材料消耗定额的制定方法是指材料消耗定额必须在充分研究材料消耗规律的基础上制定。科学的材料消耗定额应当是材料消耗规律的正确反映。材料消耗定额是通过施工生产过程中对材料消耗进行观测、试验以及根据技术资料的统计与计算等方法制定的。

40. 如何用观测法制定材料消耗定额？

观测法亦称现场测定法，利用现场测定法主要是编制材料损耗定额，也可以提供编制材料净用量定额的数据。即在合理使用材料的条件下，在施工现场按一定程序对完成合格产品的材料耗用量进行测定，通过分析、整理，最后得出一定的施工过程单位产品的材料消耗定额。

其优点是能通过现场观察、测定，取得产品产量和材料消耗的情况，为编制材料定额提供技术根据。

41. 如何用试验法制定材料消耗定额？

试验法是通过专门的仪器和设备在实验室内确定材料消耗定额的一种方法。例如，以各种原材料为变量因素，求得不同强度等级混凝土的配合比，从而计算出每立方米混凝土的各种材料耗用量。

利用试验法，主要是编制材料净用量定额。通过试验，能够对材料的结构、化学成分和物理性能以及按强度等级控制的混凝土、砂浆配比作出科学的结论，为编制材料消耗定额提供有技术根据的、比较精确的计算数据。但是，试验法不能取得在施工现场实际条件下，由于各种客观因素对材料耗用量影响的实际数据，这是该法的不足之处。

试验室试验必须符合国家有关标准规范，计量要使用标准容器和称量设备，质量要符合施工与验收规范要求，以保证获得可靠的定额编制依据。

42. 如何用统计法制定材料消耗定额？

统计法是指通过对现场进料、用料的大量统计资料进行分析计算，获得材料消耗的数据。这种方法由于不能分清材料消耗的性质，因而不能作为确定材料净用量定额和材料损耗定额的精确依据。

用统计法制定材料消耗定额一般采取两种方法：

（1）经验估算法。指以有关人员的经验或以往同类产品的材料实耗统计资料为依据，在研究分析并考虑有关影响因素的基础上制定材料消耗定额的方法。

(2)统计法。统计法是对某一确定的单位工程拨付一定的材料，待工程完工后，根据已完产品数量和领退材料的数量，进行统计和计算的一种方法。这种方法的优点是不需要专门人员测定和实验。由统计得到的定额有一定的参考价值，但其准确程度较差，应对其分析研究后才能采用。

43. 如何用理论法制定材料消耗定额？

理论计算法是根据施工图，运用一定的数学公式，直接计算材料耗用量。计算法只能计算出单位产品的材料净用量，材料的损耗量仍要在现场通过实测取得。采用这种方法必须对工程结构、图纸要求、材料特性和规格、施工及验收规范、施工方法等先进行了解和研究。计算法适宜于不易产生损耗，且容易确定废料的材料，如木材、钢材、砖瓦、预制构件等材料。因为这些材料根据施工图纸和技术资料从理论上都可以计算出来，不可避免的损耗也有一定的规律可找。

理论计算法是材料消耗定额制定方法中比较先进的方法。但是，用这种方法制定材料消耗定额，要求掌握一定的技术资料和各方面的知识，并且具有较丰富的现场施工经验。

44. 采用观测法制定材料消耗定额应注意哪些问题？

(1)在观测前要充分做好准备工作，如选用标准的运输工具和衡量工具，采取减少材料损耗措施等。

(2)观测的结果，要取得材料消耗的数量和产品数量的数据资料。

(3)对观测取得的数据资料要进行分析研究，区分哪些是合理的，哪些是不合理的，哪些是不可避免的，以制定出在一般情况下都可以达到的材料消耗定额。

45. 什么是周转性材料？

在编制材料消耗定额时，某些工序定额、单项定额和综合定额中涉及周转材料的确定和计算。

周转性材料是指在施工过程中不是属通常的一次性消耗材料，而是可多次周转使用，经过修理、补充才逐渐消耗尽的材料。

46. 什么是周转性材料消耗的定额量？

周转性材料消耗的定额量是指每使用一次摊销的数量，其计算必须考虑一次使用量、周转使用量、回收价值和摊销量之间的关系。

47. 什么是一次使用量？

一次使用量是指周转性材料一次使用的基本量，即一次投入量。周转性材料的一次使用量根据施工图计算，其用量与各分部分项工程部位、施工工艺和施工方法有关。

48. 什么是周转使用量？

周转使用量是指周转性材料在周转使用和补损的条件下，每周转一次的平均需用量，根据一定的周转次数和每次周转使用的损耗量等因素来确定。

49. 什么是周转回收量？

周转回收量是指周转性材料在周转使用后除去损耗部分的剩余数量，即尚可以回收的数量。

50. 什么是摊销量？

摊销量是指完成一定计量单位产品，一次消耗周转性材料的数量。其计算公式为：

$$材料的摊销量 = 一次使用量 \times 摊销系数$$

其中：

$$一次使用量 = 材料的净用量 \times (1 - 材料损耗率)$$

$$摊销系数 = \frac{周转使用系数 - [(1 - 损耗率) \times 回收价值率]}{周转次数 \times 100\%}$$

$$周转使用系数 = \frac{(周转次数 - 1) \times 损耗率}{周转次数 \times 100\%}$$

$$回收价值率 = \frac{一次使用量 \times (1 - 损耗率)}{周转次数 \times 100\%}$$

51. 什么是周转次数？

周转次数是指周转性材料从第一次使用起可重复使用的次数。它与不同的周转性材料、使用的工程部位、施工方法及操作技术有关。正确规定周转次数,对准确计算用料,加强周转性材料管理和经济核算起重要作用。

52. 什么是周转性材料损耗量?

周转性材料损耗量是周转性材料使用一次后由于损坏而需补损的数量,故在周转性材料中又称"补损量",按一次使用量的百分数计算。该百分数即为损耗率。

53. 机械台班使用定额的表现形式分为哪几类?

机械台班使用定额按其表现形式的不同,分为机械时间定额和机械产量定额。

54. 什么是机械时间定额?

机械时间定额是指在合理劳动组织与合理使用机械的正常施工条件下,完成单位合格产品所必需的工作时间,包括有效工作时间(正常负荷下的工作时间和降低负荷下的工作时间)、不可避免的中断时间、不可避免的无负荷工作时间。一般是以"台班"或"台时"为计量单位,一台施工机械工作一个工作班称为一个台班,一个工作班为 8 小时。

$$单位产品机械时间定额(台班) = \frac{1}{台班产量}$$

由于机械必须由工人小组配合,所以完成单位合格产品的时间定额,同时列出人工时间定额。即

$$单位产品人工时间定额(工日) = \frac{小组成员总人数}{台班产量}$$

55. 什么是机械产量定额?

机械产量定额是指在合理劳动组织与合理使用机械条件下,机械在每个台班时间内应完成合格产品的数量:

$$机械台班产量定额 = \frac{1}{机械时间定额(台班)}$$

机械时间定额和机械产量定额互为倒数关系。

复式表示法有如下形式:

$$\frac{人工时间定额}{机械台班产量} 或 \frac{人工时间定额}{机械台班产量} \bigg| 台班车次$$

56. 什么是机械 1h 纯工作正常生产率?

机械 1h 纯工作正常生产率是指在正常施工组织条件下,具有必需的知识和技能的技术工人操纵机械 1h 的生产率。

根据机械工作特点的不同,机械 1h 纯工作正常生产率的确定方法也有所不同。对于循环动作机械,确定机械纯工作 1h 正常生产率的计算公式如下:

$$\text{机械一次循环的正常延续时间} = \sum \left(\text{循环各组成部分正常延续时间} \right) - \text{交叠时间}$$

$$\text{机械纯工作 1h 循环次数} = \frac{60 \times 60(s)}{\text{一次循环的正常延续时间}}$$

$$\text{机械纯工作 1h 正常生产率} = \text{机械纯工作 1h 正常循环次数} \times \text{一次循环生产的产品数量}$$

57. 什么是机械正常利用系数?

施工机械的正常利用系数,是指机械在工作班内对工作时间的利用率。机械的利用系数和机械在工作班内的工作状况有着密切的关系。所以,要确定机械的正常利用系数。首先要拟定机械工作班的正常工作状况。关键是保证合理利用工时。

确定机械正常利用系数,要计算工作班正常状况下准备与结束工作,机械启动、机械维护等工作所必需消耗的时间,以及机械有效工作的开始与结束时间。从而进一步计算出机械在工作班内的纯工作时间和机械正常利用系数。机械正常利用系数的计算公式如下:

$$\text{机械正常利用系数} = \frac{\text{机械在一个工作班内纯工作时间}}{\text{一个工作班延续时间}(8h)}$$

58. 如何计算施工机械定额?

计算施工机械定额是编制机械定额工作的最后一步。在确定了机械工作正常条件、机械 1h 纯工作正常生产率和机械正常利用系数之后,采用下列公式计算施工机械的产量定额:

$$\text{施工机械台班产量定额} = \text{机械 1h 纯工作正常生产率} \times \text{工作班纯工作时间}$$

或

$$\text{施工机械台班产量定额} = \text{机械 1h 纯工作正常生产率} \times \text{工作班延续时间} \times \text{机械正常利用系数}$$

$$施工机械时间定额 = \frac{1}{机械台班产量定额指标}$$

59. 预算定额的表现形式有哪些？

预算定额按照表现形式可分为预算定额、单位估价表和单位估价汇总表三种。

(1)预算定额。这种预算定额可以满足企业管理中不同用途的需要,并可以按照基价计算工程费用,用途较广泛,是现行定额中的主要表现形式。

(2)单位估价表。在现行预算定额中一般都列有基价,像这种既包括定额人工、材料和施工机械台班消耗量又列有人工费、材料费、施工机械使用费和基价的预算定额,称之为"单位估价表"。

(3)单位估价汇总表。单位估价汇总表简称为"单价",它只表现"三费"即人工费、材料费和施工机械使用费以及合计,因此可以大大减少定额的篇幅,为编制工程预算查阅单价带来方便。

60. 预算定额分为哪几类？

预算定额按照综合程度,可分为预算定额和综合预算定额。综合预算定额是在预算定额基础上,对预算定额的项目进一步综合扩大,使定额项目减少,更为简便适用,可以简化编制工程预算的计算过程。

61. 预算定额的编制依据有哪些？

(1)现行劳动定额和施工定额。预算定额是在现行劳动定额和施工定额的基础上编制的。预算定额中劳力、材料、机械台班消耗水平,需要根据劳动定额或施工定额取定;预算定额计量单位的选择,也要以施工定额为参考,从而保证两者的协调和可比性,减轻预算定额的编制工作量,缩短编制时间。

(2)现行设计规范、施工验收规范和安全操作规程。预算定额在确定劳力、材料和机械台班消耗数量时,必须考虑上述各项法规的要求和影响。

(3)具有代表性的典型工程施工图及有关标准图。对这些图纸进行仔细分析研究,并计算出工程数量,作为编制定额时选择施工方法、确定定额含量的依据。

(4)新技术、新结构、新材料和先进的施工方法等。这类资料是调整定额水平和增加新的定额项目所必需的依据。

(5)有关科学试验、技术测定和统计、经验资料。这类资料是确定定额水平的重要依据。

(6)现行的预算定额、材料预算价格及有关文件规定等。包括过去定额编制过程中积累的基础资料,也是编制预算定额的依据和参考。

62. 预算定额编制应遵循哪些原则?

(1)平均水平原则。预算定额是确定建设工程产品计划价格的工具,是在现有社会正常生产条件下,在社会平均劳动熟练程度和劳动强度下,确定生产一定使用价值的建设工程产品所需要的劳动时间。工程预算定额必须遵循价值规律的客观要求进行编制,并能反映建设工程产品生产过程中所消耗的社会必要劳动时间量。

(2)简明准确和适用原则。预算定额是在施工定额(或劳动定额)的基础上进行综合和扩大的,它要求有更加简明的特点,以适应简化施工图预算编制工作和简化建设工程产品价格计算程序的要求。

(3)坚持统一性和差别性相结合原则。所谓统一性,就是从培育全国统一市场规范计价行为出发,计价定额的制订规划和组织实施由国务院建设行政主管部门归口,并负责全国统一定额制订或修订,颁发有关工程造价管理的规章制度办法等。这样就有利于通过定额和工程造价的管理实现建筑安装工程价格的宏观调控。通过编制全国统一定额,使建筑安装工程具有一个统一的计价依据,也使考核设计和施工的经济效果具有一个统一尺度。

所谓差别性,就是在统一新的基础上,各部门和省、自治区、直辖市主管部门可以在自己的管辖范围内,根据本部门和地区的具体情况,制定部门和地区性定额、补充性制度和管理办法,以适应我国幅员辽阔,地区间部门发展不平衡和差异大的实际情况。

(4)坚持由专业人员编审的原则。编制预算定额有很强的政策和专业性,既要合理地把握定额水平,又要反映新工艺、新结构和新材料的定额项目,还要推进定额结构的改革。因此必须改变以往临时抽调人员编制定额的做法,建立专业队伍,长期稳定地积累经验和资料,不断补充和修订定额,促进预算定额适应市场经济的要求。

63. 编制预算定额分为哪几个步骤?

(1)准备阶段。在这个阶段,主要是根据收集到的有关资料和国家政策性文件,拟定编制方案。

(2)编制预算定额初稿,测算预算定额水平。

(3)修改定稿、整理资料阶段。

64. 定额水平有哪些测算方法?

定额水平的测算方法一般有以下两种。

(1)单项定额水平测算:就是选择对工程造价影响较大的主要分项工程或结构构件人工、材料耗用量和机械台班使用量进行对比测算,分析提高或降低的原因,及时进行修订,以保证定额水平的合理性。其方法之一是和现行定额对比测算;方法之二是和实际对比测算。

(2)定额总水平测算:是指测算因定额水平的提高或降低对工程造价的影响。测算方法是选择具有代表性的单位工程,按新编和现行定额的人工、材料耗用量和机械台班使用量,用相同的工资单价、材料预算价格、机械台班单价分别编制两份工程预算,按工程直接费进行对比分析,测算出定额水平提高或降低比率,并分析其原因。

65. 预算定额包括哪些内容?

预算定额的主要内容包括:目录,总说明,各章、节说明,定额表以及有关附录等。

(1)总说明。主要说明编制预算定额的指导思想、编制原则、编制依据、适用范围以及编制预算定额时有关共性问题的处理意见和定额的使用方法等。

(2)各章、节说明。各章、节说明主要包括以下内容:编制各分部定额的依据;项目划分和定额项目步距的确定原则;施工方法的确定;定额活动及换算的说明;选用材料的规格和技术指标;材料、设备场内水平运输和垂直运输主要材料损耗率的确定;人工、材料、施工机械台班消耗定额的确定原则及计算方法。

(3)工程量计算规则及方法。

(4)定额项目表。主要包括该项定额的人工、材料、施工机械台班消耗量和附注。

(5)附录。一般包括:主要材料取定价格表、施工机械台班单价表,其他有关折算、换算表等。

66. 如何编制预算定额项目表？

定额项目表的一般格式是：横向排列为各分项工程的项目名称，竖向排列为分项工程的人工、材料和施工机械消耗量指标。有的项目表下部还有附注以说明设计有特殊要求时，怎样进行调整和换算。

67. 预算定额的表格形式如何？

预算定额的表格形式见表 3-2，这是全统定额中给排水、采暖、燃气工程预算定额中的一种表格形式。

表 3-2　　承插铸铁给水管（膨胀水泥接口）预算定额示例

工作内容：管口除沥青、切管、管道及管件安装、挖工作坑、调制接口材料、接口养护、水压试验。

10m

定额编号			8—46	8—47	8—48	8—49	8—50
项　　目			公称直径（mm 以内）				
			75	100	150	200	250
	名　　称	单位	单价/元	数		量	
人工	综合工日	工日	23.22	1.140	1.490	1.840	2.150	2.320
材料	承插铸铁给水管 DN75	m	—	(10.000)	—	—	—	—
	承插铸铁给水管 DN100	m	—	—	(10.000)	—	—	—
	承插铸铁给水管 DN150	m	—	—	—	(10.000)	—	—
	承插铸铁给水管 DN200	m	—	—	—	—	(10.000)	—
	承插铸铁给水管 DN250	m	—	—	—	—	—	(10.000)
	硅酸盐膨胀水泥	kg	0.440	3.170	3.940	4.730	6.080	9.550
	油麻	kg	6.240	0.410	0.510	0.620	0.800	1.250
	氧气	m³	2.060	0.110	0.180	0.200	0.350	0.480
	乙炔气	kg	13.330	0.040	0.070	0.080	0.150	0.200
	水	t	1.650	0.100	0.100	0.300	0.500	0.500
	铁丝 8#	kg	4.890	0.080	0.080	0.080	0.080	0.080
	破布	kg	5.830	0.290	0.350	0.400	0.480	0.530
	棉纱头	kg	5.830	0.006	0.009	0.014	0.018	0.022
	普通钢板 0#～3# δ3.5～4.0	kg	3.580	0.066	0.080	0.110	0.250	0.400
	铁砂布 0#～2#	张	1.060	0.200	0.400	0.700	0.900	1.000
	草绳	kg	1.110	0.020	0.040	0.150	0.180	0.210

续表

定额编号				8—46	8—47	8—48	8—49	8—50
项目				公称直径(mm 以内)				
				75	100	150	200	250
名称			单位	单价/元	数量			
机械	汽车式起重机 5t		台班	307.620	—	—	—	0.070	0.070
	载重汽车 5t		台班	207.200	—	—	—	0.020	0.020
	试压泵 30MPa		台班	46.780	—	0.020	0.020	0.020
基价（元）					33.94	44.22	55.69	93.09	103.30
其中	人工费（元）				26.47	34.60	42.72	49.92	53.87
	材料费（元）				7.47	9.62	12.03	16.56	22.82
	机械费（元）						0.94	26.61	26.61

68. 如何确定预算定额的计量单位？

预算定额的计量单位关系到预算工作的繁简和准确性。因此，要正确地确定各分部分项工程的计量单位。一般依据以下建筑结构构件形状的特点确定：

（1）凡物体的截面有一定的形状和大小，但有不同长度时（如管道、电缆、导线等分项工程），应当以延长米为计量单位。

（2）当物体有一定的厚度，而面积不固定时（如通风管、油漆、防腐等分项工程），应当以平方米作为计量单位。

（3）如果物体的长、宽、高都变化不定时（如土方、保温等分项工程），应当以立方米为计量单位。

（4）有的分项工程虽然体积、面积相同，但重量和价格差异很大，或者是不规则或难以度量的实体（如金属结构、非标准设备制作等分项工程），应当以重量作为计量单位。

（5）凡物体无一定规格，而其构造又较复杂时，可采用自然单位（如阀门、机械设备、灯具、仪表等分项工程），常以个、台、套、件等作为计量单位。

69. 定额项目中工料计量单位及小数位数应如何取定？

(1)计量单位：按法定计量单位取定：长度：mm、cm、m、km；面积：mm^2、cm^2、m^2；体积和容积：cm^3、m^3；重量：kg、t。

(2)数值单位与小数位数的取定：人工：以"工日"为单位，取两位小数；主要材料及半成品：木材以"m^3"为单位，取3位小数；钢板、型钢以"t(吨)"为单位，取3位小数；管材以"m"为单位，取两位小数；通风管用薄钢板以"m^2"为单位，导线、电缆以"m"为单位，水泥以"kg"为单位；砂浆、混凝土以"m^3"为单位等；单价以"元"为单位，取两位小数；其他材料费以"元"表示，取两位小数；施工机械以"台班"为单位，取两位小数。

定额单位确定之后，往往会出现人工、材料或机械台班量很小，即小数点后好几位。为了减少小数位数和提高预算定额的准确性，采取扩大单位的办法，把$1m^3$、$1m^2$、1m分别扩大10、100、1000倍。这样，相应的消耗量也加大了倍数，取一定小数位四舍五入后，可达到相对的准确性。

70. 如何确定预算定额中人工、材料、施工机械消耗量？

确定预算定额人工、材料、机械台班消耗指标时，必须先按施工定额的分项逐项计算出消耗指标，然后，再按预算定额的项目加以综合。但是，这种综合不是简单的合并和相加，而需要在综合过程中增加两种定额之间的适当的水平差。预算定额的水平，首先取决于这些消耗量的合理确定。

人工、材料和机械台班消耗量指标，应根据定额编制原则和要求，采用理论与实际相结合、图纸计算与施工现场测算相结合、编制人员与现场工作人员相结合等方法进行计算和确定，使定额既符合政策要求，又与客观情况一致，便于贯彻执行。

71. 什么是人工工日消耗量？

预算定额中人工工日消耗量是指在正常施工生产条件下，生产单位合格产品必需消耗的人工工日数量，由分项工程所综合的各个工序劳动定额包括的基本用工、其他用工以及劳动定额与预算定额工日消耗量的幅度差三部分组成。

72. 什么是基本用工？

基本用工指完成单位合格产品所必需消耗的技术工种用工。包括：

第三章 水暖工程定额原理

(1)完成定额计量单位的主要用工。按综合取定的工程量和相应劳动定额进行计算。计算公式如下：

$$基本用工 = \Sigma(综合取定的工程量 \times 劳动定额)$$

(2)按劳动定额规定应增加计算的用工量。

(3)由于预算定额以劳动定额子目综合扩大的,包括的工作内容较多,施工的工效视具体部位而不一样,需要另外增加用工,列入基本用工内。

73. 预算定额内的其他用工包括哪些内容？

预算定额内的其他用工,包括材料超运距运输用工和辅助工作用工。

(1)材料超运距用工,是指预算定额取定的材料、半成品等运距,超过劳动定额规定的运距应增加的工日。其用工量以超运距(预算定额取定的运距减去劳动定额取定的运距)和劳动定额计算。计算公式如下：

$$超运距用工 = \Sigma(超运距材料数量 \times 时间定额)$$

(2)辅助工作用工。辅助工作用工是指劳动定额中未包括的各种辅助工序用工,如材料的零星加工用工、土建工程的筛砂子、淋石灰膏、洗石子等增加的用工量。辅助工作用工量一般按加工的材料数量乘以时间定额计算。

74. 什么是人工幅度差？

人工幅度差是指预算定额对在劳动定额规定的用工范围内没有包括,而在一般正常情况下又不可避免的一些零星用工,常以百分率计算。一般在确定预算定额用工量时,按基本用工、超运距用工、辅助工作用工之和的10%~15%范围内取定。其计算公式为：

$$人工幅度差(工日) = (基本用工 + 超运距用工 + 辅助用工) \times 人工幅度差百分率$$

75. 影响人工幅度差的主要因素有哪些？

(1)在正常施工情况下,土建或安装各工种工程之间的工序搭接及土建与安装工程之间的交叉配合所需停歇的时间。

(2)现场内施工机械的临时维修、小修,在单位工程之间移动位置及临时水电线路在施工过程中移动所发生的不可避免的工人操作间歇时间。

(3)因工程质量检查及隐蔽工程验收而影响工人的操作时间。

(4)现场内单位工程之间操作地点转移而影响工人的操作时间。

(5)施工过程中,交叉作业造成难以避免的产品损坏所修补需要的用工。

(6)难以预计的细小工序和少量零星用工。

76. 预算定额中材料消耗量分为哪几种?

(1)主要材料消耗量。一般以施工定额中材料消耗定额为基础综合而得,也可通过计算分析法求得。

材料损耗量等于材料净用量乘以相应的材料损耗率。损耗量的内容包括:由工地仓库(堆放地点)到操作地点的运输损耗,操作地点的堆放损耗和操作损耗。损耗量不包括场外运输损耗及储存损耗,这两者已包括在材料预算价格内。

(2)次要材料消耗量。对工程中用量不多,价值不大的材料,可采用估算的方法,合并为一个"其他材料费"项目,以"元"表示。

(3)周转材料消耗量。周转性材料是指在施工过程中多次使用、周转的工具性材料,如脚手架、挡土板等。预算定额中的周转材料是按多次使用,分次摊销的方法进行计算的。

(4)其他材料。其他材料指用量较少,难以计量的零星材料。如:棉纱,编号用的油漆等。

77. 材料消耗量的计算方法有哪些?

(1)凡有标准规格的材料,按规范要求计算定额计量单位的耗用量。

(2)凡设计图纸标注尺寸及下料要求的按设计图纸尺寸计算材料净用量。

(3)换算法,各种胶结、涂料等材料的配合比用料,可以根据要求条件换算,得出材料用量。

(4)测定法,包括试验室试验法和现场观察法,指各种强度等级的混凝土及砌筑砂浆配合比的耗用原材料数量的计算,需按照规范要求试配经过试压合格以后并经过必要的调整后得出的水泥、砂子、石子、水的用量。对新材料、新结构又不能用其他方法计算定额消耗用量时,需用现场测定方法来确定,根据不同条件可以采用写实记录法和观察法,得出定额的消耗量。

78. 什么是预算定额中的机械台班消耗量?

预算定额中的机械台班消耗量是指在正常施工条件下,生产单位合格产品(分部分项工程或结构件)必需消耗的某类某种型号施工机械的台班数量。它由分项工程综合的有关工序劳动定额确定的机械台班消耗量以及劳动定额与预算定额的机械台班幅度差组成。

79. 如何确定预算定额中的机械台班消耗量指标?

确定预算定额中的机械台班消耗量指标,应根据《全国统一建筑安装工程劳动定额》中各种机械施工项目所规定的台班产量加机械幅度差进行计算。若按实际需要计算机械台班消耗量,不应再增加机械幅度差。

80. 什么是机械幅度差?

机械幅度差是指在劳动定额(机械台班量)中未曾包括的,而机械在合理的施工组织条件下所必需的停歇时间,在编制预算定额时,应予以考虑。

81. 机械幅度差的内容包括哪些?

(1)施工机械转移工作面及配套机械互相影响损失的时间。
(2)在正常的施工情况下,机械施工中不可避免的工序间歇。
(3)检查工程质量影响机械操作的时间。
(4)临时水、电线路在施工中移动位置所发生的机械停歇时间。
(5)工程结尾时,工作量不饱满所损失的时间。

82. 如何取定机械幅度差的系数?

机械幅度差系数一般根据测定和统计资料取定。大型机械幅度差系数为:土方机械1.25,打桩机械1.33,吊装机械1.3,其他均按统一规定的系数计算。

由于垂直运输用的塔吊、卷扬机及砂浆、混凝土搅拌机是按小组配合,应以小组产量计算机械台班产量,不另增加机械幅度差。

83. 什么是《全国统一安装工程预算定额》？

《全国统一安装工程预算定额》（简称为全统定额）是由原建设部组织修订，为适应工程建设需要，规范安装工程造价计价行为的一套较完整、适用的标准定额。它适用于全国同类工程的新建、改建、扩建工程。它是完成规定计量单位分项工程计价所需的人工、材料、施工机械台班的消耗量标准，是统一全国安装工程预算工程量计算规则、项目划分、计量单位的依据，是编制安装工程地区单位估价表、施工图预算、招标工程标底、确定工程造价的依据，也是编制概算定额（指标）、投资估算指标的基础，也可作为制订企业定额和投标报价的基础。

84. 全统定额的特点有哪些？

(1) 全统定额扩大了适用范围。

(2) 全统定额反映了现行技术标准规范的要求。

(3) 全统定额尽量做到了综合扩大、少留活口。如脚手架搭拆费，由原来规定按实际需要计算改为按系数计算或计入定额子目；又如场内水平运距，全统定额规定场内水平运距是综合考虑的，不得因实际运距与定额不同而进行调整。

(4) 凡是已有定点批量生产的成品，全统定额中未编制定额，应当以商品价格列入安装工程预算。

(5) 全统定额增加了一些新的项目，使定额内容更加完善，扩大了定额的覆盖面。

(6) 根据现有的企业施工技术装备水平，在全统定额中合理地配备了施工机械，适当提高了机械化水平，减少了工人的劳动强度，提高了劳动效率。

85. 现行的全统定额有哪些分册？

现行的全统定额共十三册，分别是：

(1) 第一册《机械设备安装工程》；

(2) 第二册《电气设备安装工程》；

(3) 第三册《热力设备安装工程》；

(4) 第四册《炉窑砌筑工程》；

(5)第五册《静置设备与工艺金属结构制作安装工程》;
(6)第六册《工业管道工程》;
(7)第七册《消防及安全防范设备安装工程》;
(8)第八册《给水、采暖、燃气工程》;
(9)第九册《通风空调工程》;
(10)第十册《自动化控制仪表安装工程》;
(11)第十一册《刷油、防腐蚀、绝热工程》;
(12)第十二册《通信设备及线路工程》;
(13)第十三册《建筑智能化系统设备安装工程》。

86. 全统定额第八册《给排水、采暖、燃气工程》适用范围有哪些?

全统定额第八册《给排水、采暖、燃气工程》适用于新建、扩建项目中的生活用给水、排水、燃气、采暖热源管道以及附件配件安装,小型容器的制作安装。

87. 给排水、采暖、燃气工程脚手架搭拆费如何计算?

根据全统定额经八册《给排水、采暖、燃气工程》中的有关规定,给排水、采暖、燃气工程脚手架搭拆费按人工费的5%计算,其中人工工资占25%。

88. 给排水、采暖、燃气工程高层建筑物增加费如何计算?

高层建筑增加费(指高度在6层或20m以上的工业与民用建筑)按表3-3计算(其中全部为人工工资)。

表3-3　　　　　给排水、采暖、燃气工程的高层建筑增加费

层　数	9层以下(30m)	12层以下(40m)	15层以下(50m)	18层以下(60m)	21层以下(70m)	24层以下(80m)	27层以下(90m)	30层以下(100m)	33层以下(110m)
按人工费的百分比(%)	2	3	4	6	8	10	13	16	19
按人工费的百分比(%)	22	25	28	31	34	37	40	43	46

【例 3-1】 某地建民用建筑,A 区全为 25 层,B 区为 19 层,C 区为 5 层,如何确定其高层建筑增加费。

【解】 依据表 2-8 可知,高度在 6 层以上的工业与民用建筑可计取高层建筑增加费,则 A、B 两区应分别以其全部人工量费和各自相应的费率计取高层建筑增加费,而 C 区则不能计取高层建筑增加费。

【例 3-2】 某建筑物 25 层,底层高 5.8m,二、三层为 4.5m,其余层为 3.4m,试确定高层建筑增加费系数。

【解】 该建筑物层高 = 5.8 + 4.5×2 + 3.4×(25−1−2)
= 89.6m

则由表 2-8 可查出,该建筑物高层建筑增加费系数为 13%。

89. 给排水、采暖、燃气工程超高增加费如何计算?

定额中操作高度均以 3.6m 为界限,如超过 3.6m 时,其超过部分(指由 3.6m 至操作物高度)的定额人工费应乘以表3-4系数。

表 3-4　　　　　　　　超高增加费

标高(±m)	3.6~8	3.6~12	3.6~16	3.6~20
超高系数	1.10	1.15	1.20	1.25

【例 3-3】 某建筑物高 16 层,底层层高为 6m,二、三层高为 4.8m,其余各层为 3.4m,已知该楼的给排水安装工程总人工费 30000 元,其中底层超高部分的安装人工费为 2500 元,试求该工程超高费和高层建筑增加费。

【解】 建筑高度 = 6 + 4.8×2 + (16−3)×3.4 = 59.8m
则超高费 = 2500×1.25 = 3125 元
高层建筑增加费 = 30000×6% = 1800 元

90. 给排水、采暖、燃气工程的其他费用如何计算?

(1)采暖工程系统调整费按采暖工程人工费的 15% 计算,其中人工工资占 20%。

(2)设置于管道间、管廊内的管道、阀门、法兰、支架安装,人工乘以系数 1.3。

(3)主体结构为现场浇注采用钢模施工的工程,内外浇注的人工乘以系数 1.05,内浇外砌的人工乘以系数 1.03。

第三章 水暖工程定额原理

91. 全统定额中给排水、采暖、燃气工程主要材料消耗率是如何取定的?

全统定额给排水、采暖、燃气工程主要材料损耗率见表3-5。

表3-5　　　　　主要材料损耗率表

序号	名称	损耗率(%)	序号	名称	损耗率(%)
1	室外钢管(丝接、焊接)	1.5	28	存水弯	0.5
2	室内钢管(丝接)	2.0	29	小便器	1.0
3	室外钢管(焊接)	2.0	30	小便槽冲洗管	2.0
4	室内煤气用钢管(丝接)	2.0	31	喷水鸭嘴	1.0
5	室外排水铸铁管	3.0	32	立式小便器配件	1.0
6	室内排水铸铁管	7.0	33	水箱进水嘴	1.0
7	室内塑料管	2.0	34	高低水箱配件	1.0
8	铸铁散热器	1.0	35	冲洗管配件	1.0
9	光排管散热器制作用钢管	3.0	36	钢管接头零件	1.0
10	散热器对丝及托钩	5.0	37	型钢	5.0
11	散热器补芯	4.0	38	单管卡子	5.0
12	散热器丝堵	4.0	39	带帽螺栓	3.0
13	散热器胶垫	10.0	40	木螺钉	4.0
14	净身盆	1.0	41	锯条	5.0
15	洗脸盆	1.0	42	氧气	17.0
16	洗手盆	1.0	43	乙炔气	17.0
17	洗涤盆	1.0	44	铅油	2.5
18	立式洗脸盆铜活	1.0	45	清油	2.0
19	理发用洗脸盆铜活	1.0	46	机油	3.0
20	脸盆架	1.0	47	沥青油	2.0
21	浴盆排水配件	1.0	48	橡胶石棉板	15.0
22	浴盆水嘴	1.0	49	橡胶板	15.0
23	普通水嘴	1.0	50	石棉绳	4.0
24	丝扣阀门	1.0	51	石棉	10.0
25	化验盆	1.0	52	青铅	8.0
26	大便器	1.0	53	铜丝	1.0
27	瓷高低水箱	1.0	54	锁紧螺母	6.0

续表

序号	名称	损耗率(%)	序号	名称	损耗率(%)
55	压盖	6.0	61	胶皮碗	10.0
56	焦炭	5.0	62	油麻	5.0
57	木柴	5.0	63	线麻	5.0
58	红砖	4.0	64	漂白粉	5.0
59	水泥	10.0	65	油灰	4.0
60	砂子	10.0			

92. 什么是单位估价表？

单位估价表又称工程预算单价表，是以货币形式确定定额计量单位某分部分项工程或结构构件直接费用的文件。它是根据预算定额所确定的人工、材料和机械台班消耗数量，乘以人工工资单价、材料预算价格和机械台班预算价格汇总而成。

93. 单位估价表分为哪几类？

单位估价表的分类见表 3-6。

表 3-6　　　　　　　单位估价表的分类

序号	分类标准	内容说明
1	按定额性质划分	(1)建筑工程单位估价表，适用于一般建筑工程。 (2)设备安装工程单位估价表，适用于机械、电气设备安装工程、给排水工程、电气照明工程、采暖工程、通风工程等
2	按使用范围划分	(1)全国统一定额单位估价表，适用于各地区、各部门的建筑及设备安装工程。 (2)地区单位估价表，是在地方统一预算定额的基础上，按本地区的工资标准、地区材料预算价格、建筑机械台班费用及本地区建设的需要而编制的。只适于本地区范围内使用。 (3)专业工程单位估价表，仅适用于专业工程的建筑及设备安装工程的单位估价表

续表

序号	分类标准	内 容 说 明
3	按编制依据不同划分	按编制依据分为定额单位估价表和补充单位估价表。补充单位估价表,是指定额缺项,没有相应项目可使用时,可按设计图纸资料,依照定额单位估价表的编制原则,制定补充单位估价表

94. 单位估价表的作用有哪些?

合理地确定单价,正确使用单位估价表,是准确确定工程造价,促进企业加强经济核算、提高投资效益的重要环节。单位估价表具有以下作用:

(1)单位估价表是确定工程预算造价的基本依据之一,即按设计图纸计算出分项工程量后,分别乘以相应的定额单价(单位估价表)得出分项直接费,汇总各分部分项直接费,按规定计取各项费用,得出单位工程全部预算造价。

(2)单位估价表是对设计方案进行技术经济分析的基础资料,即每个分项工程,同部位设计方案的选择,除考虑生产、功能、坚固、美观等条件外,还必须考虑经济条件。这就需要采用单位估价表进行衡量、比较,在同样条件下当然要选择一种经济合理的方案。

(3)单位估价表是进行已完工程结算的依据,即建设单位和施工企业,按单位估价表核对已完工程的单价是否正确,以便进行分部分项工程结算。

(4)单位估价表是施工企业进行经济分析的依据,即企业为了考核成本执行情况,必须按单位估价表中所定的单价和实际成本进行比较。通过对两者的比较,算出降低成本的多少并找出原因。

95. 单位估价表的内容包括哪些?

单位估价表的内容由两大部分组成,一是预算定额规定的工、料、机数量,即合计用工量、各种材料消耗量、施工机械台班消耗量;二是地区预算价格,即与上述三种"量"相适应的人工工资单价、材料预算价格和机械台班预算价格。

96. 概算定额与预算定额的区别有哪些？

概算定额与预算定额的相同处，是都以建（构）筑物各个结构部分和分部分项工程为单位表示的，内容也包括人工、材料和机械台班使用量定额三个基本部分，并列有基准价。概算定额表达的主要内容、表达的主要方式及基本使用方法都与综合预算定额相近。

概算定额与预算定额的不同处，在于项目划分和综合扩大程度上的差异，同时概算定额主要用于设计概算的编制。由于概算定额综合了若干分项工程的预算定额，因此使概算工程量计算和概算表的编制，都比编制施工图预算简化了很多。

97. 概算定额由哪些部分组成？

概算定额由文字说明和定额表两部分组成。

(1)文字说明部分包括总说明和各章节的说明。在总说明中，主要对编制的依据、用途、适用范围、工程内容、有关规定、取费标准和概算造价计算方法等进行阐述。

在分章说明中，包括分部工程量的计算规则、说明、定额项目的工程内容等。

(2)定额表格式。定额表头注有本节定额的工作内容、定额的计量单位(或在表格内)。表格内有基价、人工、材料和机械费，主要材料消耗量等。

98. 概算定额的作用有哪些？

正确合理地编制概算定额对提高设计概算的质量，加强基本建设经济管理，合理使用建设资金，降低建设成本，充分发挥投资效果等方面，都具有重要的作用。其具体表现在以下几方面：

(1)概算定额是在扩大初步设计阶段编制概算，技术设计阶段编制修正概算的主要依据。

(2)概算定额是编制建筑安装工程主要材料申请计划的基础。

(3)概算定额是进行设计方案技术经济比较和选择的基础资料之一。

(4)概算定额是编制概算指标的计算基础。

(5)概算定额是确定基本建设项目投资额、编制基本建设计划、实行基本建设大包干、控制基本建设投资和施工图预算造价的依据。

99. 概算定额的编制依据有哪些?

(1)现行的全国通用的设计标准、规范和施工验收规范。

(2)现行的预算定额。

(3)具有代表性的标准设计图纸和其他设计资料。

(4)过去颁发的概算定额。

(5)现行的人工工资标准、材料预算价格和施工机械台班单价。

(6)有关施工图预算和结算资料。

100. 概算定额的编制应遵循哪些原则?

为了提高设计概算质量,加强基本建设经济管理,合理使用国家建设资金,降低建设成本,充分发挥投资效果,在编制概算定额时必须遵循以下原则:

(1)使概算定额适应设计、计划、统计和拨款的要求,更好地为基本建设服务。

(2)概算定额水平的确定,应与预算定额的水平基本一致。必须是反映正常条件下大多数企业的设计、生产施工管理水平。

(3)概算定额的编制深度要适应设计深度的要求,项目划分应坚持简化、准确和适用的原则。以主体结构分项为主,合并其他相关部分,进行适当综合扩大;概算定额项目计量单位的确定,与预算定额要尽量一致;应考虑统筹法及应用电子计算机编制的要求,以简化工程量和概算的计算编制。

(4)为了稳定概算定额水平,统一考核尺度和简化计算工程量,编制概算定额时,原则上不留活口,对于设计和施工变化多而影响工程量多、价差大的,应根据有关资料进行测算,综合取定常用数值,对于其中还包括不了的个性数值,可适当留些活口。

101. 如何确定概算定额计量单位?

概算定额计量单位基本上按预算定额的规定执行,但是单位的内容扩大,仍用米、平方米和立方米等。

102. 如何确定概算定额与预算定额的幅度差？

由于概算定额是在预算定额基础上进行适当的合并与扩大，因此在工程量取值、工程的标准和施工方法确定上需综合考虑，且定额与实际应用必然会产生一些差异。这种差异国家允许预留一个合理的幅度差，以便依据概算定额编制的设计概算能控制住施工图预算。概算定额与预算定额之间的幅度差，国家规定一般控制在 5% 以内。

103. 编制概算定额分为哪几个步骤？

(1) 准备阶段。该阶段的主要工作是确定编制机构和人员组成，进行调查研究，了解现行概算定额执行情况和存在问题，明确编制目的，制定概算定额的编制方案，确定概算定额的项目。

(2) 编制初稿阶段。该阶段的主要工作是根据已经确定的编制方案和概算定额项目，收集和整理各种编制依据，对各种资料进行深入细致的测算和分析，确定人工、材料和机械台班的消耗量指标，最后编制概算定额初稿。

(3) 审查定稿阶段。该阶段的主要工作是测算概算定额水平，即测算新编制概算定额与原概算定额及现行预算定额之间的水平。既要分项进行测算，又要通过编制单位工程概算以单位工程为对象进行综合测算。概算定额水平与预算定额水平之间应有一定的幅度差，一般在 5% 以内。

概算定额经测算比较后，可报送国家授权机关审批。

104. 什么是概算指标？

概算指标通常是以整个建筑物或构筑物为对象，按各种不同的结构类型，确定每 $100m^2$ 或 $10000m^2$ 和每座为计量单位的人工材料和机械台班的消耗指标(量)或每万元投资额中各种指标的消耗数量，机械台班一般不以量列出，用系数计入。

从而可以看出，概算指标比概算定额更加综合和扩大。概算指标的各消耗量指标主要是根据各种工程预算或结算的统计资料编制的。

概算指标主要用于投资估价、初步设计阶段，可作为编制投资估算、匡算主要材料的依据；可作为设计方案比较、建设单位选址的一种依据；也是编制固定资产投资计划，确定投资额和主要材料的主要依据。

105. 概算指标应如何应用？

概算指标的应用一般有两种情况：
(1)如果设计对象的结构特征与概算指标一致时，可以直接套用。
(2)如果设计对象的结构特征与概算指标的规定局部不同时，要对指标的局部内容进行调整后再套用。

106. 概算指标的作用有哪些？

(1)在初步设计阶段编制建筑工程设计概算的依据。这是指在没有条件计算工程量时，只能使用概算指标。
(2)设计单位在建筑方案设计阶段，进行方案设计技术经济分析和估算的依据。
(3)在建设项目的可行性研究阶段，作为编制项目投资估算的依据。
(4)在建设项目规划阶段，估算投资和计算资源需要量的依据。

107. 概算指标的表现形式分为哪几种？

按照具体内容的不同，概算指标可以分为综合指标和单项指标两种。
(1)综合概算指标是以一种类型的建筑物或构筑物为研究对象，以建筑物或构筑物的建筑面积或体积为计量单位，综合了该类型范围内各种规格的单位工程的造价和消耗量指标而成，其反映的不是具体工程的指标而是一类工程的综合指标，指标概括性较强。
(2)单项概算指标是以一种典型的建筑物或构筑物为分析对象，仅仅反映的是某一具体工程的消耗情况，所以针对性较强，因而指标中要介绍工程结构形式。只要工程项目的结构形式及工程内容与单项指标中的工程概况相吻合，编制的设计概算就比较准确。

108. 概算指标编制应遵循哪些原则？

(1)按平均水平确定概算指标的原则。在我国社会主义市场经济条件下，概算指标作为确定工程造价的依据，同样必须遵照价值规律的客观要求，在其编制时必须按社会必要劳动时间，贯彻平均水平的编制原则。只有这样才能使概算指标合理确定和控制工程造价的作用得到充分发挥。
(2)概算指标的内容与表现形式要贯彻简明适用的原则。为适应市场经济的客观要求,概算指标的项目划分应根据用途的不同,确定其项目的综合范围。遵循粗而不漏,适应面广的原则,体现综合扩大的性质。概算指标从形式到内容应该简明易懂,要便于在采用时根据拟建工程的具体情况进行必要的调整换算,能在较大范围内满足不同用途的需要。

(3)概算指标的编制依据必须具有代表性。概算指标所依据的工程设计资料,应是有代表性的,技术上是先进的,经济上是合理的。

109. 概算指标的编制依据有哪些?

(1)国家颁布的建筑标准、设计规范、施工规范等。
(2)标准设计图纸和各类工程典型设计。
(3)各类工程造价资料。
(4)现行的概算定额、预算定额及补充定额资料。
(5)人工工资标准、材料预算价格、机械台班预算价格及其他价格资料。

110. 怎样编制综合概算指标?

编制时首先编制单项概算指标,其次编制综合概算指标。按照具体的施工图纸和预算定额编制的工程预算书,计算工程造价及各种资源消耗量,再将其除以建筑面积或建筑体积,即可得到该工程的单项概算指标。综合指标的编制是一个综合过程,将不同工程的单项指标进行加权平均,计算出能反映一般水平的单位造价及资源消耗量指标,即可得到该工程的综合概算指标。

111. 什么是投资估算指标?

投资估算指标是在项目建议书和可行性研究阶段编制投资估算、计算投资需要量时使用的一种定额。它非常概略,往往以独立的单项工程或完整的工程项目为计算对象,编制内容是所有项目费用之和。它的概略程度与可行性研究阶段相适应。投资估算指标往往根据历史的预、决算资料和价格变动等资料编制,但其编制基础仍然离不开预算定额、概算定额。

112. 投资估算指标分为哪几种?

依据投资估算指标的综合程度可分为:建设项目指标、单项工程指标和单位工程指标。

(1)建设项目指标。建设项目指标包括两种:

1)工程总投资或总造价指标。

2)以生产能力或其他计量单位为计算单位的综合投资指标。

(2)单项工程指标一般以生产能力等为计算单位,包括建筑安装工程费、设备及工器具购置以及应计入单项工程投资的其他费用。

(3)单位工程指标一般以 m^2、m^3、度等为单位。估算指标应列出工程内容、结构特征等资料,以便应用时依据实际情况进行必要的调整。

113. 什么是建设工程项目综合指标?

建设工程项目综合指标是按规定应列入建设工程项目总投资从立项筹建开始至竣工验收交付使用的全部投资额,包括单项工程、工程建设其他费用预备费等。

建设工程项目综合指标一般以项目的综合生产能力单位投资表示,或以使用功能表示。

114. 投资估算指标编制分为哪几个阶段?

(1)收集整理资料阶段。

(2)平衡调整阶段。

(3)测算审查阶段。

115. 什么是单项工程指标?

单项工程指标是指按规定应列入能独立发挥生产能力或使用效益的单项工程内的全部投资额,包括建筑工程费、安装工程费、设备、工器具及生产家具购置费和其他费用。

116. 什么是单位工程指标?

单位工程指标按规定应列入能独立设计、施工的工程项目的费用,即建筑安装工程费用。单位工程指标一般以如下方式表示:水塔区别不同结构层、容积以"元/座"表示;管道区别不同材质,管径以"元/m"表示。

117. 投资估算指标的编制应遵循哪些原则?

投资估算指标的编制工作,除了应遵循一般定额的编制原则外,还必须坚持以下原则：

(1)投资估算指标项目的确定，应考虑以后编制建设工程项目建议书和可行性研究报告投资估算的需要。

(2)投资估算指标的编制内容、典型工程的选择，必须遵循国家的有关建设方针政策，符合国家技术发展方向，贯彻国家高科技政策和发展方向原则，使指标的编制既能反映现实的高科技成果，以及正常建设条件下的造价水平，也能适应今后若干年的科技发展水平。

(3)投资估算指标的编制要反映不同行业、不同项目和不同工程的特点，投资估算指标要适应项目前期工作深度的需要，而且具有更大的综合性。另外，要密切结合行业特点、项目建设的特定条件，在内容上既要贯彻指导性、准确性和可调性的原则，又要有一定的深度和广度。

(4)投资估算指标的编制要体现国家对固定资产投资实施间接调控作用的特点。要贯彻能分能和、有粗有细以及细算粗编的原则。

(5)投资估算指标的分类、项目划分、项目内容、表现形式等要结合各专业的特点，并且要与项目建议书、可行性研究报告的编制深度相适应。

(6)投资估算指标的编制要贯彻静态和动态相结合的原则。因市场经济条件、建设条件、实施时间、建设期限等因素的不同，建设期的动态因素即价格、建设期利息、固定资产投资方向调节税及涉外工程的税率等因素的变动，导致指标的量差、价差、利息差、费用差等"动态"因素对投资估算有影响。

118. 企业定额的编制原则是什么？

企业定额的编制应根据自身的特点，遵循简单、明了、准确、适用的原则。

119. 企业定额的表现形式有哪几种？

(1)企业劳动定额。

(2)企业材料消耗定额。

(3)企业机械台班使用定额。

(4)企业施工定额。

(5)企业定额估价表。

(6)企业定额标准。

(7)企业产品出厂价格。

(8)企业机械台班租赁价格。

120. 企业定额的特点有哪些?

(1)定额水平的先进性。企业定额在确定其水平时,其人工、材料、机械台班消耗要比社会平均水平低,体现企业在技术和管理的先进性,从而在投标报价中争取更大的取胜砝码。

(2)定额内容的特色性。企业定额编制应与施工方案结合。不同的施工方案包括采用不同的施工方法、使用不同的施工措施时,在制定企业定额时应有其特色。

(3)定额单价的动态性和市场性。随着企业劳动资源、技术力量、管理水平等变化,单价应随时间调整。另外,随着企业生产经营方式和经营模式的改变,新技术、新工艺、新材料、新设备的采用,定额单价应及时变化。

(4)定额消耗的优势性。企业定额在制定人工、材料、机械台班消耗量时要尽可能体现本企业的全面管理成果和技术优势。

121. 企业定额的性质是什么?

企业定额是企业内部管理的定额。企业定额影响范围涉及企业内部管理的方方面面。包括企业生产经营活动的计划、组织、协调、控制和指挥等各个环节。企业应根据本企业的具体条件和可能挖掘的潜力、市场的需求和竞争环境,根据国家有关政策、法律和规范、制度,自己编制定额,自行决定定额的水平,当然允许同类企业和同一地区的企业之间存在定额水平的差距。

122. 企业定额的作用有哪些?

(1)企业定额是企业计划管理的依据。

(2)企业定额是编制施工组织设计的依据。

(3)企业定额是企业激励工人的条件。

(4)企业定额有利于推广先进技术。

(5)企业定额是计算劳动报酬,实行按劳分配的依据。

(6)企业定额是编制施工预算加强企业成本管理的基础。

(7)企业定额是编制预算定额和补充单位估价表的基础。

(8)企业定额是施工企业进行工程投标、编制工程投标报价的基础和主要依据。

123. 企业定额的编制应遵循哪些原则?

(1)平均先进性原则。

(2)保密原则。

(3)以专家为主编制定额的原则。

(4)简明适用性原则。

(5)独立自主的原则。

(6)时效性原则。

124. 企业定额的编制步骤是怎样的?

(1)制定《企业定额编制计划书》。

(2)搜集资料、调查、分析、测算和研究。

(3)拟定编制企业定额的工作方案与计划。

(4)企业定额初稿的编制。

(5)评审、修改及组织实施。

125. 企业定额的编制目的是什么?

企业定额的编制目的一定要明确,因为编制目的决定了企业定额的适用性,同时也决定了企业定额的表现形式。例如,企业定额的编制目的如果是为了控制工耗和计算工人劳动报酬,应采取劳动定额的形式;如果是为了企业进行工程成本核算,以及为企业走向市场参与投标报价提供依据,则应采用施工定额或定额估价表的形式。

126. 如何确定企业定额水平?

企业定额水平的确定,是企业定额能否实现编制目的的关键。定额水平过低,起不到鼓励先进和督促落后的作用,而且对项目成本核算和企业参与市场竞争不利。定额水平过高,背离企业现有水平,使定额在实施工程中,企业内多数施工队、班组、工人通过努力仍然达不到定额水平,不仅不利于定额在本企业内推行,还会挫伤管理者和劳动者双方的积极性。因此,在编制计划书中,必须对定额水平进行确定。

127. 企业定额的编制方法有哪几种？

定额的编制方法很多，对不同形式的定额，其编制方法也不相同。劳动定额和材料消耗定额均有不同的编制方法（前面已做详细介绍）。因此，定额编制究竟采取哪种方法应根据具体情况而定。企业定额编制通常采用的方法一般有两种：定额测算法和方案测算法。

128. 如何确定企业定额的定额项目及其内容？

企业定额项目及其内容的编制，就是根据定额的编制目的及企业自身的特点，本着内容简明适用、形式结构合理、步距划分合理的原则，将一个单位工程，按工程性质划分为若干个分部工程，如土建专业的土石方工程、桩基础工程等，然后将分部工程划分为若干个分项工程，如土石方工程分为人工挖土方、淤泥、流沙、人工挖沟槽、基坑、人工挖桩孔等。最后，确定分项工程的步距，并根据步距对分项工程进一步地详细划分为具体项目。步距参数的设定一定要合理，既不应过粗，也不宜过细。如可根据土质和挖掘深度作为步距参数，对人工挖土方进行划分。同时应对分项工程的工作内容做简明扼要的说明。

129. 如何确定企业定额的计量单位？

分项工程计量单位的确定一定要合理，设置时应根据分项工程的特点，本着准确、贴切、方便计量的原则设置。定额的计量单位包括自然计量单位如：台、套、个、件、组等，国际标准计量单位如 m、km、m^2、m^3、kg、t 等。一般来说，当实物体的三个度量都会发生变化时，采用立方米为计量单位，如土方、混凝土、保温等；如果实物体的三个度量中有两个度量不固定，采用平方米为计量单位，如地面、抹灰、油漆等；如果实物体截面积形状大小固定，则采用延长米为计量单位，如管道、电缆、电线等；不规则形状的，难以度量的则采用自然单位或质量单位为计量单位。

130. 怎样确定企业定额指标？

确定企业定额指标是企业定额编制的重点和难点，企业定额指标的编制，应根据企业采用的施工方法、新材料的替代以及机械装备的装配和管理模式，结合搜集整理的各类基础资料进行确定。确定企业定额指标包括确定人工消耗指标、确定材料消耗指标、确定机械台班消耗指标等。

131. 什么是企业定额项目表？

企业定额项目表是企业定额的主体部分，它由表头栏和人工栏、材料栏、机械栏组成。表头部分具以表述各分项工程的结构形式、材料做法和规格档次等；人工栏是以工种表示消耗的工日数及合计；材料栏是按消耗的主要材料和消耗性材料依主次顺序分列出的消耗量；机械栏是按机械种类和规格型号分列出的机械台班使用量。

132. 如何编制企业定额估价表？

企业根据投标报价工作的需要，可以编制企业定额估价表。企业定额估价表是在人工、材料、机械台班三项消耗量的企业定额基础上，用货币形式表达每个分项工程及其子目的定额单位估价计算表格。

企业定额估价表的人工、材料、机械台班单价是通过市场调查，结合国家有关法律文件及规定，按照企业自身的特点来确定。

第四章 水暖工程定额计价

1. 投资估算文件由哪几部分组成?

投资估算文件一般由封面、签署页、编制说明、投资估算、汇总表、单项工程投资估算汇总表、主要技术经济指标等内容组成。

(1)投资估算封面格式见表 4-1。

表 4-1　　　　　　　投资估算封面格式

(工程名称) **投资估算** 档　案　号：   (编制单位名称) (工程造价咨询单位执业章) 年　月　日

(2)投资估算签署页格式见表 4-2。

表 4-2　　　　　　　投资估算签署页格式

（工程名称）

投资估算

档　案　号：

编制人：_____［执业（从业）印章］_____
审核人：_____［执业（从业）印章］_____
审定人：_____［执业（从业）印章］_____
法定负责人：_____

---

(3)投资估算汇总表见表 4-3。

表 4-3　　　　　　　　　　投资估算汇总表

序号	工程和费用名称	估算价值/万元					技术经济指标			%
		建筑工程费	设备及工器具购置费	安装工程费	其他费用	合计	单位	数量	单位价值	
一	工程费用									
(一)	主要生产系统									
1										
2										
3										
(二)	辅助生产系统									
1										
2										
3										
(三)	公用及福利设施									
1										
2										
3										
(四)	外部工程									
1										
2										
3										
	小计									

续表

序号	工程和费用名称	估算价值/万元					技术经济指标			%
		建筑工程费	设备及工器具购置费	安装工程费	其他费用	合计	单位	数量	单位价值	
二	工程建设其他费用									
1										
2										
3										
	小计									
三	预备费									
1	基本预备费									
2	价差预备费									
	小计									
四	建设期贷款利息									
五	流动资金									
	投资估算合计(万元)									
	%									

编制人：　　　　　　审核人：　　　　　　审定人：

(4)单项工程投资估算汇总表见表4-4。

表4-4　　　　　　　　　单项工程投资估算汇总表

序号	工程和费用名称	估算价值/万元					技术经济指标			%
		建筑工程费	设备及工器具购置费	安装工程费	其他费用	合计	单位	数量	单位价值	
一	工程费用									
(一)	主要生产系统									
1	××车间									
	一般土建									
	给排水									
	采暖									
	通风空调									
	照明									
	工艺设备及安装									
	工艺管道									
	工业筑炉及保温									
	变配电设备及安装									
	仪表设备及安装									
	小计									
2										
3										

编制人：　　　　　　　　审核人：　　　　　　　　审定人：

2. 投资估算编制说明应包括哪些内容？

投资估算编制说明一般阐述以下内容：

(1) 工程概况。

(2) 编制范围。

(3) 编制方法。

(4) 编制依据。

(5) 主要技术经济指标。

(6) 有关参数、率值选定的说明。

(7) 特殊问题的说明（包括采用新技术、新材料、新设备、新工艺）；必须说明价格的确定；进口材料、设备、技术费用的构成与计算参数；采用矩形结构、异形结构的费用估算方法；环保（不限于）投资占总投资的比重；未包括项目或费用的必要说明等。

(8) 采用限额设计的工程还应对投资限额和投资分解做进一步说明。

(9) 采用方案比选的工程还应对方案比选的估算和经济指标做进一步说明。

3. 投资分析一般包括哪些内容？

(1) 工程投资比例分析。一般建筑工程要分析土建、装饰、给排水室外管线、绿化等室外附属工程总投资的比例；一般工业项目要分析主要生产项目（列出各生产装置）、辅助生产项目、公用工程项目（给排水、供电和电讯、供气、总图运输及外管）、服务性工程、生活福利设施、厂外工程占建设总投资的比例。

(2) 分析设备购置费、建筑工程费、安装工程费、工程建设其他费用、预备费占建设总投资的比例；分析引进设备费用占全部设备费用的比例等。

(3) 分析影响投资的主要因素。

(4) 与国内类似工程项目的比较，分析说明投资高低的原因。

投资分析可单独成篇，亦可列入编制说明中叙述。

4. 总投资估算包括哪些内容?

总投资估算包括汇总单项工程估算、工程建设其他费用、估算基本预备费、价差预备费、计算建设期利息等。

5. 如何估算单项工程投资?

单项工程投资估算,应按建设项目划分的各个单项工程分别计算组成工程费用的建筑工程费、设备购置费、安装工程费。

6. 如何估算工程建设其他费用?

工程建设其他费用的计算应结合拟建建设项目的具体情况,有合同或协议明确的费用按合同或协议列入;无合同或协议明确的费用,根据国家和各行业部门、工程所在地地方政府的有关工程建设其他费用定额(规定)和计算办法估算。

7. 投资估算包括哪些工作内容?

(1)工程造价咨询单位可接受有关单位的委托编制整个项目的投资估算、单项工程投资估算、单位工程投资估算或分部分项工程投资估算,也可接受委托进行投资估算的审核与调整,配合设计单位或决策单位进行方案比选、优化设计、限额设计等方面的投资估算工作,亦可进行决策阶段的全过程造价控制等工作。

(2)估算编制一般应依据建设项目的特征、设计文件和相应的工程造价计价依据或资料对建设项目总投资及其构成进行编制,并对主要技术经济指标进行分析。

(3)建设项目的设计方案、资金筹措方式、建设时间等进行调整时,应进行投资估算的调整。

(4)对建设项目进行评估时应进行投资估算的审核,政府投资项目的投资估算审核除依据设计文件外,还应依据政府有关部门发布的有关规定、建设项目投资估算指标和工程造价信息等计价依据。

(5)设计方案进行方案比选时工程造价人员应主要依据各个单位或

分部分项工程的主要技术经济指标确定最优方案,注册造价工程师应配合设计人员对不同技术方案进行技术经济分析,确定合理的设计方案。

(6)对于已经确定的设计方案,注册造价工程师可依据有关技术经济资料对设计方案提出优化设计的建议与意见,通过优化设计和深化设计使技术方案更加经济合理。

(7)对于采用限额设计的建设项目、单位工程或分部分项工程,注册造价工程师应配合设计人员确定合理的建设标准,进行投资分解和投资分析,确保限额的合理可行。

(8)造价咨询单位在承担全过程造价咨询或决策阶段的全过程造价控制时,除应进行全面的投资估算的编制外,还应主动地配合设计人员通过方案比选、优化设计和限额设计等手段进行工程造价控制与分析,确保建设项目在经济合理的前提下做到技术先进。

8. 投资估算的费用如何构成?

(1)建设项目总投资由建设投资、建设期利息、固定资产投资方向调节税和流动资金组成。

(2)建设投资是用于建设项目的工程费用、工程建设其他费用及预备费用之和。

(3)工程费用包括建筑工程费、设备及工器具购置费、安装工程费。

(4)预备费包括基本预备费和价差预备费。

(5)建设期贷款利息包括支付金融机构的贷款利息和为筹集资金而发生的融资费用。

(6)建设项目总投资的各项费用按资产属性分别形成固定资产、无形资产和其他资产(递延资产)。

9. 项目可行性研究阶段如何进行经济评价?

项目可行性研究阶段可按资产类别简化归并后进行经济评价(表4-5)。

表 4-5　　　　　　　　　建设项目总投资组成表

费用项目名称			资产类别归并（限项目经济评价用）
建设投资	第一部分工程费用	建筑工程费	固定资产费用
		设备购置费	
		安装工程费	
	第二部分工程建设其他费用	建设管理费	固定资产费用
		建设用地费	
		可行性研究费	
		研究试验费	
		勘察设计费	
		环境影响评价费	
		劳动安全卫生评价费	
		场地准备及临时设施费	
		引进技术和引进设备其他费	
		工程保险费	
		联合试运转费	
		特殊设备安全监督检验费	
		市政公用设施费	
		专利及专有技术使用费	无形资产费用
		生产准备及开办费	其他资产费用（递延资产）
	第三部分预备费用	基本预备费	固定资产费用
		价差预备费	
建设期利息			固定资产费用
固定资产投资方向调节税(暂停征收)			
流动资金			流动资产

10. 如何计算工程保险费？

(1)不投保的工程不计取此项目费用。

(2)不同的建设项目可根据工程特点选择投保险种，根据投保合同计列保险费用。编制投资估算和概算时可按工程费用的比例估算。

(3)此项费用不包括已列入施工企业管理费中的施工管理用财产、车辆保险费。

11. 如何计算联合试运行费？

(1)不发生试运转或试运转收入大于(或等于)费用支出的工程，不列此项费用。

(2)当联合试运转收入小于试运转支出时：

联合试运转费＝联合试运转费用支出－联合试运转收入

(3)联合试运转费不包括应由设备安装工程费用开支的调试及试车费用，以及在试运转中暴露出来的因施工原因或设备缺陷等发生的处理费用。

(4)试运行期按照以下规定确定：引进国外设备按建设项目合同中规定的试运行期执行；国内一般性建设项目试运行期原则上按照批准的设计文件所规定的期限执行；个别行业的建设项目试运行期需要超过规定试运行期的，应报项目设计文件审批机关批准。试运行期一经确定，各建设单位应严格按规定执行，不得擅自缩短或延长。

12. 如何计算特殊设备安全监督检验费？

按照建设项目所在省、市、自治区安全监察部门的规定标准计算。无具体规定的，在编制投资估算和概算时，可按受检设备现场安装费的比例估算。

13. 如何计算建设用地费？

(1)根据征用建设用地面积、临时用地面积，按建设项目所在省(市、自治区)人民政府制定颁发的土地征用补偿费、安置补助费标准和耕地占用税、城镇土地使用税标准计算。

(2)建设用地上的建(构)筑物如需迁建,其迁建补偿费应按迁建补偿协议计列或按新建同类工程造价计算。建设场地平整中的余物拆除清理费在"场地准备及临时设施费"中计算。

(3)建设项目采用"长租短付"方式租用土地使用权,在建设期间支付的租地费用计入建设用地费,在生产经营期间支付的土地使用费应进入营运成本中核算。

14. 如何计算可行性研究费?

(1)依据前期研究委托合同计列,或参照《国家计委关于印发〈建设项目前期工作咨询收费暂行规定〉的通知》(计价格[1999]1283号)规定计算。

(2)编制预可行性研究报告参照编制项目建议书收费标准并可适当调增。

15. 如何计算场地准备及临时设施费?

(1)场地准备及临时设施应尽量与永久性工程统一考虑。建设场地的大型土石方工程应进入工程费用中的总图运输费用中。

(2)新建项目的场地准备和临时设施费应根据实际工程量估算,或按工程费用的比例计算。改扩建项目一般只计拆除清理费。

场地准备和临时设施费=工程费用×费率+拆除清理费

(3)发生拆除清理费时可按新建同类工程造价或主材费、设备费的比例计算。凡可回收材料的拆除工程,采用以料抵工方式冲抵拆除清理费。

(4)此项费用不包括已列入建筑安装工程费用中的施工单位临时设施费用。

16. 如何计算引进技术和引进设备其他费?

(1)引进项目图纸资料翻译复制费。根据引进项目的具体情况计列,或按引进货价(F.O.B)的比例估列;引进项目发生备品备件测绘费时按具体情况估列。

(2)出国人员费用。依据合同或协议规定的出国人次、期限以及相应的费用标准计算。生活费按照财政部、外交部规定的现行标准计算,差旅费按中国民航公布的票价计算。

(3)来华人员费用。依据引进合同或协议有关条款及来华技术人员派遣计划进行计算。来华人员接待费用可按每人次费用指标计算。引进合同价款中已包括的费用内容不得重复计算。

(4)银行担保及承诺费。应按担保或承诺协议计取。投资估算和概算编制时可以担保金额或承诺金额为基数乘以费率计算。

(5)引进设备材料的国外运输费、国外运输保险费、关税、增值税、外贸手续费、银行财务费、国内运杂费、引进设备材料国内检验费等按引进货价(F.O.B 或 C.I.F)计算后进入相应的设备材料费中。

(6)单独引进软件不计算关税只计算增值税。

17. 如何估算基本预备费?

基本预备费的估算一般是以建设项目的工程费用和工程建设其他费用之和为基础,乘以基本预备费费率进行计算。基本预备费费率的大小,应根据建设项目的设计阶段和具体的设计深度,以及在估算中所采用的各项估算指标与设计内容的贴近度、项目所属行业主管部门的具体规定确定。

18. 如何计算无形资产费用?

无形资产费用主要指专利及专有技术使用费,其计算方法如下:

(1)按专利使用许可协议和专有技术使用合同的规定计列。

(2)专有技术的界定应以省、部级鉴定批准为依据。

(3)项目投资中只计需在建设期支付的专利及专有技术使用费。协议或合同规定在生产期支付的使用费应在生产成本中核算。

(4)一次性支付的商标权、商誉及特许经营权费按协议或合同规定计列。协议或合同规定在生产期支付的商标权或特许经营权费应在生产成本中核算。

(5)为项目配套的专用设施投资,包括专用铁路线、专用公路、专用通讯设施、变送电站、地下管道、专用码头等,如由项目建设单位负责投资但产权不归属本单位的,应作无形资产处理。

19. 如何计算其他资产费用(递延资产)?

其他资产费用(递延资产)主要指生产准备及开办费,其计算方法如下:

(1)新建项目按设计定员为基数计算,改扩建项目按新增设计定员为基数计算:

$$生产准备费 = 设计定员 \times 生产准备费指标(元/人)$$

(2)可采用综合的生产准备费指标进行计算,也可以按费用内容的分类指标计算。

20. 如何估算投资方向调节税?

投资方向调节税的估算,以建设项目的工程费用、工程建设其他费用及预备费之和为基础(更新改造项目以建设项目的建筑工程费用为基础),根据国家适时发布的具体规定和税率计算。

21. 如何估算建设期贷款利息?

建设期贷款利息的估算,根据建设期资金用款计划,可按当年借款在当年年中支用考虑,即当年借款按半年计息,上年借款按全年计息。利用国外贷款的利息计算中,年利率应综合考虑贷款协议中向贷款方加收的手续费、管理费、承诺费,以及国内代理机构向贷款方收取的转贷费、担保费和管理费等。其计算公式为:

$$Q = \sum_{j=1}^{n}(P_{j-1} + A_j/2)i$$

式中　Q——建设期贷款利息;

P_{j-1}——建设期第($j-1$)年末贷款累计金额与利息累计金额之和;

A_j——建设期第j年贷款金额;

i——贷款年利率;

n——建设期年份数。

22. 如何估算流动资金?

流动资金估算一般可采用分项详细估算法和扩大指标法。其具体内容见表 4-6。

表 4-6　　　　　流动资金估算方法

序号	方法	内容说明	计算公式
1	分项详细估算法	分项详细估算法是根据周转额与周转速度之间的关系，对构成流动资金的各项流动资产和流动负债分别进行估算。可行性研究阶段的流动资金估算应采用分项详细估算法	流动资金＝流动资产－流动负债 流动资产＝应收账款＋存货＋现金 流动负债＝应付账款 应收账款＝年销售收入/应收账款周转次数 存货＝外购原材料＋外购燃料＋在产品＋产成品 外购原材料＝年外购原材料总成本/按种类分项周转次数 外购燃料＝年外购燃料/按种类分项周转次数 在产品＝(年外购原材料、燃料＋年工资及福利费＋年修理费＋年其他制造费用)/在产品周转次数 产成品＝年经营成本/产成品周转次数 现金＝(年工资及福利费＋年其他费用)/现金周转次数 年其他费用＝制造费用＋管理费用＋销售费用－工资及福利费折旧费－维简费－摊销费－修理费 应付账款＝(年外购原材料＋年外购燃料)/应付账款周转次数

续表

序号	方法	内容说明	计算公式
2	扩大指标估算方法	扩大指标估算法是根据销售收入、经营成本、总成本费用等与流动资金的关系和比例来估算流动资金	年流动资金额＝年费用基数×各类流动资金率

对铺底流动资金有要求的建设项目,应按国家或行业的有关规定计算铺底流动资金。非生产经营性建设项目不列铺底流动资金。

23. 投资估算的编制依据有哪些？

投资估算的编制依据是指在编制投资估算时需要计量、价格确定、工程计价有关参数、率值确定的基础资料。其主要包括以下几个方面：

(1)国家、行业和地方政府的有关规定。

(2)工程勘察与设计文件、图示计量或有关专业提供的主要工程量和主要设备清单。

(3)行业部门、项目所在地工程造价管理机构或行业协会等编制的投资估算指标、概算指标(定额)、工程建设其他费用定额(规定)、综合单价、价格指数和有关造价文件等。

(4)类似工程的各种技术经济指标和参数。

(5)工程所在地同期的工、料、机市场价格,建筑、工艺及附属设备的市场价格和有关费用。

(6)政府有关部门、金融机构等部门发布的价格指数、利率、汇率、税率等有关参数。

(7)与建设项目相关的工程地质资料、设计文件、图纸等。

(8)委托人提供的其他技术经济资料。

24. 投资估算编制方法的一般要求是什么？

(1)建设项目投资估算要根据主体专业设计的阶段和深度,结合各自行业的特点,所采用生产工艺流程的成熟性,以及编制者所掌握的国家及地区、行业或部门相关投资估算基础资料和数据的合理、可靠、完整程度

(包括造价咨询机构自身统计和积累的、可靠的相关造价基础资料),采用生产能力指数法、系数估算法、比例估算法、混合法(生产能力指数法与比例估算法、系数估算法与比例估算法等综合使用)、指标估算法进行建设项目投资估算。

(2)建设项目投资估算无论采用何种办法,应充分考虑拟建项目设计的技术参数和投资估算所采用的估算系数、估算指标,在质和量方面所综合的内容,应遵循口径一致的原则。

(3)建设项目投资估算无论采用何种办法,应将所采用的估算系数和估算指标价格、费用水平调整到项目建设所在地及投资估算编制年的实际水平。对于建设项目的边界条件,如建设用地费和外部交通、水、电、通讯条件,或市政基础设施配套条件等差异所产生的与主要生产内容投资无必然关联的费用,应结合建设项目的实际情况修正。

25. 可行性研究阶段如何进行投资估算?

(1)可行性研究阶段建设项目投资估算原则上应采用指标估算法,对于对投资有重大影响的主体工程应估算出分部分项工程量,参考相关综合定额(概算指标)或概算定额编制主要单项工程的投资估算。

(2)预可行性研究阶段、方案设计阶段,项目建设投资估算视设计深度,宜参照可行性研究阶段的编制办法进行。

(3)在一般的设计条件下,可行性研究投资估算深度在内容上应达到规定要求。对于子项单一的大型民用公共建筑,主要单项工程估算应细化到单位工程估算书。可行性研究投资估算深度应满足项目的可行性研究与评估要求,并最终满足国家和地方相关部门批复或备案的要求。

26. 项目建议书阶段如何进行投资估算?

(1)项目建议书阶段的投资估算一般要求编制总投资估算,总投资估算表中工程费用的内容应分解到主要单项工程,工程建设其他费用可在总投资估算表中分项计算。

(2)项目建议书阶段建设项目投资估算可采用生产能力指数法、系数估算法、比例估算法、混合法(生产能力指数法与比例估算法、系数估算法与比例估算法等综合使用)、指标估算法等。

27. 什么是生产能力指数法？

生产能力指数法是根据已建成的类似建设项目生产能力和投资额，进行粗略估算拟建建设项目相关投资额的方法，其计算公式为

$$C = C_1(Q/Q_1)^X \cdot f$$

式中　C——拟建建设项目的投资额；

　　　C_1——已建成类似建设项目的投资额；

　　　Q——拟建建设项目的生产能力；

　　　Q_1——已建成类似建设项目的生产能力；

　　　X——生产能力指数($0 \leqslant X \leqslant 1$)；

　　　f——不同的建设时期、不同的建设地点而产生的定额水平、设备购置和建筑安装材料价格、费用变更和调整等综合调整系数。

28. 什么是系数估算法？

系数估算法是根据已知的拟建建设项目主体工程费或主要生产工艺设备费为基数，以其他辅助费或配套工程费占主体工程费或主要生产工艺设备费的百分比为系数，进行估算拟建建设项目相关投资额的方法，其计算公式为

$$C = E(1 + f_1P_1 + f_2P_2 + f_3P_3 + \cdots) + I$$

式中　C——拟建建设项目的投资额；

　　　E——拟建建设项目的主体工程费或主要生产工艺设备费；

　P_1、P_2、P_3——已建成类似建设项目的辅助或配套工程费占主体工程费或主要生产工艺设备费的比重；

　f_1、f_2、f_3——由于建设时间、地点不同而产生的定额水平、建筑安装材料价格、费用变更和调整等综合调整系数；

　　　I——根据具体情况计算的拟建建设项目各项其他基本建设费用。

29. 什么是比例估算法？

比例估算法是根据已知的同类建设项目主要生产工艺设备投资占整个建设项目的投资比例，先逐项估算出拟建建设项目主要生产工艺设备投资，再按比例进行估算拟建建设项目相关投资额的方法，其计算公式为

$$C = \sum_{i=1}^{n} Q_i P_i / k$$

式中 C——拟建建设项目的投资额;

k——主要生产工艺设备费占拟建建设项目投资额的比例;

n——主要生产工艺设备的种类;

Q_i——第 i 种主要生产工艺设备的数量;

P_i——第 i 种主要生产工艺设备购置费(到厂价格)。

30. 什么是混合法?

混合法是根据主体专业设计的阶段和深度,投资估算编制者所掌握的国家及地区、行业或部门相关投资估算基础资料和数据(包括造价咨询机构自身统计和积累的相关造价基础资料),对一个拟建建设项目采用生产能力指数法与比例估算法或系数估算法与比例估算法混合估算其相关投资额的方法。

31. 什么是指标估算法?

指标估算法是把拟建建设项目以单项工程或单位工程,按建设内容纵向划分为各个主要生产设施、辅助及公用设施、行政及福利设施以及各项其他基本建设费用,按费用性质横向划分为建筑工程、设备购置、安装工程等,根据各种具体的投资估算指标,进行各单位工程或单项工程投资的估算,在此基础上汇集编制成拟建建设项目的各个单项工程费用和拟建建设项目的工程费用投资估算。再按相关规定估算工程建设其他费用、预备费、建设期贷款利息等,形成拟建建设项目总投资。

32. 建设项目设计方案比选应遵循哪些原则?

(1)建设项目设计方案比选要协调好技术先进性和经济合理性的关系,即在满足设计功能和采用合理先进技术的条件下,尽可能降低投入。

(2)建设项目设计方案比选除考虑一次性建设投资的比选,还应考虑项目运营过程中的费用比选,即项目寿命期的总费用比选。

(3)建设项目设计方案比选要兼顾近期与远期的要求,即建设项目的功能和规模应根据国家和地区远景发展规划,适当留有发展余地。

33. 建设项目设计方案比选的内容包括哪些?

在宏观方面有建设规模、建设场址、产品方案等;对于建设项目本身有厂区(或居住小区)总平面布置、主体工艺流程选择、主要设备选型等;小的方面有工程设计标准、工业与民用建筑的结构形式、建筑安装材料的选择等。

34. 建设项目设计方案比选的方法有哪些?

建设项目多方案整体宏观方面的比选,一般采用投资回收期法、计算费用法、净现值法、净年值法、内部收益率法,以及上述几种方法同时使用等。建设项目本身局部多方案的比选,除了可用上述宏观方案的比较方法外,一般采用价值工程原理或多指标综合评分法(对参与比选的设计方案设定若干评价指标,并按其各自在方案中的重要程度给定各评价指标的权重和评分标准,计算各设计方案的权重加得分的方法)比选。

35. 什么是优化设计的投资估算编制?

优化设计的投资估算编制是针对在方案比选确定的设计方案基础上,通过设计招标、方案竞选、深化设计等措施,以降低成本或功能提高为目的的优化设计或深化过程中,对投资估算进行调整的过程。

36. 限额设计的投资估算编制的前提条件是什么?

限额设计的投资估算编制的前提条件是严格按照基本建设程序进行,前期设计的投资估算应准确和合理,限额设计的投资估算编制应进一步细化建设项目投资估算,按项目实施内容和标准合理分解投资额度和预留调节金。

37. 什么是设计概算?

设计概算是初步设计概算的简称,是指在初步设计或扩大初步设计阶段,由设计单位根据初步设计图纸、定额、指标、其他工程费用定额等,对工程投资进行的概略计算,这是初步设计文件的重要组成部分,是确定工程设计阶段的投资的依据,经过批准的设计概算是控制工程建设投资的最高限额。

38. 设计概算的作用包括哪些?

(1)设计概算是确定建设项目、各单项工程及各单位工程投资的依据。按照规定报请有关部门或单位批准的初步设计及总概算,一经批准即作为建设项目静态总投资的最高限额,不得任意突破,必须突破时须报原审批部门(单位)批准。

(2)设计概算是编制投资计划的依据。计划部门根据批准的设计概算编制建设项目年固定资产投资计划,并严格控制投资计划的实施。若建设项目实际投资数额超过了总概算,那么必须在原设计单位和建设单位共同提出追加投资的申请报告基础上,经上级计划部门审核批准后,方能追加投资。

(3)设计概算是进行拨款和贷款的依据。建设银行根据批准的设计概算和年度投资计划,进行拨款和贷款,并严格实行监督控制。对超出概算的部分,未经计划部门批准,建行不得追加拨款和贷款。

(4)设计概算是实行投资包干的依据。在进行概算包干时,单项工程综合概算及建设项目总概算是投资包干指标商定和确定的基础,尤其经上级主管部门批准的设计概算或修正概算,是主管单位和包干单位签订包干合同、控制包干数额的依据。

(5)设计概算是考核设计方案的经济合理性和控制施工图预算的依据。设计单位根据设计概算进行技术经济分析和多方案评价,以提高设计质量和经济效果,同时保证施工图预算在设计概算的范围内。

(6)设计概算是进行各种施工准备、设备供应指标、加工订货及落实各项技术经济责任制的依据。

(7)设计概算是控制项目投资,考核建设成本,提高项目实施阶段工程管理和经济核算水平的必要手段。

39. 设计概算的编制依据有哪些?

概算编制依据是指编制项目概算所需的一切基础资料。主要有以下几方面:

(1)批准的可行性研究报告。
(2)设计工程量。
(3)项目涉及的概算指标或定额。
(4)国家、行业和地方政府有关法律、法规或规定。
(5)资金筹措方式。

(6)正常的施工组织设计。
(7)项目涉及的设备材料供应及价格。
(8)项目的管理(含监理)、施工条件。
(9)项目所在地区有关的气候、水文、地质地貌等自然条件。
(10)项目所在地区有关的经济、人文等社会条件。
(11)项目的技术复杂程度,以及新技术、专利使用情况等。
(12)有关文件、合同、协议等。

40. 概算编制说明包括哪些内容?

(1)项目概况:简述建设项目的建设地点、设计规模、建设性质(新建、扩建或改建)、工程类别、建设期(年限)、主要工程内容、主要工程量、主要工艺设备及数量等。

(2)主要技术经济指标:项目概算总投资(有引进的给出所需外汇额度)及主要分项投资、主要技术经济指标(主要单位投资指标)等。

(3)资金来源:按资金来源不同渠道分别说明,发生资产租赁的说明租赁方式及租金。

(4)编制依据。

(5)其他需要说明的问题。

(6)总说明附表:建筑、安装工程工程费用计算程序表;引进设备材料清单及从属费用计算表;具体建设项目概算要求的其他附表及附件。

41. 概算总投资由哪些费用组成?

概算总投资由工程费用、其他费用、预备费及应列入项目概算总投资中的几项费用组成:

(1)工程费用。按单项工程综合概算组成编制,采用二级编制的按单位工程概算组成编制。

1)市政民用建设项目一般排列顺序:主体建(构)筑物、辅助建(构)筑物、配套系统。

2)工业建设项目一般排列顺序:主要工艺生产装置、辅助工艺生产装置、公用工程、总图运输、生产管理服务性工程、生活福利工程、厂外工程。

(2)其他费用。一般按其他费用概算顺序列项,具体见"其他费用、预备费、专项费用概算编制"。

(3)预备费。包括基本预备费和价差预备费,具体见"其他费用、预备费、专项费用概算编制"。

(4)应列入项目概算总投资中的几项费用。一般包括建设期利息、铺底流动资金、固定资产投资方向调节税(暂停征收)等。

42. 如何编制其他费用、预备费用概算?

(1)一般建设项目其他费用包括建设用地费、建设管理费、勘察设计费、可行性研究费、环境影响评价费、劳动安全卫生评价费、场地准备及临时设施费、工程保险费、联合试运转费、生产准备及开办费、特殊设备安全监督检验费、市政公用设施建设及绿化补偿费、引进技术和引进设备材料其他费、专利及专有技术使用费、研究试验费等。

(2)引进工程其他费用中的国外技术人员现场服务费、出国人员差旅费和生活费折合人民币列入,用人民币支付的其他几项费用直接列入其他费用中。

(3)预备费包括基本预备费和价差预备费,基本预备费以总概算第一部分"工程费用"和第二部分"其他费用"之和为基数的百分比计算;价差预备费一般按下式计算:

$$P = \sum_{t=1}^{n} I_t [(1+f)^m (1+f)^{0.5}(1+f)^{t-1} - 1]$$

式中　P——价差预备费;
　　　n——建设期(年)数;
　　　I_t——建设期第 t 年的投资;
　　　f——投资价格指数;
　　　t——建设期第 t 年;
　　　m——建设前年数(从编制概算到开工建设年数)。

43. 项目概算总投资中应列入哪几项费用?

(1)建设期利息:根据不同资金来源及利率分别计算。

(2)铺底流动资金:按国家或行业有关规定计算。

(3)固定资产投资方向调节税(暂停征收)。

44. 单位工程概算有什么作用？其概算项目应怎样编制？

单位工程概算是编制单项工程综合概算（或项目总概算）的依据，单位工程概算项目根据单项工程中所属的每个单体按专业分别编制。

45. 单位工程概算分为哪两类？

单位工程概算一般分建筑工程、设备及安装工程两大类。

46. 如何编制设备及安装工程单位工程概算？

(1)设备及安装工程概算费用由设备购置费和安装工程费组成。

(2)设备购置费：

定型或成套设备＝设备出厂价格＋运输费＋采购保管费

引进设备费用分外币和人民币两种支付方式，外币部分按美元或其他国际主要流通货币计算。

非标准设备原价有多种不同的计算方法，如综合单价法、成本计算估价法、系列设备插入估价法、分部组合估价法、定额估价法等。一般采用不同种类设备综合单价法计算，计算公式如下：

$$设备费 = \Sigma 综合单价(元/t) \times 设备单重(t)$$

工具、器具及生产家具购置费一般以设备购置费为计算基数，按照部门或行业规定的工具、器具及生产家具费率计算。

(3)安装工程费。安装工程费用内容组成，以及工程费用计算方法见原建设部建标[2003]206号《建筑安装工程费用项目组成》；其中，辅助材料费按概算定额(指标)计算，主要材料费以消耗量按工程所在地当年预算价格(或市场价)计算。

(4)引进材料费用计算方法与引进设备费用计算方法相同。

(5)设备及安装工程概算采用"设备及安装工程概算表"形式，按构成单位工程的主要分部分项工程编制，根据初步设计工程量按工程所在省、市、自治区颁发的概算定额(指标)或行业概算定额(指标)，以及工程费用定额计算。

(6)概算编制深度可参照《建设工程工程量清单计价规范》(GB 50500—2008)深度执行。

47. 如何调整设计概算?

(1)设计概算批准后,一般不得调整。由于某些原因需要调整概算时,由建设单位调查分析变更原因,报主管部门审批同意后,由原设计单位核实编制调整概算,并按有关审批程序报批。

(2)调整概算的原因:

1)超出原设计范围的重大变更;

2)超出基本预备费规定范围不可抗拒的重大自然灾害引起的工程变动和费用增加;

3)超出工程造价调整预备费的国家重大政策性的调整。

(3)影响工程概算的主要因素已经清楚,工程量完成了一定量后方可进行调整,一个工程只允许调整一次概算。

(4)调整概算编制深度与要求、文件组成及表格形式同原设计概算,调整概算还应对工程概算调整的原因做详尽分析说明,所调整的内容在调整概算总说明中要逐项与原批准概算对比,并编制调整前后概算对比表,分析主要变更原因。

(5)在上报调整概算时,应同时提供有关文件和调整依据。

48. 设计概算审查的意义有哪些?

(1)审查设计概算,有利于合理分配投资资金,加强投资计划管理。有助于合理确定和有效控制工程造价。设计概算编制得偏高或偏低,不仅影响工程造价的控制也会影响投资计划的真实性,影响投资资金的合理分配。因此,审查设计概算是为了准确确定工程造价,使投资更能遵循客观经济规律。

(2)审查设计概算,可以促进概算编制单位严格执行国家有关概算的编制规定和费用标准,从而提高概算的编制质量。

(3)审查设计概算,可以使建设项目总投资力求做到准确、完整,防止任意扩大投资规模或出现漏项,从而减少投资缺口,缩小概算与预算之间的差距,避免故意压低概算投资,搞钓鱼项目,最后导致实际造价大幅度地突破概算。

(4)审查设计概算,对建设项目投资的落实提供了可靠的依据。打足投资,不留缺口,提高建设项目的投资效益。

(5)审查设计概算,有利于促进设计的技术先进性与经济合理性。概算中的技术经济指标,是概算的综合反映与同类工程对比,就可看出其先进性与合理程度。

49. 设计概算审查的要求有哪些?

(1)设计概算文件编制的有关单位应当一起制定编制原则、方法,以及确定合理的概算投资水平,对设计概算的编制质量、投资水平负责。

(2)项目设计负责人和概算负责人对全部设计概算的质量负责;概算文件编制人员应参与设计方案的讨论;设计人员要树立以经济效益为中心的观念,严格按照批准的工程内容及投资额度设计,提出满足概算文件编制深度的技术资料;概算文件编制人员对投资的合理性负责。

(3)概算文件需经编制单位自审,建设单位(项目业主)复审,工程造价主管部门审批。

(4)概算文件的编制与审查人员必须具有国家注册造价工程师资格,或者具有省市(行业)颁发的造价员资格证,并根据工程项目大小按持证专业承担相应的编审工作。

(5)各造价协会(或者行业)、造价主管部门可根据所主管的工程特点制定概算编制质量的管理办法,并对编制人员采取相应的措施进行考核。

50. 设计概算审查的内容有哪些?

设计概算审查的内容见表4-7。

表4-7　　　　　　　　设计概算审查的内容

序号	审查内容		内容说明
1	审查设计概算的编制依据	审查编制依据的合法性	采用的各种编制依据必经经过国家或授权机关的批准,符合国家的编制规定,未经批准的不能采用。也不能强调情况特殊,擅自提高概算定额、指标或费用标准
		审查编制依据的时效性	各种依据,如定额、指标、价格、取费标准等,都应根据国家有关部门的现行规定进行,注意有无调整和新的规定。有的虽然颁发时间较长,但不能全部适用;有的应按有关部门作的调整系数执行

续表

序号	审查内容		内容说明
1	审查设计概算的编制依据	审查编制依据的适用范围	各种编制依据都有规定的适用范围,如各主管部门规定的各种专业定额及其取费标准,只适用于该部门的专业工程;各地区规定的各种定额及其取费标准,只适用于该地区的范围以内。特别是地区的材料预算价格区域性更强,如某市有该市区的材料预算价格,又编制了郊区内一个矿区的材料预算价格,如在该市的矿区建设时,其概算采用的材料预算价格,则应用矿区的价格,而不能采用该市的价格
2	审查概算编制深度	审查编制说明	审查编制说明可以检查概算的编制方法、深度和编制依据等重大原则问题
		审查概算编制深度	一般大中型项目的设计概算,应有完整的编制说明和"三级概算"(即总概算表、单项工程综合概算表、单位工程概算表),并按有关规定的深度进行编制。审查是否有符合规定的"三级概算",各级概算的编制、校对、审核是否按规定签署
		审查概算编制范围	审查概算编制范围及具体内容是否与主管部门批准的建设项目范围及具体工程内容一致;审查分期建设项目的建筑范围及具体工程内容有无重复交叉,是否重复计算或漏算;审查其他费用所列的项目是否都符合规定,静态投资、动态投资和经营性项目铺底流动资金是否分部列出等
3	审查建设规模、标准		审查概算的投资规模、生产能力、设计标准、建设用地、建筑面积、主要设备、配套工程、设计定员等是否符合原批准可行性研究报告或立项批文的标准。如概算总投资超过原批准投资估算10%以上,应进一步审查超估算的原因
4	审查设备规格、数量和配置		工业建设项目设备投资比重大,一般占总投资的30%~50%,要认真审查。审查所选用的设备规格、台数是否与生产规模一致,材质、自动化程度有无提高标准,引进设备是否配套、合理,备用设备台数是否适当,消防、环保设备是否计算等。还要重点审查价格是否合理,是否符合有关规定,如国产设备应按当时询价资料或有关部门发布的出厂价、信息价、引进设备应依据询价或合同价编制概算

续表

序号	审查内容	内 容 说 明
5	审查工程费	建筑安装工程投资是随工程量增加而增加的,要认真审查。要根据初步设计图纸、概算定额及工程量计算规则、专业设备材料表、建构筑物和总图运输一览表进行审查,有无多算、重算、漏算
6	审查计价指标	审查建筑安装工程采用工程所在地区的计价定额、费用定额、价格指数和有关人工、材料、机械台班单价是否符合现行规定;审查安装工程所采用的专业部门或地区定额是否符合工程所在地区的市场价格水平,概算指标调整系数、主材价格、人工、机械台班和辅材调整系数是否按当地最新规定执行;审查引进设备安装费率或计取标准、部分行业专业设备安装费率是否按有关规定计算等
7	审查其他费用	工程建设其他费用投资约占项目总投资 25%以上,必须认真逐项审查。审查费用项目是否按国家统一规定计列,具体费率或计取标准、部分行业专业设备安装费率是否按有关规定计算等

51. 设计概算审查的方法有哪几种?

设计概算的审查方法包括全面审查、重点审查法、经验审查法和分解对比审查法四种。

(1)全面审查法。全面审查法是指按照全部施工图的要求,结合有关预算定额分项工程中的工程细目,逐一、全部地进行审核的方法。其具体计算方法和审核过程与编制预算的计算方法和编制过程基本相同。

全面审查法全面、细致,所审核过的工程预算质量高,差错比较少;但是工作量太大。全面审查法一般适用于一些工程量较小、工艺比较简单、编制工程预算力量较薄弱的设计单位所承包的工程。

(2)重点审查法。抓住工程预算中的重点进行审查的方法称为重点审查法,一般情况下,重点审查法的内容如下。

1)选择工程量大或造价较高的项目进行重点审查。

2)对补充单价进行重点审查。

3)对计取的各项费用的费用标准和计算方法进行重点审查。

重点审查工程预算的方法应灵活掌握,如发现问题较多,应扩大审查范围;反之,如没有发现问题,或者发现的差错很小,应考虑适当缩小审查范围。

(3)经验审查法。经验审查法是指监理工程师根据以前的实践经验,审查容易发生差错的那些部分工程细目的方法。

(4)分解对比审查法。把一个单位工程,按直接费与间接费进行分解,然后再把直接费按工种工程和分部工程进行分解,分别与审定的标准图预算进行对比分析的方法,称为分解对比审查法。

这种方法是把拟审的预算造价与同类型的定型标准施工图或复用施工图的工程预算造价相比较,如果出入不大,就可以认为本工程预算问题不大,不再审查。如果出入较大,比如超过或少于已审定的标准设计施工图预算造价的1%或3%以上(根据本地区要求),再按分部分项工程进行分解,边分解边对比,哪里出入较大,就进一步审查那一部分工程项目的预算价格。

52. 设计概算审查的步骤是怎样的?

设计概算审查是一项复杂而细致的技术经济工作,审查人员既应懂得有关专业技术知识,又应具有熟练编制概算的能力,一般情况下可按如下步骤进行。

(1)概算审查的准备。

1)了解设计概算的内容组成、编制依据和方法。

2)了解建设规模、设计能力和工艺流程;熟悉设计图纸和说明书、掌握概算费用的构成和有关技术经济指标。

3)明确概算各种表格的内涵。

4)收集概算定额、概算指标、取费标准等有关规定的文件资料等。

(2)进行概算审查。根据审查的主要内容,分别对设计概算的编制依据、单位工程设计概算、综合概算、总概算进行逐级审查。

(3)进行技术经济对比分析。利用规定的概算定额或指标以及有关技术经济指标与设计概算进行分析对比,根据设计和概算列明的工程性质、结构类型、建设条件、费用构成、投资比例、占地面积、生产规模、设备数量、造价指标、劳动定员等与国内外同类型工程规模进行对比分析,从大的方面找出和同类型工程的距离,为审查提供线索。

(4)研究、定案、调整概算。对概算审查中出现的问题要在对比分析、找出差距的基础上深入现场进行实际调查研究。了解设计是否经济合理、概算编制依据是否符合现行规定和施工现场实际、有无扩大规模、多估投资或预留缺口等情况,并及时核实概算投资。对于当地没有同类型的项目而不能进行对比分析时,可向国内同类型企业进行调查,收集资料,作为审查的参考。经过会审决定的定案问题应及时调整概算,并经原批准单位下发文件。

53. 什么是施工图预算？

施工图预算是确定建筑安装工程、预算造价的经济技术文件,又称设计预算。是在设计的施工图完成以后,以施工图为依据,根据预算定额、费用标准以及工程所在地区的人工、材料、施工机械设备台班的预算价格编制的。

54. 施工图预算分为哪两类？

施工图预算通常分为建筑工程预算和设备安装工程预算两大类。根据单位工程和设备的性质、用途的不同,建筑工程预算可分为一般土建工程预算、卫生工程预算、工业管道工程预算、特殊构筑物工程预算和电气照明工程预算;设备安装工程预算又可分为机械设备安装工程预算,给排水、采暖、燃气工程预算。

55. 施工图预算的作用是什么？

在建设工程造价计算中应用最广、涉及单位最多的就是施工图预算。其作用主要体现在以下几个方面:

(1)是工程实行招标、投标的重要依据。

(2)是签订建设工程施工合同的重要依据。

(3)是办理工程财务拨款、工程贷款和工程结算的依据。

(4)是施工单位进行人工和材料准备、编制施工进度计划、控制工程成本的依据。

(5)是落实或调整年度进度计划和投资计划的依据。

(6)是施工企业降低工程成本、实行经济核算的依据。

56. 施工图预算包括哪些内容？

施工图预算包括单位工程预算、单项工程预算和建设项目总预算。汇总所有单位工程施工图预算，成为单项工程施工图预算；再汇总所有单项工程施工图预算，便是一个建设项目建筑安装工程的总预算。其中单位工程预算包括建设工程预算和设备安装工程预算。施工图预算的内容见图4-1。

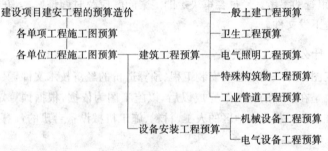

图 4-1　施工图预算的内容

57. 施工图预算的编制依据有哪些？

(1)施工图纸、说明书和标准图集。经审定的施工图纸、说明书和标准图集，完整地反映了工程的具体内容、各部分的具体做法、结构尺寸、技术特征以及施工方法，是编制施工图预算的重要依据。

(2)工程量计算规则。这是计算工程量的法规文件，是整个工程量计算的指南，是施工图预算编制的重要依据。

(3)施工组织设计或施工方案。它包括了与编制施工图预算必不可少的有关资料。

(4)现行预算定额及单位估价表。国家和地区颁发的现行建筑、安装工程预算定额及单位估价表，是编制施工图预算时确定分项工程单价，计算工程直接费，确定人工、材料和机械台班等实物消耗量的主要依据。

(5)建筑安装工程费用定额。

(6)工程建设主管部门颁发的文件或规定。各地区的定额或工程造价管理部门根据市场价格变化情况和国家宏观经济政策的要求，定期发布的人工、材料、设备、机械价格信息和有关配套的计价文件,都是预算编制的基础。

(7)预算工作手册及有关工具书。施工图预算常常用到其中的公式、资料以及数据。

58. 如何用单价法编制施工图预算?

单位法编制施工图预算的计算公式为:

单位工程预算直接工程费 = $\sum$(工程量×预算定额单价)

单价法编制施工图预算的步骤,见图 4-2。

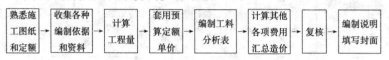

图 4-2 单价法编制施工图预算步骤

59. 如何用实物法编制施工图预算?

实物法编制施工图预算。首先根据施工图纸分别计算出分项工程量,然后套用相应预算人工、材料、机械台班的定额用量,再分别乘以工程所在地当时的人工、材料、机械台班的实际单价,求出单位工程的人工费、材料费和施工机械使用费,并汇总求和,进而求得直接工程费,最后按规定计取其他各项费用,汇总就可得出单位工程施工图预算造价。

直接工程费的计算公式为:

单位工程直接工程费 = $\sum$(工程量×人工预算定额用量×当时当地人工费单价) +

$\sum$(工程量×材料预算定额用量×当时当地材料费单价) +

$\sum$(工程量×机械预算定额用量×当时当地机械费单价)

实物法编制施工图预算的步骤,见图 4-3。

图 4-3 实物法编制施工图预算步骤

60. 施工图预算审查的内容包括哪些？

施工图预算审查的内容见表 4-8。

表 4-8　　　　　　　　施工图预算审查的内容

序号	审查内容	内　容　说　明
1	审查定额或单价的套用	(1)预算中所列各分项工程单价是否与预算定额的预算单价相符；其名称、规格、计量单位和所包括的工程内容是否与预算定额一致。 (2)有单价换算时应审查换算的分项工程是否符合定额规定及换算是否正确。 (3)对补充定额和单位计价表的使用应审查补充定额是否符合编制原则、单位计价表计算是否正确
2	审查其他有关费用	(1)是否按本项目的工程性质计取费用、有无高套取费标准。 (2)间接费的计取基础是否符合规定。 (3)预算外调增的材料差价是否计取间接费；直接费或人工费增减后，有关费用是否做了相应调整。 (4)有无将不需安装的设备计取在安装工程的间接费中。 (5)有无巧立名目、乱摊费用的情况
3	审查利润和税金	重点应放在计取基础和费率是否符合当地有关部门的现行规定、有无多算或重算方面

61. 施工图预算审查的作用是什么？

(1)有利于控制工程造价，克服和防止预算超概算。
(2)有利于加强固定资产投资管理，节约工程建设资金。
(3)有利于发挥领导层、银行的监督作用。
(4)有利于积累和分析各项技术经济指标，不断提高设计水平。
(5)有利于施工承包合同价的合理确定和控制。

62. 施工图预算审查的步骤是怎样的？

施工图预算审查的步骤见表 4-9。

表 4-9　　　　　　　　　施工图审查的步骤

序号	审查步骤		内容说明
1	做好审查前的准备工作	熟悉施工图纸	施工图纸是编制预算分项工程数量的重要依据,必须全面熟悉了解。一是核对所有的图纸,清点无误后,依次识读;二是参加技术交底,解决图纸中的疑难问题,直至完全掌握图纸
		了解预算包括的范围	根据预算编制说明,了解预算包括的工程内容。例如,配套设施,室外管线,道路以及会审图纸后的设计变更等
		弄清编制预算采用的单位工程估价表	任何单位估价表或预算定额都有一定的适用范围。根据工程性质,搜集熟悉相应的单价、定额资料。特别是市场材料单价和取费标准等
2	选择合适的审查方法,按相应内容审查		由于工程规模、繁简程度不同,施工企业情况也不同,所编工程预算繁简和质量也不同,因此需针对情况选择相应的审查方法进行审核
3	综合整理审查资料,编制调整预算		经过审查,如发现有差错,需要进行增加或核减的,经与编制单位逐项核实,统一意见后,修正原施工图预算,汇总核减量

63. 施工图审查的方法包括哪些?

施工图审查包括逐项审查法、标准预算审查法、分组计算审查法、对比审查法和重点审查法。具体内容如下:

(1)逐项审查法。逐项审查法又称全面审查法,是按定额顺序或施工顺序,对各分项工程中的工程细目逐项全面详细审查的一种方法。该方法全面、细致,审查质量高,效果好。但是工作量大,时间较长,适合于一些工程量较小、工艺比较简单的工程。

(2)标准预算审查法。标准预算审查法就是对利用标准图纸或通用图纸施工的工程,先集中力量编制标准预算,以此为准来审查工程预算的一种方法。按标准设计图纸或通用图纸施工的工程,一般做法相同,只是根据情况不同,对某些部分做局部改变。凡这样的工程,以标准预算为准,对局部修改部分单独审查即可,不需逐一详细审查。该方法时间短、效果好、易定案,但是适用范围小,仅适用于采用标准图纸的工程。

(3)分组计算审查法。分组计算审查法就是把预算中有关项目按类别划分若干组,利用同组中的一组数据审查分项工程量的一种方法。这种方法首先将若干分部分项工程按相邻且有一定内在联系的项目进行编组,利用同组分项工程间具有相同或相近计算基数的关系,审查一个分项工程数量,由此判断同组中其他几个分项工程的准确程度。该方法审查速度快、工作量小。

(4)对比审查法。对比审查法是当工程条件相同时,用已完工程的预算或未完但已经过审查修正的工程预算对比审查拟建工程的同类工程预算的一种方法。

(5)重点审查法。重点审查法就是抓住工程预算中的重点进行审核的方法。审查的重点一般是工程量大或者造价较高的各种工程、补充定额、计取的各项费用(计取基础、取费标准)等。重点审查法突出重点、审查时间短、效果好。

64. 如何确定概预算保留小数位数?

(1)人工、材料、机械台班单价:单价的单位为元,取2位小数,第三位四舍五入。

(2)定额补充单价分析:单价和合价的单位为元,取两位小数,第三位四舍五入;单重和合重的单位为吨,单重取六位小数,第七位四舍五入,合重取三位小数,第四位四舍五入。

(3)运杂费单价分析:汽车运价率的单位为元/tkm,取三位小数,第四位四舍五入;火车运价率的单位及运价率按现行《铁路货物运价规则》执行;装卸费单价单位为元,取2位小数,第三位四舍五入;综合运价单位为元/t,取两位小数,第三位四舍五入。

(4)单项概预算:单价和合价的单位为元,单价取两位小数,第三位四舍五入,合价取整数。

(5)材料重量:材料单重和合重的单位为t,均取三位小数,第4位四舍五入。

(6)人工、材料、机械台班数量统计:按定额中的单位,均取两位小数,第三位四舍五入。

(7)综合概预算:概预算价值和指标的单位为元,概预算价值取整,指标取两位小数,第三位四舍五入。

(8)总概预算:概预算价值和指标的单位为万元,均取两位小数,第三位四舍五入;费用比列的单位为％,取2位小数,应检算是否闭合。

(9)工程数量。

1)计量单位为立方米、平方米、米的取两位,第三位四舍五入。

2)计量单位为公里的,轨道工程取五位小数,第六位四舍五入;其他工程取三位,第四位四舍五入。

3)计量单位为吨的取3位,第4位四舍五入。

4)计量单位为个、处、组、座或其他可以明示的自然计量单位取整。

65. 什么是工程结算？

工程结算是指项目竣工后,承包方按照合同约定的条款和结算方式,向业主结清双方往来款项。在项目施工中工程结算通常需要发生多次,一直到整个项目全部竣工验收,还需要进行最终建筑产品的工程竣工结算。从而完成最终建筑产品的工程造价的确定和控制。

66. 工程价款的结算方式有哪些？

我国现行工程价款结算根据不同情况,可采取下列各种方式:

按月结算;竣工后一次结算;分段结算;目标结算;结算双方约定的其他结算方式。

67. 什么是工程价款按月结算？

按月结算是实行旬末或月中预支、月终结算、竣工后清算的方法。每月月末由承包方提出已完工程月报表和工程款结算清单,交现场工程师审查签证并经业主确定后办理工程价款月终结算。跨年度竣工的工程,在年终进行工程盘点,办理年度结算。我国现行建筑安装工程价款结算中,大多采用按月结算的方法。

68. 什么情况适合工程价款竣工后一次结算？

建设项目或单项工程全部建筑安装工程建设期在12个月以内,或者工程承包合同价值在100万元以下的,可以实行工程价款每月月中预支,竣工后一次结算的方式。

69. 什么是分段结算？

分段结算就是当年开工,当年不能竣工的单项工程或单位工程按照工程形象进度,划分不同阶段进行结算。分段结算可以按月预支工程款。分段的划分标准,由各部门、自治区、直辖市、计划单列市规定。

70. 什么是目标结算？

目标结算是在工程合同中,将承包工程的内容分解成不同的控制界面,以业主验收控制界面作为支付工程价款的前提条件。也就是说,将合同中的工程内容分解成不同的验收单元,当承包商完成单元工程内容并经业主(或其委托人)验收后,业主支付构成单元工程内容的工程价款。目标结款方式中,应明确描述对控制界面的设定,便于量化和质量控制,同时要适应项目资金的供应周期和支付频率。

71. 工程结算文件由哪些组成？

(1)工程结算文件一般包括工程结算汇总表、单项工程结算汇总表、单位工程结算表和分部分项(措施、其他、零星)工程结算表及结算编制说明等组成。

(2)工程结算编制说明可根据委托工程项目的实际情况,以单位工程、单项工程或建设项目为对象进行编制,并应说明以下内容:

1)工程概况;
2)编制范围;
3)编制依据;
4)编制方法;
5)有关材料、设备、参数和费用说明;
6)其他有关问题的说明。

(3)工程结算文件提交时,受托人应当同时提供与工程结算相关的附件,包括所依据的发承包合同调价条款、设计变更、工程洽商、材料及设备定价单、调价后的单价分析表等与工程结算相关的书面证明材料。

72. 工程结算编制应符合哪些要求？

(1)工程结算一般经过发包人或有关单位验收合格且点交后方可

进行。

（2）工程结算应以施工发承包合同为基础，按合同约定的工程价款调整方式对原合同价款进行调整。

（3）工程结算应核查设计变更、工程洽商等工程资料的合法性、有效性、真实性和完整性。对有疑义的工程实体项目，应视现场条件和实际需要核查隐蔽工程。

（4）建设项目由多个单项工程或单位工程构成的，应按建设项目划分标准的规定，将各单项工程或单位工程竣工结算汇总，编制相应的工程结算书，并撰写编制说明。

（5）实行分阶段结算的工程，应将各阶段工程结算汇总，编制工程结算书，并撰写编制说明。

（6）实行专业分包结算的工程，应将各专业分包结算汇总在相应的单位工程或单项工程结算内，并撰写编制说明。

（7）工程结算编制应采用书面形式，有电子文本要求的应一并报送与书面形式内容一致的电子版本。

（8）工程结算应严格按工程结算编制程序进行编制，做到程序化、规范化，结算资料必须完整。

73. 工程结算的编制依据有哪些？

（1）国家有关法律、法规、规章制度和相关的司法解释。

（2）国务院建设行政主管部门以及各省、自治区、直辖市和有关部门发布的工程造价计价标准、计价办法、有关规定及相关解释。

（3）施工发承包合同、专业分包合同及补充合同，有关材料、设备采购合同。

（4）招投标文件，包括招标答疑文件、投标承诺、中标报价书及其组成内容。

（5）工程竣工图或施工图、施工图会审记录，经批准的施工组织设计，以及设计变更、工程洽商和相关会议纪要。

（6）经批准的开、竣工报告或停、复工报告。

（7）工程预算定额、费用定额及价格信息、调价规定等。

（8）工程预算书。

(9) 影响工程造价的相关资料。
(10) 结算编制委托合同。

74. 工程结算编制分为哪几个阶段?

工程结算应按准备、编制和定稿三个工作阶段进行,并实行编制人、校对人和审核人分别署名盖章确认的内部审核制度。具体内容见表4-10。

表 4-10　　　　　　　工程结算编制程序

序号	阶段	内 容 说 明
1	结算编制准备阶段	(1)收集与工程结算编制相关的原始资料。 (2)熟悉工程结算资料内容,进行分类、归纳、整理。 (3)召集相关单位或部门的有关人员参加工程结算预备会议,对结算内容和结算资料进行核对与充实完善。 (4)收集建设期内影响合同价格的法律和政策性文件
2	结算编制阶段	(1)根据竣工图及施工图以及施工组织设计进行现场踏勘,对需要调整的工程项目进行观察、对照、必要的现场实测和计算,做好书面或影像记录。 (2)按既定的工程量计算规则计算需调整的分部分项、施工措施或其他项目工程量。 (3)按招投标文件、施工发承包合同规定的计价原则和计价办法对分部分项、施工措施或其他项目进行计价。 (4)对于定额缺项以及采用新材料、新设备、新工艺的,应根据施工过程中的合理消耗和市场价格,编制综合单价或单位估价分析表。 (5)工程索赔应按合同约定的索赔处理原则、程序和计算方法,提出索赔费用,经发包人确认后作为结算依据。 (6)汇总计算工程费用,包括编制直接费、间接费、利润和税金等表格,初步确定工程结算价格。 (7)编写编制说明。 (8)计算主要技术经济指标。 (9)提交结算编制的初步成果文件待校对、审核

续表

序号	阶段	内 容 说 明
3	结算编制定稿阶段	(1)由结算编制受托人单位的部门负责人对初步成果文件进行检查、校对。 (2)由结算编制受托人单位的主管负责人审核批准。 (3)在合同约定的期限内,向委托人提交经编制人、校对人、审核人和受托人单位盖章确认的正式的结算编制文件

75. 工程结算的编制方法有哪些?

工程结算的编制应区分施工发承包合同类型,采用相应的编制方法,见表 4-11。

表 4-11　　　　　　　　　工程结算编制方法

序号	发承包合同类型	编 制 方 法
1	采用总价合同	采用总价合同的,应在合同价基础上对设计变更、工程洽商以及工程索赔等合同约定可以调整的内容进行调整
2	采用单价合同	采用单价合同的,应计算或核定竣工图或施工图以内的各个分部分项工程量,依据合同约定的方式确定分部分项工程项目价格,并对设计变更、工程洽商、施工措施以及工程索赔等内容进行调整
3	采用成本加酬金合同	采用成本加酬金合同的,应依据合同约定的方法计算各个分部分项工程以及设计变更、工程洽商、施工措施等内容的工程成本,并计算酬金及有关税费

76. 工程结算中涉及工程单价调整时应遵循哪些原则?

(1)合同中已有适用于变更工程、新增工程单价的,按已有的单价结算。

(2)合同中有类似变更工程、新增工程单价的,可以参照类似单价作为结算依据。

(3)合同中没有适用或类似变更工程、新增工程单价的,结算编制受托人可商洽承包人或发包人提出适当的价格,经对方确认后作为结算依据。

77. 工程结算编制中涉及的工程单价应如何确定?

工程结算编制中涉及的工程单价应按合同要求分别采用综合单价或工料单价。定额计价的工程项目一般采用工料单价。

(1)综合单价。把分部分项工程单价综合成全费用单价,其内容包括直接费(直接工程费和措施费)、间接费、利润和税金,经综合计算后生成。各分项工程量乘以综合单价的合价汇总后,生成工程结算价。

(2)工料单价。把分部分项工程量乘以单价形成直接工程费,加上按规定标准计算的措施费,构成直接费。直接工程费由人工、材料、机械的消耗量及其相应价格确定。直接费汇总后另计算间接费、利润、税金,生成工程结算价。

78. 工程结算审查应符合哪些要求?

(1)严禁采取抽样审查、重点审查、分析对比审查和经验审查的方法,避免审查疏漏现象发生。

(2)应审查结算文件和与结算有关的资料的完整性和符合性。

(3)按施工发承包合同约定的计价标准或计价方法进行审查。

(4)对合同未作约定或约定不明的,可参照签订合同时当地建设行政主管部门发布的计价标准进行审查。

(5)对工程结算内多计、重列的项目应予以扣减;对少计、漏项的项目应予以调增。

(6)对工程结算与设计图纸或事实不符的内容,应在掌握工程事实和真实情况的基础上进行调整。工程造价咨询单位在工程结算审查时发现的工程结算与设计图纸或与事实不符的内容应约请各方履行完善的确认手续。

(7)对由总承包人分包的工程结算,其内容与总承包合同主要条款不相符的,应按总承包合同约定的原则进行审查。

(8)工程结算审查文件应采用书面形式,有电子文本要求的应采用与书面形式内容一致的电子版本。

(9)结算审查的编制人、校对人和审核人不得由同一人担任。

(10)结算审查受托人与被审查项目的发承包双方有利害关系,可能影响公正的,应予以回避。

79. 工程结算审查依据有哪些?

(1)工程结算审查委托合同和完整、有效的工程结算文件。

(2)国家有关法律、法规、规章制度和相关的司法解释。

(3)国务院建设行政主管部门以及各省、自治区、直辖市和有关部门发布的工程造价计价标准、计价办法、有关规定及相关解释。

(4)施工发承包合同、专业分包合同及补充合同,有关材料、设备采购合同;招投标文件,包括招标答疑文件、投标承诺、中标报价书及其组成内容。

(5)工程竣工图或施工图、施工图会审记录,经批准的施工组织设计,以及设计变更、工程洽商和相关会议纪要。

(6)经批准的开、竣工报告或停、复工报告。

(7)工程预算定额、费用定额及价格信息、调价规定等。

(8)工程结算审查的其他专项规定。

(9)影响工程造价的其他相关资料。

80. 工程结算审查分为哪几个阶段?

工程结算审查应按准备、审查和审定三个工作阶段进行,并实行编制人、校对人和审核人分别署名盖章确认的内部审核制度,见表4-12。

表4-12　　　　　　　工程结算审查程序

序号	阶段	内 容 说 明
1	结算审查准备阶段	(1)审查工程结算手续的完备性、资料内容的完整性,对不符合要求的应退回限时补正。 (2)审查计价依据及资料与工程结算的相关性、有效性。 (3)熟悉招投标文件、工程发承包合同、主要材料设备采购合同及相关文件。 (4)熟悉竣工图纸或施工图纸、施工组织设计、工程状况,以及设计变更、工程洽商和工程索赔情况等

续表

序号	阶段	内容说明
2	结算审查阶段	(1)审查结算项目范围、内容与合同约定的项目范围、内容的一致性。 (2)审查工程量计算准确性、工程量计算规则与定额保持一致性。 (3)审查结算单价时应严格执行合同约定或现行的计价原则、方法。对于定额缺项以及采用新材料、新工艺的,应根据施工过程中的合理消耗和市场价格审核结算单价。 (4)审查变更身份证凭据的真实性、合法性、有效性,核准变更工程费用。 (5)审查索赔是否依据合同约定的索赔处理原则、程序和计算方法以及索赔费用的真实性、合法性、准确性。 (6)审查取费标准时,应严格执行合同约定的费用定额标准及有关规定,并审查取费依据的时效性、相符性。 (7)编制与结算相对应的结算审查对比表
3	结算审定阶段	(1)工程结算审查初稿编制完成后,应召开由结算编制人、结算审查委托人及结算审查受托人共同参加的会议,听取意见,并进行合理的调整。 (2)由结算审查受托人单位的部门负责人对结算审查的初步成果文件进行检查、校对。 (3)由结算审查受托人单位的主管负责人审核批准。 (4)发承包双方代表人和审查人应分别在"结算审定签署表"上签认并加盖公章。 (5)对结算审查结论有分歧的,应在出具结算审查报告前,至少组织两次协调会,凡不能共同签认的,审查受托人可适时结束审查工作,并作出必要说明。 (6)在合同约定的期限内,向委托人提交经结算审查编制人、校对人、审核人和受托人单位盖章确认的正式的结算审查报告

81. 工程结算审查的内容有哪些?

(1)审查结算的递交程序和资料的完备性。

1)审查结算资料递交手续、程序的合法性,以及结算资料具有的法律效力。

2)审查结算资料的完整性、真实性和相符性。

(2)审查与结算有关的各项内容。

1)建设工程发承包合同及其补充合同的合法性和有效性。

2)施工发承包合同范围以外调整的工程价款。

3)分部分项、措施项目、其他项目工程量及单价。

4)发包人单独分包工程项目的界面划分和总包人的配合费用。

5)工程变更、索赔、奖励及违约费用。

6)取费、税金、政策性高速以及材料价差计算。

7)实际施工工期与合同工期发生差异的原因和责任,以及对工程造价的影响程度。

8)其他涉及工程造价的内容。

82. 工程结算的审查方法有哪些?

(1)工程结算的审查应依据施工发承包合同约定的结算方法进行,根据施工发承包合同类型,采用不同的审查方法,见表4-13。

表4-13　　　　　　　　工程结算审查方法

序号	发承包合同类型	审 查 方 法
1	采用总价合同	采用总价合同的,应在合同价的基础上对设计变更、工程洽商以及工程索赔等合同约定可以调整的内容进行审查
2	采用单价合同	采用单价合同的,应审查施工图以内的各个分部分项工程量,依据合同约定的方式审查分部分项工程价格,并对设计变更、工程洽商、工程索赔等调整内容进行审查
3	采用成本加酬金合同	采用成本加酬金合同的,应依据合同约定的方法审查各个分部分项工程以及设计变更、工程洽商等内容的工程成本,并审查酬金及有关税费的取定

(2)除非已有约定,对已被列入审查范围的内容,结算应采用全面审

查的方法。

(3)对法院、仲裁或承发包双方合意共同委托的未确定计价方法的工程结算审查或鉴定,结算审查受托人可根据事实和国家法律、法规和建设行政主管部门的有关规定,独立选择鉴定或审查适用的计价方法。

83. 新增资产分为哪几类?

根据财务制度和《企业会计准则》的新规定,新增资产按照资产的性质分为固定资产、流动资产、无形资产、递延资产和其他资产五大类。

(1)固定资产。固定资产指使用期限超过一年,单位价值在规定标准以上,并且在使用过程中保持原有物质形态的资产。例如房屋以及建筑物、机电设备、运输设备、工具器具等,不同时具备以上两个条件的资产为低值易耗品,应列入流动资产范围内。

(2)流动资产。流动资产指可以在一年内或超过一年的一个营业周期内变现或者运用的资产,例如现金以及各种存货、应收及预付款项等。

(3)无形资产。无形资产指企业长期使用但没有实物形态的资产,例如专利权、著作权、非专利技术、商誉等。

(4)递延资产。递延资产是指不能全部计入当年损益,应在以后年度内较长时期摊销的除固定资产和无形资产以外的其他费用支出,包括开办费、租入固定资产改良支出,以及摊销期在一年以上的长期待摊费用等。

(5)其他资产。其他资产指具有专门用途,但不参加生产经营的财产,例如经国家批准的特种物质、银行冻结存款和冻结物质、涉及诉讼的财产等。

84. 什么是新增固定资产?

新增固定资产也称交付使用的固定资产,是投资项目竣工投产后增加的固定资产价值,是以价值形态表示的固定资产投资最终成果的综合性指标。

新增固定资产包括已经投入生产或交付使用的建筑安装工程造价;达到固定资产标准的设备工器具的购置费用以及增加固定资产价值的其

他费用,包括土地征用以及迁移补偿费、联合试运转费、勘察设计费、项目可行性研究费、施工机构迁移费、报废工程损失、建设单位管理费等。

85. 新增固定资产价值的计算应注意哪些?

(1)新增固定资产价值的计算应以单项工程为对象。

(2)对于为提高产品质量,改善劳动条件,节约材料消耗、保护环境而建设的附属辅助工程,只要全部建成,正式验收或交付使用后就要计入新增固定资产价值。

(3)对于单项工程中不构成生产系统,但能独立发挥效益的非生产性工程,在建成并交付使用后,也要计入新增固定资产价值。

(4)凡购置达到固定资产标准不需要安装的设备及工器具,应在交付使用后计入新增固定资产价值。

(5)属于新增固定资产的其他投资,应随同受益工程交付使用时一并计入。

86. 交付使用财产的成本计算应符合哪些要求?

(1)建(构)筑物、管道、线路等固定资产的成本包括建筑工程成本以及应分摊的待摊投资。

(2)动力设备和生产设备等固定资产的成本包括需要安装设备的采购成本;安装工程成本;设备基础支柱等建筑工程成本或砌筑锅炉以及各种特殊炉的建设工程成本;应分摊的待摊投资。

(3)运输设备及其他不需要安装的设备、工器具、家具等固定资产一般仅计算采购成本,不分摊"待摊投资"。

87. 待摊投资应怎样进行分摊?

增加固定资产的其他费用,如果是属于整个建设项目或两个以上单项工程的,在计算新增固定资产价值时,应在各单项工程中按照比例分摊。一般情况下,建设单位管理费按建筑工程、安装工程、需要安装设备价值总额按比例分摊;土地征用费、勘察设计费则只按照建筑工程造价分摊。

88. 什么是工程竣工决算？

竣工决算是指在竣工验收交付使用阶段，由建设单位编制的建设项目从筹建到竣工投产或使用全过程的全部实际交出费用的经济文件。它是建设工程经济效益的全面反映，是项目法人核定各类新增资产价值办理其交付使用的依据。通过竣工决算，一方面能够正确反映建设工程的实际造价和投资结果；另一方面可以通过竣工决算与概算、预算的对比分析，考核投资控制的工作成效，总结经验教训，积累技术经济方面的基础资料，提高未来建设工程的投资效益。

89. 竣工决算的内容包括哪些？

竣工决算由竣工财务决算报表、竣工财务决算说明书、竣工工程平面示意图、工程造价比较分析四部分组成。其中竣工财务决算报表和竣工财务决算说明书属于竣工财务决算的内容。竣工财务决算是竣工决算的组成部分，是正确核定新增资产价值、反映竣工项目建设成果的文件，是办理固定资产交付使用手续的依据。

90. 竣工财务决算说明内容包括哪些？

竣工财务决算说明书主要反映竣工工程建设成果和经验，是对竣工决算报表进行分析和补充说明的文件，是全面考核分析工程投资与造价的书面总结，其内容主要包括：

(1)建设项目概况，对工程总的评价。一般从进度、质量、安全和造价、施工方面进行分析说明。

(2)资金来源及运用等财务分析。包括工程价款结算、会计账务的处理、财产物资情况及债权债务的清偿情况。

(3)基本建设收入、投资包干结余、竣工结余资金的上交分配情况。

(4)各项经济技术指标的分析。

(5)工程建设的经验及项目管理和财务管理工作。

(6)竣工财务决算中有特殊解决的问题。

91. 竣工财务决算报表内容包括哪些？

建设项目竣工财务决算报表要根据大、中型建设项目和小型建设项目分别制定。

(1)大、中型建设项目竣工决算报表包括：

1)建设项目竣工财务决算审批表。

2)大、中型建设项目概况表。

3)大、中型建设项目竣工财务决算表。

4)大、中型建设项目交付使用资产总表。

(2)小型建设项目竣工财务决算报表包括：

1)建设项目竣工财务决算审批表。

2)竣工财务决算总表。

3)建设项目交付使用资产明细表。

92. 什么是建设工程竣工工程平面示意图？

建设工程竣工工程平面示意图里真实地记录和反映各种建筑物、构筑物等情况的技术文件，是工程进行交工验收、维护改建和扩建的依据，是国家的重要技术档案。国家规定：各项新建、扩建、改建的基本建设工程，特别是基础、地下建筑、管线、结构、井巷、桥梁、隧道、港口、水坝以及设备安装等隐蔽部位，都要编制竣工图。为确保竣工图质量，必须在施工过程中(不能在竣工后)及时做好隐蔽工程检查记录，整理好设计变更文件。

93. 竣工工程平面示意图具体要求有哪些？

(1)根据原施工图变动的，由施工单位(包括总包和分包施工单位)在原施工图上加盖"竣工图"标志后，即可作为竣工图。

(2)施工过程中尽管发生了一些设计变更，但可以将原施工图加以修改补充作为竣工图的，可不重新绘制，由施工单位负责在原施工图(必须是新蓝图)上注明修改的部分，并附以设计变更通知单和施工说明，加盖"竣工图"标志后，作为竣工图。

(3)凡是结构形式改变、工艺变化、平面布置改变、项目改变以及有其他重大改变时，不宜再在原施工图上修改、补充时，应重新绘制改变后的竣工图。属原设计原因造成的，由设计单位负责重新绘制；属施工原因造成的，由施工单位负责重新绘图；属其他原因造成的，由建设单位自行绘制或委托设计单位绘制。施工单位负责在新图上加盖"竣工图"标志，并附以有关记录和说明，作为竣工图。

(4)为了满足竣工验收和竣工决算需要，还应绘制反映竣工工程全部内容的工程设计平面示意图。

94. 如何理解在竣工决算中对工程造价进行比较分析？

在竣工决算报告中对控制工程造价所采取的措施、效果及其动态的变化进行认真的比较对比，总结经验教训。批准的概算是考核建设工程造价的依据。在分析时，可先对比整个项目的总概算，然后将建筑安装工程费、设备工器具费和其他工程费用逐一与竣工决算表中所提供的实际数据和相关资料及批准的概算、预算指标、实际的工程造价进行对比分析，以确定竣工项目总造价是超支还是节约，并在对比的基础上，总结先进经验，找出超支和节约的内容和原因，提出改进措施。

95. 对工程造价进行分析的内容包括哪些？

(1)主要实物工程量。对于实物工程量出入比较大的情况，必须查明原因。

(2)主要材料消耗量。考核主要材料消耗量，要按照竣工决算表中所列明的三大材料实际超概算的消耗量，查明是在工程的哪个环节超出量最大，再进一步查明超耗的原因。

(3)考核建设单位管理费、建筑及安装工程措施费和间接费的取费标准。该标准要按照国家和各地的有关规定，根据竣工决算报表中所列的建设单位管理费与概预算所列的建设单位管理费数额进行比较，依据规定查明是否多列或少列的费用项目，确定其节约超支的数额，并查明原因。

96. 竣工决算的作用有哪些？

(1)竣工决算是综合、全面地反映竣工项目建设成果及财务情况的总结性文件。它采用货币指标、实物数量、建设工期和种种技术经济指标综合，全面地反映建设项目自开始建设到竣工为止的全部建设成果和财物状况。

(2)竣工决算是办理交付使用资产的依据,也是竣工验收报告的重要组成部分。建设单位与使用单位在办理交付资产的验收交接手续时,通过竣工决算反映了交付使用资产的全部价值,包括固定资产、流动资产、无形资产和递延资产的价值。同时,它还详细提供了交付使用资产的名称、规格、数量、型号和价值等明细资料,是使用单位确定各项新增资产价值并登记入账的依据。

(3)竣工决算是分析和检查设计概算的执行情况,考核投资效果的依据。竣工决算反映了竣工项目计划、实际的建设规模、建设工期以及设计和实际的生产能力,反映了概算总投资和实际的建设成本,同时还反映了所达到的主要技术经济指标。通过对这些指标计划数、概算数与实际数进行对比分析,不仅可以全面掌握建设项目计划和概算执行情况,而且可以考核建设项目投资效果,为今后制订基建计划,降低建设成本,提高投资效果提供必要的资料。

97. 竣工决算的编制依据有哪些?

(1)建设项目计划任务书和有关文件。

(2)建设项目总概算书以及单项工程综合概算书。

(3)建设项目设计图纸以及说明。

(4)设计交底或者图纸会审纪要。

(5)招标控制价、投标报价工程承包合同以及工程结算资料。

(6)施工记录或者施工签证以及其他工程中发生的费用记录。

(7)竣工图以及各种竣工验收资料。

(8)历年基本建设资料和历年财务决算及其批复文件。

(9)设备、材料调价文件等相关记录。

(10)国家和地方主管部门颁布的有关建设工程竣工决算的文件和有关资料。

98. 竣工决算的编制步骤与方法有哪些?

(1)收集、整理、分析原始资料。从建设工程开始就按编制依据的要求,收集和整理出一套较为完整、准确的相关资料,主要包括建设工程档案资料,如设计文件、施工记录、上级批文、概(预)算文件、工程结算的归集整理,财务处理、财产物资的盘点核实及债权债务的清偿,做到账账、账证、账实、账表相符。对各种设备、材料、工具、器具等要逐项盘点核实并填列清单,妥善保管,或按照国家有关规定处理,不准任意侵占和挪用。

(2)对照、核实工程变动情况,重新核实各单位工程、单项工程造价。将竣工资料与原设计图纸进行查对、核实,必要时可实地测量,确认实际变更情况;根据经审定的施工单位竣工结算等原始资料,按照有关规定对原概(预)算进行增减调整,重新核定工程造价。

(3)将审定后的待摊投资、设备工器具投资、建筑安装工程投资、工程建设其他投资严格划分和核定后,分别计入相应的建设成本栏目内。

(4)编制竣工财务决算说明书,力求内容全面、简明扼要、文字流畅、说明问题。

(5)填报竣工财务决算报表。

(6)作好工程造价对比分析。

(7)清理、装订好竣工图。

(8)按国家规定上报、审批、存档。

99. 如何确定流动资产的价值?

(1)货币性资金。货币资金就是现金、银行存款和其他货币资金(包括在外埠存款、还未收到的在途资金、银行汇票和本票等资金)等,一律按照实际入账价值核定计入流动资产。

(2)应收及预付款项。应收及预付款项包括应收票据、应收账款、其他应收款、预付货款和待摊费用。一般情况下,应收以及预付款项按企业销售商品、产品或提供劳务时的实际成交金额入账核算。

(3)各种存货应当按照取得时的实际成本估价。存货的形成主要包括外购和自制两个途径。外购的可按照买价加运输费、装卸费、保险费、途中合理损耗、入库前加工、整理及挑选费用以及缴纳的税金等计价;自制的可按制造过程中的各项实际支出计价。

100. 无形资产价值的确定应遵循哪些原则？

无形资产的计价原则、新财物制度按照以下原则确定无形资产的价值。

(1) 投资者将无形资产作为资本金或者合作条件投入的，要按照评估确认或合同协议约定的金额计价。

(2) 购入的无形资产按照实际支付的价款计价。

(3) 企业自创并依法申请取得的，可按照开发过程中的实际支出计价。

(4) 企业接受捐赠的无形资产按照发票账单所持金额或者同类无形资产市场价计价。

(5) 无形资产计价入账后，应在其有限使用期内分期摊销。

101. 无形资产的计价方法有哪些？

无形资产计价包括专利权的计价、非专利技术的计价、商标权的计价以及土地使用权的计价四种方法。

(1) 专利权的计价。专利权包括自创和外购两类。自创专利权，其价值为开发过程中的实际支出，主要包括专利的研究开发费用、专利登记费用、专利年费和法律诉讼费等各项费用。专利转让时（包括购入和卖出）的费用主要包括转让价格和手续费。由于专利是具有专有性并能带来超额利润的生产要素，所以其转让价格不按照成本估价，而是按照所能带来的超额收益估价。

(2) 非专利技术的计价。如该技术是自创的，通常不得作为无形资产入账，自创过程中发生的费用，新财务制度允许作当期费用处理，因为非专利技术自创时难以确定是否成功，这样处理符合稳定性原则。购入非专利技术时，应由法定评估机构确认后再进一步估价，一般通过其生产的收益估价，和专利价的计价方法是一致的。

(3) 商标权的计价。如该技术是自创的，尽管商标设计、制作注册和保护、广告宣传都花费一定的费用，但一般不将其作为无形资产入账，而是直接作为销售费用计入当期损益。只有当企业购入和转让商标时，才需要对商标权计价。商标权的计价一般根据被许可方新增的收益来确定。

(4) 土地使用权的计价。根据取得土地使用权的方式,计价包括两种情况:

1) 业主向土地管理部门申请土地使用权并为之支付一笔出让金,在这种情况下,应作为无形资产进行核算。

2) 业主获得土地使用权是原先通过行政划拨的,此时就不能作为无形资产核算,只有在将土地使用权有偿转让、出租、抵押、作价入股和投资,按规定补交土地出让价款时,才能作为无形资产核算。

102. 如何确定递延资产价值?

(1) 开办费的计价。开办费指在筹建期间发生的费用,由筹建期间人员工资、办公费、培训费、差旅费、印刷费、注册登记费以及不计入固定资产和无形资产构建成本的汇兑损益、利息等支出组成。根据新财务制度的规定,除了筹建期间不计入资产价值的汇兑净损失外,开办费从企业开始经营月份的次月起,按照不短于5年的期限平均摊入管理费用。

(2) 以经营租赁方式租入的固定资产改良工程支出的计价。应在租赁有效期限内分期摊入制造费用或者管理费用中。

第五章
·水暖工程工程量清单计价·

1.《建设工程工程量清单计价规范》适用的计价活动包括哪些？

《建设工程工程量清单计价规范》(简称清单计价规范)适用的计价活动包括：工程量清单编制、工程量清单招标控制价编制、工程量清单投标报价编制、工程合同价款的约定、竣工结算的办理、工程施工过程中工程计量与工程价款的支付、索赔与现场签证、工程价款的调整、工程计价争议的处理等。

2.《建设工程工程量清单计价规范》的法律基础是什么？

《建设工程工程量清单计价规范》是根据《中华人民共和国建筑法》、《中华人民共和国合同法》、《中华人民共和国招标投标法》等法律法规制定的。

3.《建设工程工程量清单计价规范》遵循哪些原则？

《建设工程工程量清单计价规范》贯彻了由政府宏观调控、企业自主报价、市场竞争形成价格的原则。主要体现在：

(1)政府宏观调控。

1)规定了全部使用国有资金或国有资金投资控股为主的大中型建设工程要严格执行计价规范，统一了分部分项工程项目名称、统一计量单位、统一工程量计算规则、统一项目编码，为建立全国统一建设市场和规范计价行为提供了依据。

2)清单计价规范没有人工、材料、机械的消耗量定额，必然促进企业提高管理水平，引导企业学会编制自己的消耗量定额，适应市场的需要。

(2)企业自主报价、市场竞争形成价格。由于计价规范不规定人工、材料、机械消耗量，为企业报价提供了自主的空间，投标企业可以结合自身的生产效率、消耗水平和管理能力与已储备的本企业报价资料，按照清单计价规范规定的原则与方法投标报价。工程造价的最终确定，由承发包双方在市场竞争中按照价值规律，通过合同确定。

4.《建设工程工程量清单计价规范》的特点有哪些？

（1）强制性。主要表现在，一是由建设行政主管部门按照强制性标准的要求批准颁发，规定全部使用国有资金或国有资金投资为主的大、中型建设工程按计价规范规定执行；二是明确工程量清单是招标文件的一部分，并规定了招标人在编制工程量清单时必须遵守的规则，做到了四统一，即统一项目编码、统一项目名称、统一计量单位、统一工程量计算规则。

（2）实用性。附录中工程量清单项目及计算规则的项目名称表现的是工程实体项目，项目明确清晰，工程量计算规则简洁明了，并列项目特征和工程内容，易于编制工程量清单。

（3）竞争性。

1)《建设工程工程量清单计价规范》(GB 50500—2008)中的措施项目，在工程量清单中只列"措施项目"一栏，具体采用什么措施，如模板、脚手架、临时设施、施工排水等详细内容由投标人根据企业的施工组织设计，视具体情况报价。这些项目在企业间各有不同，是企业竞争项目。

2)《建设工程工程量清单计价规范》(GB 50500—2008)中人工、材料和施工机械没有规定具体的消耗量，投标企业可以依据企业定额和市场价格信息，也可以参照建设行政主管部门发布的社会平均消耗量定额报价，"计价规范"将报价权交给企业。

（4）通用性。采用工程量清单计价将与国际惯例接轨，符合工程量清单计算方法标准化、工程量计算规则统一化、工程造价确定市场化的规定。

5. 什么是工程量清单？

工程量清单是表现拟建工程的分部分项工程项目、措施项目、其他项目、规费项目和税金项目的名称和相应数量的明细清单。工程量清单包括分部分项工程量清单、措施项目清单、其他项目清单、规费项目清单和税金项目清单。

(1)工程量清单应由招标人负责编制,若招标人不具有编制工程量清单的能力,则可根据《工程造价咨询企业管理办法》(原建设部第149号令)的规定,委托具有工程造价咨询性质的工程造价咨询人编制。

(2)采用工程量清单方式招标,工程量清单必须作为招标文件的组成部分,其准确性和完整性由招标人负责。

(3)工程量清单是工程量清单计价的基础,应作为编制招标控制价、投标报价、计算工程量、支付工程款、调整合同价款、办理竣工结算以及工程索赔等的依据之一。

6. 工程量清单的编制依据有哪些?

(1)《建设工程工程量清单计价规范》(GB 50500—2008)。
(2)国家或省级、行业建设主管部门颁发的计价依据和办法。
(3)建设工程设计文件。
(4)与建设工程项目有关的标准、规范、技术资料。
(5)招标文件及其补充通知、答疑纪要。
(6)施工现场情况、工程特点及常规施工方案。
(7)其他相关资料。

7. 分部分项工程量清单应包括哪些内容?

分部分项工程量清单应包括项目编码、项目名称、项目特征、计量单位和工程量。这是构成分部分项工程量清单的五个要件,在分部分项工程量清单的组成中缺一不可。

8. 如何编制分部分项工程量清单?

分部分项工程量清单应根据《建设工程工程量清单计价规范》(GB 50500—2008)中附录规定的项目编码、项目名称、工程量计算规则、计量单位和项目特征进行编制。

9. 如何设置分部分项工程量清单的项目编码?

分部分项工程量清单的项目编码应采用十二位阿拉伯数字表示。其中一、二位为工程分类顺序码,建筑工程为 01,装饰装修工程为 02,安装工程为 03,市政工程为 04,园林绿化工程为 05,矿山工程为 06;三、四位为专业工程顺序码;五、六位为分部工程顺序码;七、八、九位为分项工程项目名称顺序码;十至十二位为清单项目名称顺序码,应根据拟建工程的工程量清单项目名称设置。

在编制工程量清单时,项目编码的设置不得有重码,特别是当同一标段(或合同段)的一份工程量清单中含有多个单项或单位工程且工程量清单是以单项或单位工程为编制对象时,应注意项目编码中的十至十二位的设置不得重码。例如一个标段(或合同段)的工程量清单中含有三个单项或单位工程,每一单项或单位工程中都有项目特征相同的,在工程量清单中又需反映三个不同单项或单位工程的工程量时,此时工程量清单应以单项或单位工程为编制对象,第一个单项或单位工程的螺纹阀门的项目编码为 030803001001,第二个单项或单位工程的螺纹阀门的项目编码为 030803001002,第三个单项或单位工程的螺纹阀门的项目编码为 030803001003,并分别列出各单项或单位工程螺纹阀门的工程量。

10. 如何确定分部分项工程量清单的项目名称?

分部分项工程量清单的项目名称应按《建设工程工程量清单计价规范》(GB 50500—2008)附录的项目名称结合拟建工程的实际确定。

11. 分部分项工程量清单中所列工程量应遵守哪些规定?

分部分项工程量清单中所列工程量应按清单计价规范附录中规定的工程量计算规则计算。工程量的有效位数应遵守下列规定:

(1)以"t"为单位,应保留三位小数,第四位小数四舍五入。

(2)以"m^3"、"m^2"、"m"、"kg"为单位,应保留两位小数,第三位小数四舍五入。

(3)以"个"、"项"等为单位,应取整数。

12. 如何确定分部分项工程量清单的计量单位？

分部分项工程量清单的计量单位应按清单计价规范附录中规定的计量单位确定，当计量单位有两个或两个以上时，应根据拟建工程项目的实际，选择最适宜表现该项目特征并方便计量的单位。

13. 如何描述分部分项工程量清单项目特征？

分部分项工程量清单项目特征应按清单计价规范附录中规定的项目特征，结合拟建工程项目的实际予以描述。

工程量清单的项目特征是确定一个清单项目综合单价不可缺少的主要依据。在编制工程量清单时，必须对项目特征进行准确而且全面的描述。准确地描述工程量清单的项目特征，对于准确地确定工程量清单项目的综合单价具有决定性的作用。

在按清单计价规范的附录对工程量清单项目的特征进行描述时，应注意"项目特征"与"工程内容"的区别。"项目特征"是工程项目的实质，决定着工程量清单项目的价值大小，而"工程内容"主要讲的是操作程序，是承包人完成能通过验收的工程项目所必须操作的工序。在清单计价规范中，工程量清单项目与工程量计算规则、工程内容具有一一对应的关系，当采用清单计价规范进行计价时，工作内容既有规定，无需再对其进行描述。而"项目特征"栏中的任何一项都影响着清单项目的综合单价的确定，招标人应高度重视分部分项工程量清单项目特征的描述。

14. 对工程量清单项目特征进行描述具有哪些重要的意义？

对工程量清单项目的特征描述具有十分重要的意义，主要表现在以下几个方面：

（1）项目特征是区分清单项目的依据。工程量清单项目特征是用来表述分部分项清单项目的实质内容，用于区分清单计价规范中同一清单条目下各个具体的清单项目。没有项目特征的准确描述，对于相同或相似的清单项目名称，就无从区分。

（2）项目特征是确定综合单价的前提。由于工程量清单项目的特征决定了工程实体的实质内容，必然直接决定了工程实体的自身价值。因此,工程量清单项目特征描述得准确与否,直接关系到工程量清单项目综合单价的准确确定。

(3)项目特征是履行合同义务的基础。实行工程量清单计价,工程量清单及其综合单价是施工合同的组成部分,因此,如果工程量清单项目特征的描述不清甚至漏项、错误,而引起施工过程中的更改,就会引起分歧,导致纠纷。

15. 在描述工程量清单项目特征时应遵循哪些原则?

(1)项目特征描述的内容应按清单计价规范附录中的规定,结合拟建工程的实际,能满足确定综合单价的需要。

(2)若采用标准图集或施工图纸能够全部或部分满足项目特征描述的要求,项目特征描述可直接采用详见××图集或××图号的方式。对不能满足项目特征描述要求的部分,仍应用文字描述。

16. 什么是工程量清单计价?

工程量清单计价是指投标人完成由招标人提供的工程量清单所需的全部费用,包括分部分项工程费、措施项目费、其他项目费和规费、税金。

17. 哪些工程必须采用工程量清单计价?

《建设工程工程量清单计价规范》规定,全部使用国有资金投资或国有资金投资为主的工程建设项目,必须采用工程量清单计价。国有资金投资的工程建设项目包括使用国有资金投资和国家融资投资的工程建设项目。

18. 哪些项目属于国有资金投资项目?

(1)使用各级财政预算资金的项目。

(2)使用纳入财政管理的各种政府性专项建设基金的项目。

(3)使用国有企事业单位自有资金,并且国有资产投资者实际拥有控制权的项目。

19. 哪些项目属于国家融资项目?

(1)使用国家发行债券所筹资金的项目。

(2) 使用国家对外借款或者担保所筹资金项目。
(3) 使用国家政策性贷款的项目。
(4) 国家授权投资主体融资的项目。
(5) 国家特许的融资项目。

20. 哪些工程不强制采用工程量清单计价?

对非国有资金投资的工程建设项目,不强制采用工程量清单计价,但也可以采用工程量清单计价。

(1) 对于非国有资金投资的工程建设项目,是否采用工程量清单方式计价由项目业主自主确定。

(2) 当确定采用工程量清单计价时,则应执行《建设工程工程量清单计价规范》(GB 50500—2008)。

(3) 对于确定不采用工程量清单方式计价的非国有投资工程建设项目,除不执行工程量清单计价的专门性规定外,由于《建设工程工程量清单计价规范》还规定了工程价款调整、工程计量和价款支付、索赔与现场签证、竣工结算以及工程造价争议处理等内容,这类条文仍应执行。

21. 工程量清单计价的发展趋势是什么?

短期内,各地定额管理部门将推出配套的消耗量定额和各种指标供企业在投标报价时参考。但是建设工程工程量清单计价规范没有强制所有的工程必须执行工程量清单计价,因此很多地区可能定额计价与工程量清单计价两种计价办法并存。从长期看,依赖政府定额作为计价依据会逐步淡化,发展为完全依靠自己的消耗量定额——企业定额及价格管理体系下的清单计价模式。

22. 应用清单计价规范附录时应注意的问题有哪些?

(1) 关于项目特征。项目特征是工程量清单计价的关键依据之一,由于项目的特征不同,其计价的结果也相应发生差异,因此招标人在编制工程量清单时,应在可能的情况下明确描述该工程量清单项目的特征。投标人按招标人提出的特征要求计价。

（2）有的工程项目，由于特殊情况不属于工程实体，但在工程量清单计量规则中列有清单项目，也可以编制工程量清单，如消防系统试调项目就属此种情况。

（3）关于工程内容。工程量清单的工程内容是完成该工程量清单可能发生的综合工程项目，工程量清单计价时，按图纸、规程、规范等要求，选择编列所需项目。

23. 实行工程量清单计价的目的和意义是什么？

（1）推行工程量清单计价是深化工程造价管理改革，推进建设市场化的重要途径。

（2）在建设工程招标投标中实行工程量清单计价是规范建筑市场秩序的治本措施之一，适应社会主义市场经济的需要。工程造价是工程建设的核心，也是市场运行的核心内容，建筑市场存在着许多不规范的行为，大多数与工程造价有直接联系。建筑产品是商品，具有商品的共性，它受价值规律、货币流通规律和供求规律的支配。

（3）推行工程量清单计价是与国际接轨的需要。

（4）实行工程量清单计价，是促进建设市场有序竞争和企业健康发展的需要。

（5）实行工程量清单计价，有利于我国工程造价政府职能的转变。

24. 招标投标过程中采用工程量清单计价的优点有哪些？

与在招标投标过程中采用定额计价法相比，采用工程量清单计价方法具有以下特点：

（1）满足竞争的需要。

（2）提供平等的竞争条件。

（3）有利于工程款的拨付和工程造价的最终确定。

（4）有利于实现风险的合理分担。

（5）有利于业主对投资的控制。

25. 工程量清单计价的影响因素有哪些？

工程量清单报价中标的工程，无论采用何种计价方法，在正常情况下,基本说明工程造价已确定,只是当出现设计变更或工程量变动时,通过签证再结算调整另行计算。工程量清单工程成本要素的管理重点,是在既定收入的前提下,如何控制成本支出。

(1)对用工批量的有效管理。

(2)材料费用的管理。

(3)机械费用的管理。

(4)施工过程中水电费的管理。

(5)对设计变更和工程签证的管理。

(6)对其他成本要素的管理。

以上六个方面是施工企业的成本要素,针对工程量清单形式带来的风险性,施工企业要从加强过程控制的管理入手,才能将风险降到最低点。积累各种结构形式下成本要素的资料,逐步形成科学、合理的,具有代表人力、财力、技术力量的企业定额体系。通过企业定额,使报价不再盲目,避免了一味过低或过高报价所形成的亏损、废标,以应付复杂激烈的市场竞争。

26. 清单计价怎样对人工费进行管理?

人工费支出约占建筑产品成本的17%,且随市场价格波动而不断变化。对人工单价在整个施工期间作出切合实际的预测,是控制人工费用支出的前提条件。

(1)根据施工进度,月初依据工序合理做出用工数量,结合市场人工单价计算出本月控制指标。

(2)在施工过程中,依据工程分部分项,对每天用工数量连续记录,在完成一个分项后,就同工程量清单报价中的用工数量对比,进行横评找出存在问题,办理相应手续以便对控制指标加以修正。每月完成几个工程分项后各自同工程量清单报价中的用工数量对比,考核控制指标完成情况。通过这种控制节约用工数量,就意味着降低人工费支出,即增加了相应的效益。这种对用工数量控制的方法,最大优势在于不受任何工程结构形式的影响,分阶段加以控制,有很强的实用性。人工费用控制指标,主要是从量上加以控制。重点通过对在建工程过程控制,积累各类结构形式下实际用工数量的原始资料,以便形成企业定额体系。

27. 清单计价怎样对材料费进行管理?

材料费开支约占建筑产品成本的63%,是成本要素控制的重点。材料费因工程量清单报价形式不同,材料供应方式不同而有所不同。如业主限价的材料价格管理,其主要问题可从施工企业采购过程降低材料单价来把握。

(1)对本月施工分项所需材料用量下发采购部门,在保证材料质量前提下货比三家。采购过程以工程清单报价中材料价格为控制指标,确保采购过程产生收益。对业主供材供料,确保足斤足两,严把验收入库环节。

(2)在施工过程中,严格执行质量方面的程序文件,做到材料堆放合理布局,减少二次搬运。具体操作依据工程进度实行限额领料,完成一个分项后,考核控制效果。

(3)杜绝没有收入的支出,把返工损失降到最低限度。月末应把控制用量和价格同实际数量横向对比,考核实际效果,对超用材料数量落实清楚,是在哪个工程子项造成的?原因是什么?是否存在同业主计取材料差价的问题等。

28. 清单计价怎样对机械费进行管理?

机械费的开支约占建筑产品成本的7%,其控制指标,主要是根据工程量清单计算出使用的机械控制台班数。在施工过程中,每天做详细台班记录,是否存在维修、待班的台班。如存在现场停电超过合同规定时间,应在当天同业主作好待班现场签证记录,月末将实际使用台班同控制台班的绝对数进行对比,分析量差发生的原因。对机械费价格一般采取租赁协议,合同一般在结算期内不变动,因此,控制实际用量是关键。依据现场情况做到设备合理布局,充分利用,特别是要合理安排大型设备进出场时间,以降低费用。

29. 清单计价怎样对施工过程中的水电费进行管理?

水电费的管理,在以往工程施工中一直被忽视。水作为人类赖以生存的宝贵资源,越来越短缺,正在给人类敲响警钟。这对加强施工过程中水电费管理的重要性不言而喻。为便于施工过程支出的控制管理,应把控制用量计算到施工子项以便于水电费用控制。月末依据完成子项所需水电用量同实际用量对比,找出差距的出处,以便制定改正措施。总之,施工过程中对水电用量控制不仅仅是一个经济效益的问题,更重要的是一个合理利用宝贵资源的问题。

30. 清单计价怎样对设计变更和工程签证进行管理?

在施工过程中,时常会遇到一些原设计未预料的实际情况或业主单位提出要求改变某些施工做法、材料代用等,引发设计变更;同样对施工图以外的内容及停水、停电,或因材料供应不及时造成停工、窝工等都需要办理工程签证。以上两部分工作,首先应由负责现场施工的技术人员做好工程量的确认,如存在工程量清单不包括的施工内容,应及时通知技术人员,将需要办理工程签证的内容落实清楚;其次工程造价人员审核变更或签证签字内容是否清楚完整、手续是否齐全。如手续不齐全,应在当天督促施工人员补办手续,变更或签证的资料应连续编号;最后工程造价人员还应特别注意在施工方案中涉及的工程造价问题。在投标时工程量清单是依据以往的经验计价,建立在既定的施工方案基础上的。施工方案的改变便是对工程量清单造价的修正。

变更或签证是工程量清单工程造价中所不包括的内容,但在施工过程中费用已经发生,工程造价人员应及时地编制变更及签证后的变动价值。加强设计变更和工程签证工作是施工企业经济活动中的一个重要组成部分,它可防止应得效益的流失,反映工程真实造价构成,对施工企业各级管理者来说更显得重要。

31. 清单计价怎样对其他成本要素进行管理?

成本要素除工料单价法包含的以外,还有管理费用、利润、临设费、税金、保险费等。这部分收入已分散在工程量清单的子项之中,中标后已成既定的数,因而,在施工过程中应注意以下几点:

(1)节约管理费用是重点,制定切实的预算指标,对每笔开支严格依据预算执行审批手续;提高管理人员的综合素质做到高效精干,提倡一专多能。对办公费用的管理,从节约一张纸、减少每次通话时间等方面着手,精打细算,控制费用支出。

(2)利润作为工程量清单子项收入的一部分,在成本不亏损的情况下,就是企业既定利润。

(3)临设费管理的重点是,依据施工的工期及现场情况合理布局临设。尽可能就地取材搭建临设,工程接近竣工时及时减少临设的占用。对购买的彩板房每次安、拆要高抬轻放,延长使用次数。日常使用及时维护易损部位,延长使用寿命。

(4)对税金、保险费的管理重点是一个资金问题,依据施工进度及时拨付工程款,确保按国家规定的税金及时上缴。

32. 清单计价与定额计价的差别是什么?

(1)编制工程量的单位不同。

(2)编制工程量清单时间不同。

(3)表现形式不同。

(4)编制依据不同。

(5)费用组成不同。

(6)评标所用的方法不同。

(7)项目编码不同。

(8)合同价调整方式不同。

(9)工程量计算时间前置。

(10)投标计算口径达到了统一。

33. 清单计价模式下工程费用由哪些构成?

工程量清单计价模式的费用构成包括分部分项工程费、措施项目费、其他项目费,以及规费和税金。

工程量清单计价模式下的建筑安装工程费用构成如图5-1所示。

第五章 水暖工程工程量清单计价

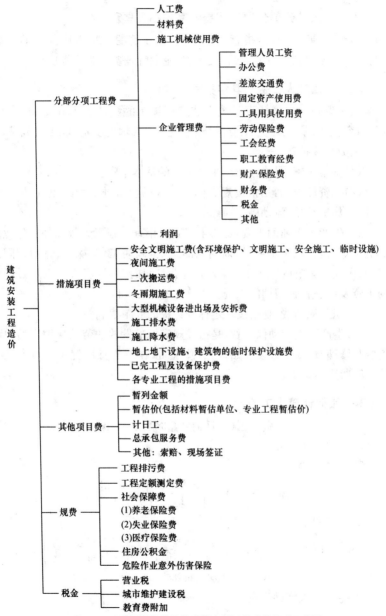

图 5-1 工程量清单计价的建筑安装工程造价组成示意图

34. 什么是分部分项工程费？其包括哪些项目？

分部分项工程费是指直接工程费，即建筑的直接组成部分的费用。包括人工费、材料费、施工机械使用费、企业管理费和利润等项目。

35. 什么是人工费？其包括哪些内容？

人工费是指直接从事建筑安装工程施工的生产工人开支的各项费用，内容包括：基本工资、工资性补贴、生产工人辅助工资、职工福利费、生产工人劳动保护费。

(1) 基本工资：是指发放给生产工人的基本工资。

(2) 工资性补贴：是指按规定标准发放的物价补贴，煤、燃气补贴，交通补贴，住房补贴，流动施工津贴等。

(3) 生产工人辅助工资：是指生产工人年有效施工天数以外非作业天数的工资，包括职工学习、培训期间的工资，调动工作、探亲、休假期间的工资，因气候影响的停工工资，女工哺乳时间的工资，病假在六个月以内的工资及产、婚、丧假期的工资。

(4) 职工福利费：是指按规定标准计提的职工福利费。

(5) 生产工人劳动保护费：是指按规定标准发放的劳动保护用品的购置费及修理费，徒工服装补贴，防暑降温费，在有碍身体健康环境中施工的保健费用等。

36. 如何计算人工费？

$$人工费 = \sum(工日消耗量 \times 日工资单价)$$

式中，日工资单价$(G) = \sum_1^5 G$。

(1) 基本工资：

$$基本工资(G_1) = \frac{生产工人平均月工资}{年平均每月法定工作日}$$

(2) 工资性补贴：

$$工资性补贴(G_2) = \frac{\sum 年发放标准}{全年日历日 - 法定假日} + \frac{\sum 月发放标准}{年平均每月法定工作日} + 每工作日发放标准$$

(3) 生产工人辅助工资：

$$生产工人辅助工资(G_3) = \frac{全年无效工作日 \times (G_1 + G_2)}{全年日历日 - 法定假日}$$

(4)职工福利费：

$$职工福利费(G_4) = (G_1 + G_2 + G_3) \times 福利费计提比例(\%)$$

(5)生产工人劳动保护费：

$$生产工人劳动保护费(G_5) = \frac{生产工人年平均支出劳动保护费}{全年日历日 - 法定假日}$$

37. 什么是材料费？其内容包括哪些？

材料费是指施工过程中耗费的构成工程实体的原材料、辅助材料、构配件、零件、半成品的费用。内容包括：

(1)材料原价(或供应价格)。

(2)材料运杂费：是指材料自来源地运至工地仓库或指定堆放地点所发生的全部费用。

(3)运输损耗费：是指材料在运输装卸过程中不可避免的损耗。

(4)采购及保管费：是指为组织采购、供应和保管材料过程中所需要的各项费用。包括：采购费、仓储费、工地保管费、仓储损耗。

(5)检验试验费：是指对建筑材料、构件和建筑安装物进行一般鉴定、检查所发生的费用，包括自设试验室进行试验所耗用的材料和化学药品等费用。不包括新结构、新材料的试验费和建设单位对具有出厂合格证明的材料进行检验，对构件做破坏性试验及其他特殊要求检验试验的费用。

38. 如何计算材料费？

$$材料费 = \Sigma(材料消耗量 \times 材料基价) + 检验试验费$$

式中，$材料基价 = \{(供应价格 + 运杂费) \times [1 + 运输损耗率(\%)]\} \times [1 + 采购保管费率(\%)]$

$$检验试验费 = \Sigma(单位材料量检验试验费 \times 材料消耗量)$$

39. 什么是施工机械使用费？其包括哪些内容？

施工机械使用费是指施工机械作业所发生的机械使用费以及机械安拆费和场外运费。施工机械台班单价应由折旧费、大修理费、经常修理费、安拆费及场外运费、人工费、燃料动力费七项费用组成。

40. 什么是折旧费?

折旧费是指施工机械在规定的使用年限内,陆续收回其原值及购置资金的时间价值。

41. 什么是大修理费?

大修理费是指施工机械按规定的大修理间隔台班进行必要的大修理,以恢复其正常功能所需的费用。

42. 什么是经常修理费?

经常修理费是指施工机械除大修理以外的各级保养和临时故障排除所需的费用。其包括为保障机械正常运转所需替换设备与随机配备工具附具的摊销和维护费用,机械运转中日常保养所需润滑与擦拭的材料费用及机械停滞期间的维护和保养费用等。

43. 什么是安拆费及场外运费?

安拆费指施工机械在现场进行安装与拆卸所需的人工、材料、机械和试运转费用以及机械辅助设施的折旧、搭设、拆除等费用;场外运费指施工机械整体或分体自停放地点运至施工现场或由一施工地点运至另一施工地点的运输、装卸、辅助材料及架线等费用。

44. 什么是施工机械台班单价中的人工费?

施工机械台班单价中的人工费是指机上司机(司炉)和其他操作人员的工作日人工费及上述人员在施工机械规定的年工作台班以外的人工费。

45. 什么是燃料动力费?

燃料动力费是指施工机械在运转作业中所消耗的固体燃料(煤、木柴)、液体燃料(汽油、柴油)及水、电等。

46. 什么是养路费及车船使用税?

养路费及车船使用税是指施工机械按照国家规定和有关部门规定应缴纳的养路费、车船使用税、保险费及年检费等。

第五章 水暖工程工程量清单计价

47. 如何计算施工机械使用费？

施工机械使用费＝∑（施工机械台班消耗量×机械台班单价）

式中，台班单价＝台班折旧费＋台班大修费＋台班经常修理费＋台班安拆费及场外运费＋台班人工费＋台班燃料动力费＋车船使用税

48. 什么是企业管理费？如何计算？

企业管理费是指组织施工生产和经营管理所需的费用。

企业管理费的计算有两种方法。

(1) 公式计算法：利用公式计算企业管理费的方法比较简单，也是投标人经常采用的一种计算方法。其计算公式为：

企业管理费＝计算基数×企业管理费率(％)

(2) 费用分析法。用费用分析法计算企业管理费，就是根据管理费的构成，结合具体的工程项目，确定各项费用的发生额。计算公式：

企业管理费＝管理人员及辅助服务人员的工资＋办公费＋差旅交通费＋固定资产使用费＋工具用具使用费＋保险费＋税金＋财务费用＋其他费用

在计算企业管理费之前，应确定以下基础数据：生产工人的平均人数；施工高峰期生产工人人数；管理人员及辅助服务人员总数；施工现场平均职工人数；施工高峰期施工现场职工人数；施工工期。这些数据是通过计算直接工程费和编制施工组织设计和施工方案取得的。

49. 什么是管理人员工资？如何计算？

管理人员工资是指管理人员的基本工资、工资性补贴、职工福利费、劳动保护费等。

其计算公式为：

$$\text{管理人员及辅助服务人员的工资} = \text{管理人员及辅助服务人员数} \times \text{综合人工工日单价} \times \text{工期(日)}$$

其中，综合人工工日单价可采用直接费中生产工人的综合工日单价，也可参照其计算方法另行确定。

50. 什么是办公费？如何计算？

办公费是指企业管理办公用的文具、纸张、账表、印刷、邮电、书报、会议、水电、烧水和集体取暖（包括现场临时宿舍取暖）用煤等费用。

按每名管理人员每月办公费消耗标准乘以管理人员人数，再乘以施工工期（月）计算。管理人员每月办公费消耗标准可以从以往完成的施工项目的财务报表中分析取得。

51. 什么是差旅交通费？如何计算？

差旅交通费是指职工因公出差、调动工作的差旅费、住勤补助费，市内交通费和误餐补助费，职工探亲路费，劳动力招募费，职工离退休、退职一次性路费，工伤人员就医路费，工地转移费以及管理部门使用的交通工具的油料、燃料及牌照费。

差旅交通费计算方法如下：

（1）因公出差、调动工作的差旅费和住勤补助费、市内交通费和误餐补助费、探亲路费、劳动力招募费、离退休职工一次性路费、工伤人员就医路费、工地转移费的计算可按"办公费"的计算方法确定。

（2）管理部门使用的交通工具的油料燃料费和牌照费。

油料燃料费＝机械台班动力消耗×动力单价×工期（天）×综合利用率（%）

牌照费按当地政府规定的月收费标准乘以施工工期（月）。

52. 什么是固定资产使用费？如何计算？

固定资产使用费是指管理和试验部门及附属生产单位使用的属于固定资产的房屋、设备仪器等的折旧、大修、维修或租赁费。

根据固定资产的性质、来源、资产原值、新旧程度，以及工程结束后的处理方式确定固定资产使用费。

53. 什么是工具用具使用费？

工具用具使用费是指管理使用的不属于固定资产的生产工具、器具、家具、交通工具和检验、试验、测绘、消防用具等的购置、维修和摊销费。

54. 如何计算工具使用费？

工具用具使用费＝年人均使用额×施工现场平均人数×工期（年）

工具用具年人均使用额可以从以往完成的施工项目的财务报表中分析取得。

55. 什么是劳动保险费？如何确定？

劳动保险费是指由企业支付离退休职工的易地安家补助费、职工退职金、六个月以上的病假人员工资、职工死亡丧葬补助费、抚恤费、按规定支付给离休干部的各项经费。通过保险咨询，确定施工期间要投保的施工管理用财产和车辆应缴纳的保险费用。

56. 什么是工会经费？

工会经费是指企业按职工工资总额计提的工会费用。

57. 什么是职工教育经费？

职工教育经费是指企业为职工学习先进技术和提高文化水平，按职工工资总额计提的费用。

58. 什么是财产保险费？

财产保险费是指施工管理用财产、车辆保险的费用。

59. 什么是财务费？

财务费是指企业为筹集资金而发生的各种费用，包括企业经营期间发生的短期贷款利息支出、汇兑净损失、调剂外汇手续费、金融机构手续费，以及企业筹集资金而发生的其他财务费用。

60. 其他费用包括哪些？

其他费用包括技术转让费、技术开发费、业务招待费、绿化费、广告费、公证费、法律顾问费、审计费、咨询费等。

61. 如何确定企业管理费费率？

(1) 以直接费为计算基础：

$$企业管理费费率(\%) = \frac{生产工人年平均管理费}{年有效施工天数 \times 人工单价} \times 人工费占直接费比例(\%)$$

(2) 以人工费和机械费合计为计算基础：

$$\text{企业管理费费率}(\%) = \frac{\text{生产工人年平均管理费}}{\text{年有效施工天数}\times(\text{人工单价}+\text{每一工日机械使用费})} \times 100\%$$

(3) 以人工费为计算基础：

$$\text{企业管理费费率}(\%) = \frac{\text{生产工人年平均管理费}}{\text{年有效施工天数}\times\text{人工单价}} \times 100\%$$

62. 什么是利润？

利润是指施工企业完成所承包工程应收回的酬金。从理论上讲，企业全部劳动成员的劳动，除掉因支付劳动力按劳动力价格所得的报酬以外，还创造了一部分新增的价值，这部分价值凝固在工程产品之中，这部分价值的价格形态就是企业的利润。

在工程量清单计价模式下，利润不单独体现，而是被分别计入分部分项工程费、措施项目费和其他项目费当中。具体计算方法是"人工费"或"人工费加机械费"或"直接费"为基础乘以利润率。

63. 如何计算利润？

利润的计算公式为：

$$\text{利润} = \text{计算基础} \times \text{利润率}(\%)$$

利润是企业最终的追求目标，企业的一切生产经营活动都是围绕着创造利润进行的。利润是企业扩大再生产、增添机械设备的基础，也是企业实行经济核算，使企业成为独立经营、自负盈亏的市场竞争主体的前提和保证。

因此，合理地确定利润水平（利润率）对企业的生存和发展是至关重要的。在投标报价时，要根据企业的实力、投标策略，以发展的眼光来确定各种费用水平，包括利润水平，使本企业的投标报价既具有竞争力，又能保证其他各方面利益的实现。

64. 什么是措施项目费？

措施项目费用是指工程量清单中，除工程量清单项目费用以外，为保证工程顺利进行，按照国家现行有关建设工程施工验收规范、规程要求，必须配套完成的工程内容所需的费用。

65. 什么是环境保护费？如何计算？

环境保护费是指施工现场为达到环保部门要求所需要的各项费用。

$$环境保护费 = 直接工程费 \times 环境保护费费率(\%)$$

$$\frac{环境保护费}{费率(\%)} = \frac{本项费用年度平均支出}{全年建安产值 \times 直接工程费占总造价比例(\%)}$$

66. 什么是文明施工费？如何计算？

文明施工费是指施工现场文明施工所需要的各项费用。

$$文明施工费 = 直接工程费 \times 文明施工费费率(\%)$$

$$\frac{文明施工费}{费率(\%)} = \frac{本项费用年度平均支出}{全年建安产值 \times 直接工程费占总造价比例(\%)}$$

67. 什么是安全施工费？如何计算？

安全施工费是指施工现场安全施工所需要的各项费用。

$$安全施工费 = 直接工程费 \times 安全施工费费率(\%)$$

$$\frac{安全施工费}{费率(\%)} = \frac{本项费用年度平均支出}{全年建安产值 \times 直接工程费占总造价比例(\%)}$$

68. 什么是临时设施费？其包括哪些内容？

临时设施费是指施工企业为进行建筑工程施工所必须搭设的生活和生产用的临时建筑物、构筑物和其他临时设施费用等。

临时设施包括临时宿舍、文化福利及公用事业房屋与构筑物，仓库、办公室、加工厂以及规定范围内道路、水、电、管线等临时设施和小型临时设施。

临时设施费用包括临时设施的搭设、维修、拆除费或摊销费。

69. 如何计算临时设施费？

临时设施费由以下三部分组成：

(1) 周转使用临建（如，活动房屋）。
(2) 一次性使用临建（如，简易建筑）。
(3) 其他临时设施（如，临时管线）。

$$临时设施费 = (周转使用临建费 + 一次性使用临建费) \times [1 + 其他临时设施所占比例(\%)]$$

其中：

(1) 周转使用临建费：

$$周转使用临建费 = \sum\left[\frac{临建面积 \times 每平方米造价}{使用年限 \times 365 \times 利用率(\%)} \times 工期(天)\right] + 一次性拆除费$$

(2) 一次性使用临建费：

$$一次性使用临建费 = \sum 临建面积 \times 每平方米造价 \times [1 - 残值率(\%)] + 一次性拆除费$$

(3) 其他临时设施在临时设施费中所占比例，可由各地区造价管理部门依据典型施工企业的成本资料经分析后综合测定。

70. 什么是夜间施工费？如何计算？

夜间施工费是指因夜间施工所发生的夜班补助费、夜间施工降效、夜间施工照明设备摊销及照明用电等费用。

$$夜间施工增加费 = \left(1 - \frac{合同工期}{定额工期}\right) \times \frac{直接工程费中的人工费合计}{平均日工资单价} \times 每工日夜间施工费开支$$

71. 什么是二次搬运费？如何计算？

二次搬运费是指因施工场地狭小等特殊情况而发生的二次搬运费用。

$$二次搬运费 = 直接工程费 \times 二次搬运费费率(\%)$$

$$二次搬运费费率(\%) = \frac{年平均二次搬运费开支额}{全年建安产值 \times 直接工程费占总造价的比例(\%)}$$

72. 什么是大型机械设备进出场及安拆费？如何计算？

大型机械设备进出场及安拆费是指机械整体或分体自停放场地运至施工现场或由一个施工地点运至另一个施工地点，所发生的机械进出场运输及转移费用及机械在施工现场进行安装、拆卸所需的人工费、材料费、机械费、试运转费和安装所需的辅助设施的费用。

$$\frac{大型机械进出场及安拆费}{} = \frac{一次进出场及安拆费 \times 年平均安拆次数}{年工作台班}$$

73. 什么是施工排水、降水费？如何计算？

施工排水、降水费是指为确保工程在正常条件下施工，采取各种排水、降水措施所发生的各种费用。

排水降水费＝∑排水降水机械台班费×排水降水周期＋
排水降水使用材料费、人工费

74. 什么是已完工程及设备保护费？如何计算？

已完工程及设备保护费是指竣工验收前，对已完工程及设备进行保护所需费用。

已完工程及设备保护费＝成品保护所需机械费＋材料费＋人工费

75. 什么是混凝土、钢筋混凝土模板及支架费？如何计算？

混凝土、钢筋混凝土模板及支架费是指混凝土施工过程中需要的各种钢模板、木模板、支架等的支、拆、运输费用及模板、支架的摊销（或租赁）费用。其计算公式如下：

(1) 模板及支架费＝模板摊销量×模板价格＋支、拆、运输费

其中 摊销量＝一次使用量×(1＋施工损耗)×[1＋(周转次数－1)×补损率/周转次数－(1－补损率)50%/周转次数]

(2) 租赁费＝模板使用量×使用日期×租赁价格＋支、拆、运输费

76. 什么是脚手架费？如何计算？

脚手架费是指施工需要的各种脚手架搭、拆、运输费用及脚手架的摊销（或租赁）费用。其计算公式如下：

(1) 脚手架搭拆费＝脚手架摊销量×脚手架价格＋搭、拆、运输费

其中 $$脚手架摊销量＝\frac{单位一次使用量×(1－残值率)}{耐用期÷一次使用期}$$

(2) 租赁费＝脚手架每日租金×搭设周期＋搭、拆、运输费

77. 什么是规费？其包括哪些内容？

规费是指政府和有关权力部门规定必须缴纳的费用（简称规费）。其包括：

(1) 工程排污费：是指施工现场按规定缴纳的工程排污费。

(2) 工程定额测定费：是指按规定支付工程造价（定额）管理部门的定

额测定费。

(3)社会保障费:包括按国家规定交纳的各项社会保障费、职工住房公积金以及尚未划转的离退休人员费用等。主要项目如下:

1)养老保险费:是指企业按规定标准为职工缴纳的基本养老保险费。

2)失业保险费:是指企业按照国家规定标准为职工缴纳的失业保险费。

3)医疗保险费:是指企业按照规定标准为职工缴纳的基本医疗保险费。

(4)住房公积金:是指企业按规定标准为职工缴纳的住房公积金。

(5)危险作业意外伤害保险:是指按照建筑法规定,企业为从事危险作业的建筑安装施工人员支付的意外伤害保险费。

78. 规费费率确定需要哪些数据资料?

根据本地区典型工程发承包价的分析资料,综合取定规费计算中所需数据:

(1)每万元发承包价中人工费含量和机械费含量。

(2)人工费占直接费的比例。

(3)每万元发承包价中所含规费缴纳标准的各项基数。

79. 如何确定规费费率?

(1)以直接费为计算基础:

$$规费费率(\%) = \frac{\sum 规费缴纳标准 \times 每万元发承包价计算基数}{每万元发承包价中的人工费含量} \times 人工费占直接费的比例(\%)$$

(2)以人工费和机械费合计为计算基础:

$$规费费率(\%) = \frac{\sum 规费缴纳标准 \times 每万元发承包价计算基数}{每万元发承包价中的人工费含量和机械费含量} \times 100\%$$

(3)以人工费为计算基础:

$$规费费率(\%) = \frac{\sum 规费缴纳标准 \times 每万元发承包价计算基数}{每万元发承包价中的人工费含量} \times 100\%$$

80. 什么是税金? 其包括哪些内容?

税金是指国家税法规定的应计入建筑安装工程造价内的营业税、城市维护建设税及教育费附加等。

(1)营业税。根据2009年1月1日起施行的《中华人民共和国营业税暂行条例》,建筑业的营业税税额为营业额的3%,营业额是指纳税人从事建筑、安装、修缮、装饰及其他工程作业收取的全部收入,还包括建筑、修缮、装饰工程所用原材料及其他物质和动力的价款在内。当安装的设备的价值作为安装工程产值时,也包括所安装设备的价款。但建筑工程分包给其他单位的,以其取得的全部价款和价外费用扣除其支付给其他单位的分包款后的余额作为营业额。

(2)城市建设维护税。纳税人所在地为市区的,按营业税的7%征收;纳税人所在地为县城镇,按营业税的5%征收;纳税人所在地不为市区县城镇的,按营业税的1%征收,并与营业税同时交纳。

(3)教育费附加。一律按营业税的3%征收,也同营业税同时交纳。即使办有职工子弟学校的建筑安装企业,也应当先交纳教育费附加,教育部门可根据企业的办学情况,酌情返还给办学单位,作为对办学经费的补贴。

81. 如何计算税金?

现行应缴纳的税金计算式如下:

$$税金=(税前造价+利润)\times 税率(\%)$$

税率的计算式为:

(1)纳税地点在市区的企业:

$$税率(\%)=\frac{1}{1-3\%-3\%\times 7\%-3\%\times 3\%}-1$$

(2)纳税地点在县城、镇的企业:

$$税率(\%)=\frac{1}{1-3\%-3\%\times 5\%-3\%\times 3\%}-1$$

(3)纳税地点不在市区、县城、镇的企业

$$税率(\%)=\frac{1}{1-3\%-3\%\times 1\%-3\%\times 3\%}-1$$

82. 其他项目费包括哪些?

其他项目费包括暂列金额、暂估价(包括材料暂估单价、专业工程暂估价)、计日工、总承包服务费以及其他费用(如索赔、现场签证等)。

(1)暂列金额是招标人在工程量清单中暂定并包括在合同价款中的一笔款项。用于施工合同签订时尚未确定或者不可预见的所需材料、设备、服务的采购,施工中可能发生的工程变更、合同约定调整因素出现时的工程价款调整以及发生的索赔、现场签证确认等费用。

(2)暂估价是招标人在工程量清单中提供的用于支付必然发生但暂时不能确定价格的材料单价以及专业工程的金额。

(3)计日工是在施工过程中,完成发包人提出的施工图纸以外的零星项目或工作,按合同中约定的综合单价计价。

(4)总承包服务费是总承包人为配合协调发包人进行的工程分包自行采购的设备、材料等进行管理、服务以及施工现场管理、竣工资料汇总整理等服务所需的费用。

(5)索赔是在合同履行过程中,对于非己方的过错而应由对方承担责任的情况造成的损失,向对方提出补偿的要求。

(6)现场签证是发包人现场代表与承包人现场代表就施工过程中涉及的责任事件所作的签认证明。

83. 工程量清单计价表格由哪些表格组成？

工程量清单与计价宜采用统一的格式。《建设工程工程量清单计价规范》(GB 50500—2008)中对工程量清单计价表格,按工程量清单、招标控制价、投标报价和竣工结算价等各个计价阶段共设计了4种封面和22种表格。各省、自治区、直辖市建设行政主管部门和行业建设主管部门可根据本地区、本行业的实际情况,在清单计价规范规定的工程量清单计价表格的基础上进行补充完善。

84. 工程量清单计价表格适用范围是什么？

《建设工程工程量清单计价规范》(GB 50500—2008)中规定的工程量清单计价表格的名称及其适用范围见表5-1。

表5-1　　　　　清单计价表格名称及其适用范围

序号	表格编号	表格名称		工程量清单	招标控制价	投标报价	竣工结算
01	封—1	封面	工程量清单	●			
02	封—2		招标控制价		●		
03	封—3		投标总价			●	
04	封—4		竣工结算总价				●

第五章　水暖工程工程量清单计价

续表

序号	表格编号		表格名称	工程量清单	招标控制价	投标报价	竣工结算
05	表-01		总说明	●	●	●	●
06	表-02	汇总表	工程项目招标控制价/投标报价汇总表		●	●	
07	表-03		单项工程招标控制价/投标报价汇总表		●	●	
08	表-04		单位工程招标控制价/投标报价汇总表		●	●	
09	表-05		工程项目竣工结算汇总表				●
10	表-06		单项工程竣工结算汇总表				●
11	表-07		单位工程竣工结算汇总表				●
12	表-08	分部分项工程量清单表	分部分项工程量清单与计价表	●	●	●	●
13	表-09		工程量清单综合单价分析表		●	●	●
14	表-10	措施项目清单表	措施项目清单与计价表(一)	●	●	●	●
15	表-11		措施项目清单与计价表(二)		●	●	●
16	表-12	其他项目清单表	其他项目清单与计价汇总表	●	●	●	●
17	表-12-1		暂列金额明细表	●	●	●	●
18	表-12-2		材料暂估单价表	●	●	●	●

续表

序号	表格编号	表格名称		工程量清单	招标控制价	投标报价	竣工结算
19	表—12—3	其他项目清单表	专业工程暂估价表	●	●	●	●
20	表—12—4		计日工表	●	●	●	●
21	表—12—5		总承包服务计价表	●	●	●	●
22	表—12—6		索赔与现场签证计价汇总表				●
23	表—12—7		费用索赔申请(核准)表				●
24	表—12—8		现场签证表				●
25	表—13	规费、税金项目清单与计价表		●	●	●	●
26	表—14	工程款支付申请(核准)表					●

85. 工程量清单封面的形式如何？

_____ 工程

工程量清单

工程造价

招标人：_____　　　　　咨询人：_____
　　　（单位盖章）　　　　　　　（单位资质专用章）

法定代表人　　　　　　　　　 法定代表人
或其授权人：_____　　　 或其授权人：_____
　　　（签字或盖章）　　　　　　（签字或盖章）

编制人：_____　　　　　 复核人：_____
　（造价人员签字盖专用章）　　（造价工程师签字盖专用章）

编制时间：　年　月　日　　　 复核时间：　年　月　日

封—1

86. 工程量清单封面如何填写？

（1）本封面由招标人或招标人委托的工程造价咨询人编制工程量清单时填写。

（2）招标人自行编制工程量清单时，由招标人单位注册的造价人员编制。招标人盖单位公章，法定代表人或其授权人签字或盖章；编制人是造价工程师的，由其签字盖执业专用章；编制人是造价员的，在编制人栏签字盖专用章，应由造价工程师复核，并在复核人栏签字盖执业专用章。

（3）招标人委托工程造价咨询人编制工程量清单时，由工程造价咨询人单位注册的造价人员编制。工程造价咨询人盖单位资质专用章，法定代表人或其授权人签字或盖章；编制人是造价工程师的，由其签字盖执业专用章；编制人是造价员的，在编制人栏签字盖专用章，应由造价工程师复核，并在复核人栏签字盖执业专用章。

87. 招标控制价封面的形式如何？

_____工程

招标控制价

招标控制价（小写）：_____
　　　　　（大写）：_____

招标人：_____　　工程造价咨询人：_____
　　（单位盖章）　　　　　　（单位资质专用章）

法定代表人　　　　　　　法定代表人
或其授权人：_____　或其授权人：_____
　　（签字或盖章）　　　　　（签字或盖章）

编制人：_____　　复核人：_____
（造价人员签字盖专用章）　（造价工程师签字盖专用章）

编制时间：　年　月　日　　复核时间：　年　月　日

封—2

88. 招标控制价封面如何填写?

(1)本封面由招标人或招标人委托的工程造价咨询人编制招标控制价时填写。

(2)招标人自行编制招标控制价时,由招标人单位注册的造价人员编制。招标人盖单位公章,法定代表人或其授权人签字或盖章;编制人是造价工程师的,由其签字盖执业专用章;编制人是造价员的,由其在编制人栏签字盖专用章,应由造价工程师复核,并在复核人栏签字盖执业专用章。

(3)招标人委托工程造价咨询人编制招标控制价时,由工程造价咨询人单位注册的造价人员编制。工程造价咨询人盖单位资质专用章,法定代表人或其授权人签字或盖章;编制人是造价工程师的,由其签字盖执业专用章;编制人是造价员的,在编制人栏签字盖专用章,应由造价工程师复核,并在复核人栏签字盖执业专用章。

89. 投标总价封面的形式如何?

投标总价

招　标　人：_____

工　程　名　称：_____

投标总价(小写)：_____

　　　(大写)：_____

投　标　人：_____

　　　　　　(单位盖章)

法定代表人
或其授权人：_____
　　　　　　(签字或盖章)

编　制　人：_____
　　　　　　(造价人员签字盖专用章)

编制时间：　　年　　月　　日

封—3

90. 投标总价封面如何填写?

(1)本封面由投标人编制投标报价时填写。

(2)投标人编制投标报价时,由投标人单位注册的造价人员编制。投标人盖单位公章,法定代表人或其授权人签字或盖章;编制的造价人员(造价工程师或造价员)签字盖执业专用章。

91. 竣工结算总价封面的形式如何?

_____工程

竣工结算总价

中标价(小写):_____ (大写):_____
结算价(小写):_____ (大写):_____

发包人:_____ 承包人:_____ 工程造价
咨询人:_____
　(单位盖章)　　　(单位盖章)　　　(单位资质专用章)

法定代表人　　　　法定代表人　　　　法定代表人
或其授权人:_____　或其授权人:_____　或其授权人:_____
　(签字或盖章)　　　(签字或盖章)　　　(签字或盖章)

编 制 人:_____ 核 对 人:_____
　(造价人员签字盖专用章)　　(造价工程师签字盖专用章)

编制时间: 年 月 日　　　核对时间: 年 月 日

封-4

92. 竣工结算总价封面如何填写？

(1)承包人自行编制竣工结算总价，由承包人单位注册的造价人员编制。承包人盖单位公章，法定代表人或其授权人签字或盖章；编制的造价人员(造价工程师或造价员)在编制人栏签字盖执业专用章。

(2)发包人自行核对竣工结算时，由发包人单位注册的造价工程师核对。发包人盖单位公章，法定代表人或其授权人签字或盖章，造价工程师在核对人栏签字盖执业专用章。

(3)发包人委托工程造价咨询人核对竣工结算时，由工程造价咨询人单位注册的造价工程师核对。发包人盖单位公章，法定代表人或其授权人签字或盖章；工程造价咨询人盖单位资质专用章，法定代表人或其授权人签字或盖章，造价工程师在核对人栏签字盖执业专用章。

(4)除非出现发包人拒绝或不答复承包人竣工结算书的特殊情况，竣工结算办理完毕后，竣工结算总价封面发、承包双方的签字、盖章应当齐全。

93. 总说明表格形式如何？

总　说　明

工程名称：　　　　　　　　　　　　　　　　　　　第　页共　页

表—01

94. 总说明如何填写?

本表适用于工程量清单计价的各个阶段。每一阶段中《总说明》(表—01)应包括的内容如下:

(1)工程量清单编制阶段。工程量清单中总说明应包括的内容有:
1)工程概况,如建设地址、建设规模、工程特征、交通状况、环保要求等;
2)工程发包、分包范围;
3)工程量清单编制依据,如采用的标准、施工图纸、标准图集等;
4)使用材料设备、施工的特殊要求等;
5)其他需要说明的问题。

(2)招标控制价编制阶段。招标控制价中总说明应包括的内容有:
1)采用的计价依据;
2)采用的施工组织设计;
3)采用的材料价格来源;
4)综合单价中风险因素、风险范围(幅度);
5)其他等。

(3)投标报价编制阶段。投标报价总说明应包括的内容有:
1)采用的计价依据;
2)采用的施工组织设计;
3)综合单价中包含的风险因素,风险范围(幅度);
4)措施项目的依据;
5)其他有关内容的说明等。

(4)竣工结算编制阶段。竣工结算中总说明应包括的内容有:
1)工程概况;
2)编制依据;
3)工程变更;
4)工程价款调整;
5)索赔;
6)其他等。

95. 工程项目招标控制价/投标报价汇总表表格形式如何?

工程项目招标控制价/投标报价汇总表(表—02)。

工程项目招标控制价/投标报价汇总表

工程名称： 第 页共 页

序号	单项工程名称	金额/元	其中		
			暂估价/元	安全文明施工费/元	规费/元
	合 计				

注：本表适用于工程项目招标控制价或投标报价的汇总。

表—02

96. 工程项目招标控制价/投标报价汇总表如何填写？

（1）由于编制招标控制价和投标报价包含的内容相同，只是对价格的处理不同，因此，招标控制价和投标报价汇总表使用同一表格。实践中，对招标控制价或投标报价可分别印制本表格。

（2）使用本表格编制投标报价时，汇总表中的投标总价与投标中标函中投标报价金额应当一致。不一致时，以投标中标函中填写的大写金额为准。

97. 单项工程招标控制价/投标报价汇总表表格形式如何？

单项工程招标控制价/投标报价汇总表

工程名称：　　　　　　　　　　　　　　　　　　　第　页 共　页

序号	单位工程名称	金额/元	其中		
			暂估价/元	安全文明施工费/元	规费/元
	合　　计				

注：本表适用于单项工程招标控制价或投标报价的汇总。暂估价包括分部分项工程中的暂估价和专业工程暂估价。

表—03

98. 单位工程招标控制价/投标报价汇总表表格形式如何？

单位工程招标控制价/投标报价汇总表

工程名称：　　　　　　　　标段：　　　　　　　　第　页共　页

序号	汇总内容	金额(元)	其中:暂估价(元)
1	分部分项工程		
1.1			
1.2			
1.3			
1.4			
1.5			
2	措施项目		—
2.1	安全文明施工费		—
3	其他项目		—
3.1	暂列金额		—
3.2	专业工程暂估价		—
3.3	计日工		—
3.4	总承包服务费		—
4	规费		—
5	税金		—
招标控制价合计=1+2+3+4+5			

注：本表适用于单位工程招标控制价或投标报价的汇总，如无单位工程划分，单项工程也使用本表汇总。

表—04

99. 工程项目竣工结算汇总表表格形式如何？

工程项目竣工结算汇总表

工程名称： 第 页 共 页

序号	单项工程名称	金额/元	其中	
			安全文明施工费/元	规费/元
	合 计			

表—05

100. 单项工程竣工结算汇总表表格形式如何？

单项工程竣工结算汇总表

工程名称：　　　　　　　　　　　　　　　　　　　　　第　页共　页

序号	单位工程名称	金额/元	其中	
			安全文明施工费/元	规费/元
	合　计			

表—06

101. 单位工程竣工结算汇总表表格形式如何？

单位工程竣工结算汇总表

工程名称：　　　　　　标段：　　　　　　第 页共 页

序号	汇总内容	金额/元
1	分部分项工程	
1.1		
1.2		
1.3		
1.4		
1.5		
2	措施项目	
2.1	安全文明施工费	
3	其他项目	
3.1	专业工程结算价	
3.2	计日工	
3.3	总承包服务费	
3.4	索赔与现场签证	
4	规费	
5	税金	
竣工结算总价合计＝1+2+3+4+5		

注：如无单位工程划分，单项工程也使用本表汇总。

表-07

102. 分部分项工程量清单与计价表表格形式如何？

分部分项工程量清单与计价表

工程名称：　　　　　　　　　标段：　　　　　　　　　第 页共 页

序号	项目编码	项目名称	项目特征描述	计量单位	工程量	金　额/元		
						综合单价	合价	其中：暂估价
			本页小计					
			合　　计					

注：根据原建设部、财政部发布的《建筑安装工程费用项目组成》(建标〔2003〕206号)的规定，为计取规费等的使用，可在表中增设："直接费"、"人工费"或"人工费+机械费"。

表-08

103. 分部分项工程量清单与计价表如何填写？

(1)本表是编制工程量清单、招标控制价、投标报价和竣工结算价的最基本用表。

(2)编制工程量清单时，使用本表在"工程名称"栏应填写详细具体的工程称谓，对于房屋建筑而言，习惯上并无标段划分，可不填写"标段"栏，但相对于管道敷设、道路施工，则往往以标段划分，此时，应填写"标段"栏，其他各表涉及此类设置，道理相同。"项目编码"栏应按规定另加3位顺序填写。"项目名称"栏应按规定根据拟建工程实际确定填写。"项目特征描述"栏应按规定根据拟建工程实际予以描述。

(3)编制招标控制价时，使用本表"综合单价"、"合计"以及"其中：暂估价"按《建设工程工程量清单计价规范》(GB 50500—2008)的规定填写。

(4)编制投标报价时，投标人对表中的"项目编码"、"项目名称"、"项目特征描述"、"计量单位"、"工程量"均不应做改动。"综合单价"、"合价"自主决定填写,对其中的"暂估价"栏,投标人应将招标文件中提供了暂估材料单价的暂估价计入综合单价,并应计算出暂估单价的材料在"综合单价"及其"合价"中的具体数额。因此,为更详细反应暂估价情况,也可在表中增设一栏"综合单价"其中的"暂估价"。

(5)编制竣工结算时,使用本表可取消"暂估价"。

104. 工程量清单综合单价分析表表格形式如何?

工程量清单综合单价分析表

工程名称:　　　　　　　标段:　　　　　　　第 页共 页

项目编码				项目名称			计量单位		
清单综合单价组成明细									
定额编号	定额名称	定额单位	数量	单价			合价		
				人工费	材料费	机械费	管理费和利润	人工费	材料费	机械费	管理费和利润
人工单价			小　　计								
元/工日			未计价材料费								
			清单项目综合单价								
材料费明细	主要材料名称、规格、型号			单位	数量	单价/元	合价/元	暂估单价/元	暂估合价/元
	其他材料费					—		—	
	材料费小计					—		—	

注:1. 如不使用省级或行业建设主管部门发布的计价依据,可不填定额项目、编号等。
　　2. 招标文件提供了暂估单价的材料,按暂估的单价填入表内"暂估单价"栏及"暂估合价"栏。

表-09

105. 工程量清单综合单价分析表如何填写?

(1)工程量清单综合单价分析表是评标委员会评审和判别综合单价组成和价格完整性、合理性的重要基础,对因工程变更调整综合单价也是必不可少的基础价格数据来源。

(2)本表集中反映了构成每一个清单项目综合单价的各个价格要素的价格及主要的"工、料、机"消耗量。投标人在投标报价时,需要对每一个清单项目进行组价,为了使组价工作具有可追溯性(回复评标质疑时尤其需要),需要表明每一个数据的来源。

(3)本表一般随投标文件一同提交,作为竞标价的工程量清单的组成部分,以便中标后作为合同文件的附属文件。投标人须知中需要就分析表提交的方式作出规定,该规定需要考虑是否有必要对分析表的合同地位给予定义。

(4)编制招标控制价,使用本表应填写使用的省级或行业建设主管部门发布的计价定额名称。

(5)编制投标报价,使用本表可填写使用的省级或行业建设主管部门发布的计价定额,如不使用,不填写。

106. 以"项"计价的措施项目清单与计价表表格形式如何?

措施项目清单与计价表(一)

工程名称:　　　　　　　　标段:　　　　　　　　第 页共 页

序号	项 目 名 称	计算基础	费率(%)	金额/元
1	安全文明施工费			
2	夜间施工费			
3	二次搬运费			
4	冬雨期施工			
5	大型机械设备进出场及安拆费			
6	施工排水			
7	施工降水			

续表

序号	项 目 名 称	计算基础	费率(%)	金额/元
8	地上、地下设施、建筑物的临时保护设施			
9	已完工程及设备保护			
10	各专业工程的措施项目			
11				
	合 计			

注:1. 本表适用于以"项"计价的措施项目。
   2. 根据原建设部、财政部发布的《建筑安装工程费用项目组成》(建标〔2003〕206号)的规定,"计算基础"可为"直接费"、"人工费"或"人工费+机械费"。

表-10

107. 以"项"计价的措施项目清单与计价表如何填写?

(1)编制工程量清单时,表中的项目可根据工程实际情况进行增减。

(2)编制招标控制价时,计费基础、费率应按省级或行业建设主管部门的规定计取。

(3)编制投标报价时,除"安全文明施工费"必须按省级、行业建设主管部门的规定计取外,其他措施项目均可根据投标施工组织设计自主报价。

108. 以综合单价形式计价的措施项目清单与计价表表格形式如何?

措施项目清单与计价表(二)

工程名称:　　　　　　标段:　　　　　　第 页共 页

序号	项目编码	项目名称	项目特征描述	计量单位	工程量	金额/元	
						综合单价	合价
			本页小计				
			合 计				

注:本表适用于以综合单价形式计价的措施项目。

表-11

109. 以综合单价形式计价的措施项目清单与计价表如何填写？

本表是用于编制能计算出工程量的措施项目，采用分部分项工程量清单的方式进行编制，并要求应列出项目编码、项目名称、项目特征、计量单位和工程量计算规则。

110. 其他项目清单与计价汇总表表格形式如何？

其他项目清单与计价汇总表

工程名称：　　　　　　　　标段：　　　　　　　　第　页共　页

序号	项目名称	计量单位	金额/元	备注
1	暂列金额			明细详见表-12-1
2	暂估价			
2.1	材料暂估价		—	明细详见表-12-2
2.2	专业工程暂估价			明细详见表-12-3
3	计日工			明细详见表-12-4
4	总承包服务费			明细详见表-12-5
5				
	合　　计			—

注：材料暂估单价计入清单项目综合单价，此处不汇总。

表-12

111. 其他项目清单与计价汇总表如何填写？

(1)编制工程量清单，应汇总"暂列金额"和"专业工程暂估价"，以提供给投标人报价。

(2)编制招标控制价，应按有关计价规定估算"计日工"和"总承包服务费"。如工程量清单中未列"暂列金额"和"专业工程暂估价"，应按有关规定编列。

(3)编制投标报价,应按招标文件工程量清单提供的"暂列金额"和"专业工程暂估价"填写金额,不得变动。"计日工"、"总承包服务费"自主确定报价。

(4)编制或核对竣工结算,"专业工程暂估价"按实际分包结算价填写,"计日工"、"总承包服务费"按双方认可的费用填写,如发生"索赔"或"现场签证"费用,按双方认可的金额计入本表。

112. 暂列金额明细表表格形式如何?

暂列金额明细表

工程名称:　　　　　　　标段:　　　　　　　第　页共　页

序号	项目名称	计量单位	暂定金额/元	备注
1				
2				
3				
4				
5				
6				
7				
8				
9				
10				
11				
合计				—

注:此表由招标人填写,如不能详列,也可只列暂定金额总额,投标人应将上述暂列金额计入投标总价中。

表-12-1

113. 暂列金额明细表如何填写?

暂列金额在实际履约过程中可能发生,也可能不发生。本表要求招标人能将暂列金额与拟用项目列出明细,但如确实不能详列也可只列暂定金额总额,投标人应将上述暂列金额计入投标总价中。

114. 材料暂估单价表表格形式如何?

材料暂估单价表

工程名称:　　　　　　　　　标段:　　　　　　　　第　页共　页

序号	材料名称、规格、型号	计量单位	单价/元	备注

注:1. 此表由招标人填写,并在备注栏说明暂估价的材料拟用在哪些清单项目上,投标人应将上述材料暂估单价计入工程量清单综合单价报价中。

2. 材料包括原材料、燃料、构配件以及按规定应计入建筑安装工程造价的设备。

表—12—2

115. 材料暂估单价表如何填写？

暂估价是在招标阶段预见肯定要发生,只是因为标准不明确或者需要由专业承包人完成,暂时无法确定具体价格。暂估价数量和拟用项目应当在《材料暂估单价表》备注栏给予补充说明。

116. 专业工程暂估价表表格形式如何？

专业工程暂估价表

工程名称：　　　　　　　标段：　　　　　　　第　页共　页

序号	工程名称	工程内容	金额/元	备注
	合　计			—

注：此表由招标人填写,投标人应将上述专业工程暂估价计入投标总价中。

117. 专业工程暂估价表如何填写?

专业工程暂估价应在表内填写工程名称、工程内容、暂估金额,投标人应将上述金额计入投标总价中。

118. 计日工表表格形式如何?

计 日 工 表

工程名称:　　　　　　　　　标段:　　　　　　　　第 页共 页

编号	项目名称	单位	暂定数量	综合单价	合价
一	人工				
1					
2					
3					
4					
	人工小计				
二	材料				
1					
2					
3					
4					
	材料小计				
三	施工机械				
1					
2					
3					
4					
	施工机械小计				
	总 计				

注:此表项目名称、数量由招标人填写,编制招标控制价时,单价由招标人按有关计价规定确定;投标时,单价由投标人自主报价,计入投标总价中。

表—12—4

119. 计日工表如何填写？

(1)编制工程量清单时,"项目名称"、"计量单位"、"暂估数量"由招标人填写。

(2)编制招标控制价时,人工、材料、机械台班单价由招标人按有关计价规定填写并计算合价。

(3)编制投标报价时,人工、材料、机械台班单价由投标人自主确定,按已给暂估数量计算合价计入投标总价中。

120. 总承包服务费计价表表格形式如何？

总承包服务费计价表

工程名称：　　　　　　　标段：　　　　　　　第　页共　页

序号	项目名称	项目价值/元	服务内容	费率(%)	金额/元
1	发包人发包专业工程				
2	发包人供应材料				
	合　计				

表-12-5

121. 总承包服务费计价表如何填写？

(1)编制工程量清单时,招标人应将拟定进行专业分包的专业工程、自行采购的材料设备等规定清楚,填写项目名称、服务内容,以便投标人决定报价。

(2)编制招标控制价时,招标人按有关计价规定计价。

(3)编制投标报价时,由投标人根据工程量清单中的总承包服务内容,自主决定报价。

122. 索赔与现场签证计价汇总表表格形式如何？

索赔与现场签证计价汇总表

工程名称：　　　　　　标段：　　　　　　第　页 共　页

序号	签证及索赔项目名称	计量单位	数量	单价/元	合价/元	索赔及签证依据
	本页小计					—
	合　计					—

注：签证及索赔依据是指经双方认可的签证单和索赔依据的编号。

表—12—6

123. 费用索赔申请（核准）表表格形式如何？

费用索赔申请（核准）表

工程名称：　　　　　　标段：　　　　　　第　页 共　页

致：_____（发包人全称）

　　根据施工合同条款第____条的约定，由于_____原因，我方要求索赔金额（大写）_____元，(小写)_____元，请予核准。

附：1. 费用索赔的详细理由和依据：
　　2. 索赔金额的计算：
　　3. 证明材料：

承包人（章）
承包人代表_____
日　期_____

复核意见： 　　根据施工合同条款第____条的约定，你方提出的费用索赔申请经复核。 　　□不同意此项索赔，具体意见见附件。 　　□同意此项索赔，索赔金额的计算，由造价工程师复核。 监理工程师_____ 日　期_____	复核意见： 　　根据施工合同条款第____条的约定，你方提出的费用索赔申请经复核，索赔金额为（大写）____元，(小写)____元。 造价工程师_____ 日　期_____

续表

审核意见:
□不同意此项索赔。
□同意此项索赔,与本期进度款同期支付。
发包人(章)
发包人代表＿＿＿＿＿＿
日　　期＿＿＿＿＿＿

注:1. 在选择栏中的"□"内作标识"√"。

　　2. 本表一式四份,由承包人填报,发包人、监理人、造价咨询人、承包人各存一份。

表-12-7

124. 费用索赔申请(核准)表如何填写?

填写本表时,承包人代表应按合同条款的约定,阐述原因,附上索赔证据、费用计算报发包人,经监理工程师复核(按照发包人的授权,监理工程师或发包人现场代表均可),经造价工程师(此处造价工程师可以是发包人现场管理人员,也可以是发包人委托的工程造价咨询企业的人员)复核具体费用,经发包人审核后生效,该表以在选择栏中"□"内作标识"√"表示。

125. 现场签证表表格形式如何?

现场签证表

工程名称:		标段:		第　页共　页
施工部位		日期		

致:＿＿＿＿＿＿＿＿＿＿＿＿＿＿＿＿＿＿＿＿＿＿＿＿(发包人全称)

　　根据＿＿＿＿＿＿(指令人姓名)　年　月　日的口头指令或你方＿＿＿＿＿＿(或监理人)　年　月　日的书面通知,我方要求完成此项工作应支付价款金额为(大写)＿＿＿＿＿＿元,(小写)＿＿＿＿＿＿元,请予核准。

附:1. 签证事由及原因:

　　2. 附图及计算式:

承包人(章)

承包人代表＿＿＿＿＿＿

日　　期＿＿＿＿＿＿

续表

复核意见： 　　你方提出的此项签证申请经复核： 　　□不同意此项签证，具体意见见附件。 　　□同意此项签证，签证金额的计算，由造价工程师复核。 　　　　　监理工程师_____ 　　　　　日　　　期_____	复核意见： 　　□此项签证按承包人中标的计日工单价计算，金额为（大写）____元,（小写）____元。 　　□此项签证因无计日工单价，金额为（大写）____元,（小写）____。 　　　　　造价工程师_____ 　　　　　日　　　期_____
审核意见： 　　□不同意此项签证。 　　□同意此项签证，价款与本期进度款同期支付。 　　　　　　　　　　　　　　　　　　　　　发包人（章） 　　　　　　　　　　　　　　　　　　　　　发包人代表_____ 　　　　　　　　　　　　　　　　　　　　　日　　　期_____	

注：1. 在选择栏中的"□"内作标识"√"。
　　2. 本表一式四份，由承包人在收到发包人（监理人）的口头或书面通知后填写，发包人、监理人、造价咨询人、承包人各存一份。

表—12—8

126. 现场签证表如何填写？

本表是对"计日工"的具体化，考虑到招标时，招标人对计日工项目的预估难免会有遗漏，带来实际施工发生后，无相应的计日工单价时，现场签证只能包括单价一并处理，因此，在汇总时，有计日工单价的，归并于计日工，无计日工单价的，归并于现场签证，以示区别。

127. 规费、税金项目清单与计价表表格形式如何？

规费、税金项目清单与计价表

工程名称：　　　　　　　　　标段：　　　　　　　第　页共　页

序号	项目名称	计算基础	费率(%)	金额(元)
1	规费			
1.1	工程排污费			
1.2	社会保障费			
(1)	养老保险费			
(2)	失业保险费			
(3)	医疗保险费			
1.3	住房公积金			
1.4	危险作业意外伤害保险			
1.5	工程定额测定费			
2	税金	分部分项工程费＋措施项目费＋其他项目费＋规费		
	合计			

注：根据原建设部、财政部发布的《建筑安装工程费用项目组成》(建标〔2003〕206号)的规定，"计算基础"可为"直接费"、"人工费"或"人工费＋机械费"。

表－13

128. 规费、税金项目清单与计价表如何填写？

本表按原建设部、财政部印发的《建筑安装工程费用项目组成》(建标〔2003〕206号)列举的规费项目列项，在施工实践中，有的规费项目，如工程排污费，并非每个工程所在地都要征收，实践中可作为按实计算的费用处理。此外，按照国务院《工伤保险条例》，工伤保险建议列入，与"危险作业意外伤害保险"一并考虑。

129. 工程款支付申请(核准)表表格形式如何？

工程款支付申请(核准)表

工程名称：　　　　　　　　标段：　　　　　　　　第　页共　页

致：_____（发包人全称）

我方于___至___期间已完成了_____工作，根据施工合同的约定，现申请支付本期的工程款额为（大写）____元,（小写）____元,请予核准。

序号	名　　称	金额(元)	备注
1	累计已完成的工程价款		
2	累计已实际支付的工程价款		
3	本周期已完成的工程价款		
4	本周期完成的计日工金额		
5	本周期应增加和扣减的变更金额		
6	本周期应增加和扣减的索赔金额		
7	本周期应抵扣的预付款		
8	本周期应扣减的质保金		
9	本周期应增加或扣减的其他金额		
10	本周期实际应支付的工程价款		

承包人（章）

承包人代表_____

日　　期_____

复核意见： □与实际施工情况不相符，修改意见见附件。 □与实际施工情况相符，具体金额由造价工程师复核。 监理工程师_____ 日　　期_____	复核意见： 你方提出的支付申请经复核，本期间已完成工程款额为（大写）____元,（小写）____元。本期间应支付金额为（大写）____元,（小写）____。 造价工程师_____ 日　　期_____

审核意见：

　□不同意。

　□同意，支付时间为本表签发后的15天内。

发包人（章）

发包人代表_____

日　　期_____

注：1. 在选择栏中的"□"内作标识"√"。

　　2. 本表一式四份，由承包人填报，发包人、监理人、造价咨询人、承包人各存一份。

表—14

130. 工程款支付申请(核准)表如何填写？

本表由承包人代表在每个计量周期结束后，向发包人提出，由发包人授权的现场代表复核工程量(本表中设置为监理工程师)，由发包人授权的造价工程师(可以是委托的造价咨询企业)复核应付款项，经发包人批准实施。

131. 投标报价时如何确定规费和税金？

规费和税金应按国家或省级、行业建设主管部门的规定计算，不得作为竞争性费用。规费和税金的计取标准是依据有关法律、法规和政策规定制定的，具有强制性。投标人是法律、法规和政策的执行者，不能改变，更不能制定，而必须按照法律、法规、政策的有关规定执行。

132. 投标报价时如何确定投标总价？

实行工程量清单招标，投标人的投标总价应当与组成工程量清单的分部分项工程费、措施项目费、其他项目费和规费、税金的合计金额相一致，即投标人在投标报价时，不能进行投标总价优惠(或降价、让利)，投标人对招标人的任何优惠(或降价、让利)均应反映在相应清单项目的综合单价中。

133. 怎样进行工程合同价款的约定？

实行招标的工程，合同约定不得违背招标文件中关于工期、造价、资质等方面的实质性内容。合同实质性内容，按照《中华人民共和国合同法》第三十条规定："有关合同标的、数量、质量、价款或者报酬、履行期限、履行地点和方式、违约责任和解决争议方法等的变更，是对要约内容的实质性变现"。

在工程招标投标及建设工程合同签订过程中，招标文件应视为要约邀请，投标文件为要约，中标通知书为承诺。因此，在签订建设工程合同，当招标文件与中标人的投标文件有不一致的地方时，应以投标文件为准。

工程合同价款的约定是建设工程合同的主要内容。根据有关法律条款的规定，实行招标的工程合同价款应在中标通知书发出之日起 30 天内，由发、承包双方依据招标文件和中标人的投标文件在书面合同中约定。

不实行招标的工程合同价款,在发、承包双方认可的工程价款基础上,由发、承包双方在合同中约定。

134. 工程合同价款的约定应满足哪些要求?

(1)约定的依据要求:招标人向中标的投标人发出的中标通知书。
(2)约定的时间要求:自招标人发出中标通知书之日起 30 天内。
(3)约定的内容要求:招标文件和中标人的投标文件。
(4)合同的形式要求:书面合同。

135. 工程建设合同的形式有哪些?

工程建设合同的形式主要包括单价合同和总价合同。合同的形式对工程量清单计价的适用性不构成影响,无论是单价合同还是总价合同均可以采用工程量清单计价。

136. 单价合同和总价合同有什么区别?

单价合同和总价合同的区别仅在于工程量清单中所填写的工程量的合同约束力。采用单价合同形式时,工程量清单是合同文件必不可少的组成内容,其中的工程量一般具备合同约束力(量可调),工程款结算时按照合同中约定应予计量并实际完成的工程量计算进行调整,由招标人提供统一的工程量清单则彰显了工程量清单计价的主要优点。而对总价合同形式,工程量清单中的工程量不具备合同的约束力(量不可调),工程量以合同图纸的标示内容为准,工程量以外的其他内容一般均赋予合同约束力,以方便合同变更的计量和计价。

《建设工程工程量清单计价规范》(GB 50500—2008)规定:"实行工程量清单计价的工程,宜采用单价合同方式。"即合同约定的工程价款中所包含的工程量清单项目综合单价在约定条件内是固定的,不予调整,工程量允许调整。工程量清单项目综合单价在约定的条件外,允许调整。但调整方式、方法应在合同中约定。

清单计价规范规定实行工程量清单计价的工程宜采用单价合同,并不表示排斥总价合同。总价合同适用规模不大、工序相对成熟、工期较短、施工图纸完备的工程施工项目。

137. 什么是招标控制价？

招标控制价是招标人根据国家或省级、行业建设主管部门颁发的有关计价依据和办法，按设计施工图纸计算的，对招标工程限定的最高工程造价。国有资金投资的工程建设项目应实行工程量清单招标，并应编制招标控制价。

138. 招标控制价的编制依据有哪些？

(1)《建设工程工程量清单计价规范》(GB 50500—2008)。
(2)国家或省级、行业建设主管部门颁发的计价办法。
(3)建设工程设计文件及相关资料。
(4)招标文件中的工程量清单及有关要求。
(5)与建设项目相关的标准、规范、技术资料。
(6)工程造价管理机构发布的工程造价信息；工程造价信息没有发布的参照市场价。
(7)其他的相关资料。

139. 对招标控制价的一般规定有哪些？

(1)我国对国有资金投资项目实行投资概算审批制度，国有资金投资的工程原则上不能超过批准的投资概算。因此，在工程招标发包时，当编制的招标控制价超过批准的概算，招标人应当将其报原概算审批部门重新审核。

(2)国有资金投资的工程进行招标，根据《中华人民共和国招标投标法》的规定，招标人可以设标底。当招标人不设标底时，应编制招标控制价，从而客观、合理地评审投标报价，避免哄抬标价。

(3)国有资金投资的工程，招标人编制并公布的招标控制价相当于招标人的采购预算，同时要求其不能超过批准的概算，因此，招标控制价是招标人在工程招标时能接受投标人报价的最高限价。国有资金中的财政性资金投资的工程在招标时还应符合《中华人民共和国政府采购法》相关条款的规定。国有资金投资的工程，投标人的投标报价不能高于招标控制价，否则，其投标将被拒绝。

140. 编制招标控制价时应注意哪些问题？

(1) 使用国家或省级、行业建设主管部门颁布的计价定额和相关政策规定。

(2) 采用工程造价管理机构通过工程造价信息发布的材料单价，通过市场调查确定来发布材料单价材料的价格。

(3) 国家或省级、行业建设主管部门对工程造价计价中费用或费用标准有规定的，应按规定执行。

141. 如何确定招标控制价的编制人员？

招标控制价应由具有编制能力的招标人编制，当招标人不具有编制招标控制价的能力时，可委托具有相应资质的工程造价咨询人编制。工程造价咨询人不得同时接受招标人和投标人对同一工程的招标控制价和投标报价进行编制。

具有相应工程造价咨询资质的工程造价咨询人是指根据《工程造价咨询企业管理办法》(原建设部令第 149 号)的规定，依法取得工程造价咨询企业资质，并在其资质许可的范围内接受招标人的委托，编制招标控制价的工程造价咨询企业。即取得甲级工程造价咨询资质的咨询人可承担各类建设项目的招标控制价编制，取得乙级(包括乙级暂定)工程造价咨询资质的咨询人，则只能承担 5000 万元以下的招标控制价的编制。

142. 编制招标控制价时分部分项工程费如何确定？

分部分项工程费应根据招标文件中的分部分项工程量清单项目的特征描述及有关要求，按规定确定综合单价进行计算。综合单价中应包括招标文件中要求投标人承担的风险费用。招标文件提供了暂估单价的材料，按暂估的单价计入综合单价。

143. 编制招标控制价时措施项目费如何确定？

措施项目费应按招标文件中提供的措施项目清单确定，措施项目采用分部分项工程综合单价形式进行计价的工程量，应按措施项目清单中的工程量，并按规定确定综合单价；以"项"为单位的方式计价的，按规定确定除规费、税金以外的全部费用。措施项目费中的安全文明施工费应当按照国家或省级、行业建设主管部门的规定标准计价。

144. 编制招标控制价时暂列金额如何确定?

招标人根据工程特点按有关计价规定进行估算确定暂列金额。为保证工程施工建设的顺利实施,在编制招标控制价时应对施工过程中可能出现的各种不确定因素对工程造价的影响进行估算,列出一笔暂列金额。暂列金额可根据工程的复杂程度、设计深度、工程环境条件(包括地质、水文、气候条件等)进行估算,一般可按分部分项工程费的10%～15%作为参考。

145. 编制招标控制价时暂估价如何确定?

暂估价由材料暂估价和专业工程暂估价组成。按照工程造价管理机构发布的工程造价信息或参考市场价格确定材料单价;专业工程暂估价分不同专业,按有关计价规定估算。

146. 编制招标控制价时计日工如何确定?

计日工包括计日工人工、材料和施工机械。在编制招标控制价时,对计日工中的人工单价和施工机械台班单价应按省级、行业建设主管部门或其授权的工程造价管理机构公布的单价计算;材料应按工程造价管理机构发布的工程造价信息中的材料单价计算,工程造价信息未发布材料单价的材料,其价格应按市场调查确定的单价计算。

147. 编制招标控制价时总承包服务费如何确定?

招标人应根据招标文件中列出的内容和向总承包人提出的要求,参照下列标准计算:

(1)招标人仅要求对分包的专业工程进行总承包管理和协调时,按分包的专业工程估算造价的1.5%计算。

(2)招标人要求对分包的专业工程进行总承包管理和协调,并同时要求提供配合服务时,根据招标文件中列出的配合服务内容和提出的要求,按分包的专业工程估算造价的3%～5%计算。

(3)招标人自行供应材料的,按招标人供应材料价值的1%计算。

148. 编制招标控制价时规费和税金如何确定?

招标控制价的规费和税金必须按国家或省级、行业建设主管部门的规定计算。

149. 使用招标控制价时应注意哪些问题？

(1)招标控制价的作用决定了招标控制价不同于标底,无须保密。为体现招标的公平、公正,防止招标人有意抬高或压低工程造价,招标人应在招标文件中如实公布招标控制价,不得对所编制的招标控制价进行上浮或下调。招标人在招标文件中公布招标控制价时,应公布招标控制价各组成部分的详细内容,不得只公布招标控制价总价。同时,招标人应将招标控制价报工程所在地的工程造价管理机构备查。

(2)投标人经复核认为招标人公布的招标控制价未按照《建设工程工程量清单计价规范》(GB 50500—2008)的规定进行编制的,应在开标前5天向招标投标监督机构或(和)工程造价管理机构投诉。

招标投标监督机构应会同工程造价管理机构对投诉进行处理,发现确有错误的,应责成招标人修改。

150. 投标报价编制的一般规定有哪些？

(1)投标报价中除《建设工程工程量清单计价规范》(GB 50500—2008)中规定的规费、税金及措施项目清单中的安全文明施工费应按国家或省级、行业建设主管部门的规定计价,不得作为竞争性费用外,其他项目的投标报价由投标人自主决定。

(2)投标人的投标报价不得低于成本。经营者不得以排挤竞争对手为目的,以低于成本的价格销售商品。中标人的投标能够满足招标文件的实质性要求,并且经评审的投标价格最低;但是投标价格低于成本的除外。在评标过程中,评标委员会发现投标人的报价明显低于其他投标报价的,使得其投标报价可能低于其个别成本的,应当要求该投标人作出书面说明并提供相关证明材料。投标人不能合理说明或者不能提供相关证明材料的,由评标委员会认定该投标人以低于成本报价竞标,其投标应作废标处理。

(3)投标报价应由投标人或受其委托具有相应资质的工程造价咨询人编制。

(4)实行工程量清单招标,招标人在招标文件中提供工程量清单,从而使各投标人在投标报价中具有共同的竞争平台。因此,要求投标人在投标报价中填写的工程量清单的项目编码、项目名称、项目特征、计量单位、工程数量必须与招标人招标文件中提供的一致。

151. 投标报价编制的依据有哪些？

(1)《建设工程工程量清单计价规范》(GB 50500—2008)。
(2)国家或省级、行业建设主管部门颁发的计价办法。
(3)企业定额，国家或省级、行业建设主管部门颁发的计价定额。
(4)招标文件、工程量清单及其补充通知、答疑纪要。
(5)建设工程设计文件及相关资料。
(6)施工现场情况、工程特点及拟定的投标施工组织设计或施工方案。
(7)与建设项目相关的标准、规范等技术资料。
(8)市场价格信息或工程造价管理机构发布的工程造价信息。
(9)其他的相关资料。

152. 投标报价时综合单价中可增列哪些费用？

下列几项费用，投标人在报价时可根据现场实际需要和企业的技术能力酌情增列施工增加费，并计入综合单价。

(1)高层建筑施工增加费。
(2)安装与生产同时进行增加费。
(3)在有害身体健康环境中施工增加费。
(4)超高施工增加费。
(5)设置在管道间、管廊内管道施工增加费。
(6)现场浇筑的主体结构配合施工增加费。

153. 投标报价时分部分项工程费如何确定？

分部分项工程费包括完成分部分项工程量清单项目所需的人工费、材料费、施工机械使用费、企业管理费、利润，以及一定范围内的风险费用。分部分项工程费应按分部分项工程清单项目的综合单价计算。投标人投标报价时依据招标文件中分部分项工程量清单项目的特征描述确定清单项目的综合单价。在招标投标过程中，当出现招标文件中分部分项工程量清单特征描述与设计图纸不符时，投标人应以分部分项工程量清单的项目特征描述为准,确定投标报价的综合单价。当施工中施工图纸或设计变更与工程量清单项目特征描述不一致时,发、承包双方应按实际施工的项目特征,依据合同约定重新确定综合单价。

招标文件中提供了暂估单价的材料,应按暂估的单价计入综合单价。综合单价中应考虑招标文件中要求投标人承担的风险内容及其范围(幅度)产生的风险费用。在施工过程中,当出现的风险内容及其范围(幅度)在合同约定的范围内时,工程价款不做调整。

154. 投标报价时措施项目费如何确定?

投标人可根据工程实际情况并结合施工组织设计,对招标人所列的措施项目进行增补。由于各投标人拥有的施工装备、技术水平和采用的施工方法有所差异,招标人提出的措施项目清单是根据一般情况确定的,没有考虑不同投标人的"个性",投标人投标时应根据自身编制的投标施工组织设计或施工方案确定措施项目,对招标人提供的措施项目进行调整。投标人根据投标施工组织设计或施工方案调整和确定的措施项目应通过评标委员会的评审。

155. 投标报价时措施项目费计算应注意哪些问题?

(1)措施项目的内容应依据招标人提供的措施项目清单和投标人投标时拟定的施工组织设计或施工方案。

(2)措施项目费的计价方式应根据招标文件的规定,可以计算工程量的措施清单项目采用综合单价方式报价,其余的措施清单项目采用以"项"为计量单位的方式报价。

(3)措施项目费由投标人自主确定,但其中安全文明施工费应按国家或省级、行业建设主管部门的规定确定,且不得作为竞争性费用。

156. 投标报价时暂时金额如何确定?

暂列金额应按照其他项目清单中列出的金额填写,不得变动。

157. 投标报价时暂估价如何确定?

暂估价不得变动和更改。暂估价中的材料必须按照其他项目清单中列出的暂估单价计入综合单价;专业工程暂估价必须按照其他项目清单中列出的金额填写。

158. 投标报价时计日工如何确定？

计日工应按照其他项目清单列出的项目和估算的数量，自主确定各项综合单价并计算费用。

159. 投标报价时总承包服务费如何确定？

总承包服务费应依据招标人在招标文件中列出的分包专业工程内容和供应材料、设备情况，按照招标人提出协调、配合与服务要求和施工现场管理需要自主确定。

160. 合同中对合同价款的约定事项有哪些？

发、承包双方应在合同条款中对下列事项进行约定；合同中没有约定或约定不明的，由双方协商确定；协商不能达成一致的，按《建设工程工程量清单计价规范》(GB 50500—2008)执行。

(1)预付工程款的数额、支付时间及抵扣方式。预付款是发包人为解决承包人在施工准备阶段资金周转问题提供的协助。如使用大宗材料，可根据工程具体情况设置工程材料预付款。

(2)工程计量与支付工程进度款的方式、数额及时间。

(3)工程价款的调整因素、方法、程序、支付及时间。

(4)索赔与现场签证的程序、金额确认与支付时间。

(5)发生工程价款争议的解决方法及时间。

(6)承担风险的内容、范围以及超出约定内容、范围的调整办法。

(7)工程竣工价款结算编制与核对、支付及时间。

(8)工程质量保证(保修)金的数额、预扣方式及时间。

(9)与履行合同、支付价款有关的其他事项。

合同中涉及工程价款的事项较多，应尽可能对能够详细约定的事项做具体的约定，用词应尽可能唯一，如有几种解释，最好对用词进行定义，尽量避免因理解上的歧义造成合同纠纷。

161. 为什么要设置工程预付款？

目前，在我国工程承发包中，大多工程实行包工包料，也就是说承包商必须有一定数量的备料周转金。通常在工程承包合同中，会明确规定发包方(甲方)在开工前拨付给承包方(乙方)一定数额的工程预付备料款。该预付款构成承包商为工程项目储备主要材料、构件所需要的流动资金。

原建设部颁布的《招标文件范本》中明确规定,工程预付款仅用于乙方支付施工开始时与本工程有关的动员费用。如果乙方滥用此款,甲方有权立即收回。在乙方向甲方提交金额等于预付款数额(甲方认可的银行开出)的银行保函后,甲方按规定的金额和规定的时间向乙方支付预付款,在甲方全部扣回预付款之前,该银行保函将一直有效。当预付款被甲方扣回时,银行保函金额相应递减。

162. 如何对预付备料款进行限额?

主要材料(包括外购材料)占工程造价的比重、材料储备期以及施工工期等对预付备料款的限额起决定性作用。实际工程中,备料款的数额,也可根据工程类型、合同工期、承包方式以及供应体制等不同条件来确定。

对于施工企业常年应备的备料款限额,其计算公式为:

$$备料款限额 = \frac{年度承包工程总值}{年度施工日历天数} \times 主要材料所占比重 \times 材料储备天数$$

一般情况下,建筑工程不得超过当年建安工作量(包括水、电、暖费用)的 30%;安装工程按年安装工程量的 10%;材料所占比重较大的安装工程按年计划产值的 15% 左右拨付。

163. 备料款应怎样扣回?

由于发包方拨付给承包方的备料款属于预支性质,在工程进行中,随着材料储备的逐步减少,应以抵充工程价款的方式陆续扣回。

164. 备料款的扣款方式有哪些?

(1)从未施工工程尚需要的主要材料以及构件的价值相当于备料款数额时起扣,从每次结算工程价款中,按材料比重扣除工程价款,在竣工前全部扣清。备料款起扣点计算公式为:

$$T = P - \frac{A}{B}$$

式中 T——起扣点,也就是预付备料款开始扣回时的累计完成工作量金额;

第五章 水暖工程工程量清单计价

A——预付备料款的限额；
B——主材比重＝主要材料费÷工程承包合同造价；
P——承包工程价款总额。

(2)原建设部在《招标文件范本》中明确规定,在乙方完成金额累计达到合同总价的10%后,乙方开始向甲方还款,甲方从每次应付给的金额中,扣回工程预付款,甲方至少在合同规定的完工期前三个月将工程预付款的总计金额按逐次分摊的办法扣回,当甲方一次付给乙方的余额少于规定扣回的金额时,其差额应转入下一次支付中作为债务结转。甲方不按规定支付工程预付款时,乙方按《建设工程施工合同文本》第21条享有权利。

165. 进度款支付的前提和依据是什么？

发包人支付工程进度款,应按照合同计量和支付。工程量的正确计量是发包人向承包人支付工程进度款的前提和依据。

166. 工程计量和付款可采有哪几种方式？

计量和付款周期可采用分段或按月结算的方式。

(1)按月结算与支付。即实行按月支付进度款,竣工后结算的办法。合同工期在两个年度以上的工程,在年终进行工程盘点,办理年度结算。

(2)分段结算与支付。即当年开工、当年不能竣工的工程按照工程形象进度,划分不同阶段,支付工程进度款。

当采用分段结算方式时,应在合同中约定具体的工程分段划分,付款周期应与计量周期一致。

167. 如何确认工程量？

(1)乙方应按约定的时间向工程师提交已完工程量的报告。工程师接到报告后7天内按设计图纸核实已完工程量(以下称计量),并在计量前24小时通知乙方,乙方为计量提供便利条件并派人参加。乙方不参加计量,甲方自行进行,计量结果有效,作为工程价款支付的依据。

(2)工程师收到乙方报告后7天内未进行计量,第8天起,乙方报告中开列的工程量视为已被确认,作为工程价款支付的依据。工程师不按约定时间通知乙方,使乙方不能参加计量,计量结果无效。

(3)工程师对乙方超出设计图纸范围或因自身原因造成返工的工程量,不予计量。

168. 合同收入包括哪些内容?

财政部制定的《企业会计准则——建造合同》中合同收入包括两部分内容:

(1)合同中规定的初始收入,是建造承包商与客户在双方签订的合同中最初商订的合同总金额,其构成合同收入的基本内容。

(2)因合同变更、索赔、奖励等构成的收入,这部分收入并不构成合同双方在签订合同时已在合同中商定的合同总金额,而是在执行合同过程中形成的追加收入。

169. 工程进度款支付应符合哪些规定?

国家工商行政管理总局、原建设部颁布的《建设工程施工合同文本》中对工程进度款支付作了如下规定:

(1)工程进度款在双方计量确认后 14 天内,甲方应向乙方支付工程进度款。同期用于工程上的甲方供应材料设备的价款以及按约定时间甲方应按比例扣回的预付款,同期结算。

(2)符合规定范围的合同价款的调整,工程变更调整的合同价款及其他条款中约定的追加合同价款,应与工程进度款同期调整支付。

(3)甲方超过约定的支付时间不付工程进度款,乙方可向甲方发出要求付款通知,甲方收到乙方通知后仍不能按要求付款,可与乙方协商签订延期付款协议,经乙方同意后可延期支付。协议须明确延期支付时间和从甲方计量签字后第 15 天起计算应付款的贷款利息。

(4)甲方不按合同约定支付工程进度款,双方又未达成延期付款协议,导致施工无法进行,乙方可停止施工,由甲方承担违约责任。

170. 工程保修金如何预留?

按规定,工程项目总造价中须预留一定比例的尾款作为质量保修金,等到工程项目保修期结束时最后拨付。通常采用以下两种方法扣除尾款:

(1)当工程进度款拨付累计额达到该建筑安装工程造价的一定比例

（一般为95%～97%）时,停止支付,预留造价部分作为保修金。

(2)我国颁布的《招标文件范本》中规定,保修金的扣除,可以从甲方向乙方第一次支付的工程进度款开始,在每次乙方应得的工程款中扣留投标书附录中规定金额作为保修金,直至保修金总额达到投标书附录中规定的限额为止。

171. 什么是索赔?

索赔是当事人在合同实施过程中,根据法律、合同规定及惯例,对不应由自己承担责任的情况造成的损失,向合同的另一方当事人提出给予赔偿或补偿要求的行为。

172. 什么是建设工程索赔?

建设工程索赔通常是指在工程合同履行过程中,合同当事人一方因非自身因素或对方不履行或未能正确履行合同而受到经济损失或权利损害时,通过一定的合法程序向对方提出经济或时间补偿的要求。索赔是一种正当的权利要求,它是发包方、监理工程师和承包方之间一项正常的、大量发生而且普遍存在的合同管理业务,是一种以法律和合同为依据的、合情合理的行为。

建设工程索赔包括狭义的建设工程索赔和广义的建设工程索赔。

狭义的建设工程索赔,是指人们通常所说的工程索赔或施工索赔。工程索赔是指建设工程承包商在由于发包人的原因或发生承包商和发包人不可控制的因素而遭受损失时,向发包人提出的补偿要求。这种补偿包括补偿损失费用和延长工期。

广义的建设工程索赔,是指建设工程承包商由于合同对方的原因或合同双方不可控制的原因而遭受损失时,向对方提出的补偿要求。这种补偿可以是损失费用索赔,也可以是索赔实物。它不仅包括承包商向发包人提出的索赔,而且还包括承包商向保险公司、供货商、运输商、分包商等提出的索赔。

173. 索赔发生的原因有哪些?

在现代承包工程中,特别在国际承包工程中,索赔经常发生,而且索赔额很大。这主要是由以下几方面原因造成的:

(1)施工延期。
(2)合同变更。
(3)合同中存在的矛盾和缺陷。
(4)恶劣的现场自然条件。
(5)参与工程建设主体的多元性。

174. 索赔的作用有哪些？

索赔与项目合同同时存在,它的作用主要体现在以下几个方面:

(1)索赔是合同和法律赋予正确履行合同者免受意外损失的权利,索赔是当事人一种保护自己、避免损失、增加利润、提高效益的重要手段。

(2)索赔是落实和调整合同双方责、权、利关系的手段,也是合同双方风险分担的又一次合理再分配,离开了索赔,合同责任就不能全面体现,合同双方的责、权、利关系就难以平衡。

(3)索赔是合同实施的保证。索赔是合同法律效力的具体体现,对合同双方形成约束条件,特别能对违约者起到警戒作用,违约方必须考虑违约后的后果,从而尽量减少其违约行为的发生。

(4)索赔对提高企业和工程项目管理水平起着重要的促进作用。我国承包商在许多项目上提不出或提不好索赔,与其企业管理松散混乱、计划实施不严、成本控制不力等有着直接关系。没有正确的工程进度网络计划就难以证明延误的发生及天数;没有完整翔实的记录,就缺乏索赔定量要求的基础。

175. 索赔需要哪些条件？

合同一方向另一方提出索赔时,应有正当的索赔理由和有效证据,并应符合合同的相关约定。建设工程施工中的索赔是发、承包双方行使正当权利的行为,承包人可向发包人索赔,发包人也可向承包人索赔。任何索赔事件的确立,其前提条件是必须有正当的索赔理由。对正当索赔理由的说明必须具有证据,因为进行索赔主要是靠证据说话。没有证据或证据不足,索赔是难以成功的。

176. 索赔证据的特征有哪些？

(1)及时性:既然干扰事件已发生,又意识到需要索赔,就应在有效时间内提出索赔意向。在规定的时间内报告事件的发展影响情况,在规定时间内提交索赔的详细额外费用计算账单,对发包人或工程师提出的疑问及时补充有关材料。如果拖延太久,将增加索赔工作的难度。

(2)真实性:索赔证据必须是在实际过程中产生,完全反映实际情况,能经得住对方的推敲。由于在工程过程中合同双方都在进行合同管理,收集工程资料,所以双方应有相同的证据。使用不实的、虚假证据是违反商业道德甚至法律的。

(3)全面性:所提供的证据应能说明事件的全过程。索赔报告中所涉及的干扰事件、索赔理由、索赔值等都应有相应的证据,不能凌乱和支离破碎,否则发包人将退回索赔报告,要求重新补充证据。这会拖延索赔的解决,损害承包商在索赔中的有利地位。

(4)关联性:索赔的证据应当能互相说明,相互具有关联性,不能互相矛盾。

(5)法律证明效力:索赔证据必须有法律证明效力,特别对准备递交仲裁的索赔报告更要注意这一点。

1)证据必须是当时的书面文件,一切口头承诺、口头协议不算。

2)合同变更协议必须由双方签署,或以会谈纪要的形式确定,且为决定性决议。一切商讨性、意向性的意见或建议都不算。

3)工程中的重大事件、特殊情况的记录应由工程师签署认可。

177. 索赔证据的种类有哪些?

(1)招标文件、工程合同、发包人认可的施工组织设计、工程图纸、技术规范等。

(2)工程各项有关的设计交底记录、变更图纸、变更施工指令等。

(3)工程各项经发包人或合同中约定的发包人现场代表或监理工程师签认的签证。

(4)工程各项往来信件、指令、信函、通知、答复等。

(5)工程各项会议纪要。

(6)施工计划及现场实施情况记录。

(7)施工日报及工长工作日志、备忘录。

(8)工程送电、送水、道路开通、封闭的日期及数量记录。

(9) 工程停电、停水和干扰事件影响的日期及恢复施工的日期记录。
(10) 工程预付款、进度款拨付的数额及日期记录。
(11) 工程图纸、图纸变更、交底记录的送达份数及日期记录。
(12) 工程有关施工部位的照片及录像等。
(13) 工程现场气候记录,如有关天气的温度、风力、雨雪等。
(14) 工程验收报告及各项技术鉴定报告等。
(15) 工程材料采购、订货、运输、进场、验收、使用等方面的凭据。
(16) 国家和省级或行业建设主管部门有关影响工程造价、工期的文件、规定等。

178. 什么是单项索赔?

单项索赔是指在每一件索赔事项发生后,递交索赔通知书,编报索赔报告书,要求单项解决支付,不与其他的索赔事项混在一起。单项索赔是施工索赔通常采用的方式。它避免了多项索赔的相互影响制约,因此,解决起来比较容易。

若承包人认为非承包人原因发生的事件造成了承包人的经济损失,承包人应在确认该事件发生后,持证明索赔事件发生的有效证据和依据正当的索赔理由,按合同约定的时间向发包人发出索赔通知。发包人应按合同约定的时间对承包人提出的索赔进行答复和确认。发包人在收到最终索赔报告后并在合同约定时间内,未向承包人作出答复,视为该项索赔已经认可。

179. 什么是综合索赔?

当施工过程中受到非常严重的干扰,以致承包人的全部施工活动与原来的计划不大相同,原合同规定的工作与变更后的工作相互混淆,承包人无法为索赔保持准确而详细的成本记录资料,无法采用单项索赔的方式,而只能采用综合索赔。综合索赔俗称一揽子索赔。即对整个工程(或某项工程)中所发生的数起索赔事项,综合在一起进行索赔。采取这种方式进行索赔,是在特定的情况下被迫采用的一种索赔方法。

180. 采取综合索赔时,承包人需要提供哪些证明?

(1) 承包商的投标报价是合理的。

(2)实际发生的总成本是合理的。
(3)承包商对成本增加没有任何责任。
(4)不可能采用其他方法准确地计算出实际发生的损失数额。

181. 当合同中未就承包人的索赔事项作具体约定时应如何处理？

(1)承包人应在确认引起索赔的事件发生后 28 天内向发包人发出索赔通知，否则，承包人无权获得追加付款，竣工时间不得延长。

(2)承包人应在现场或发包人认可的其他地点，保持证明索赔可能需要的记录。发包人收到承包人的索赔通知后，未承认发包人责任前，可检查记录保持情况，并可指示承包人保持进一步的同期记录。

(3)在承包人确认引起索赔的事件后 42 天内，承包人应向发包人递交一份详细的索赔报告，包括索赔的依据、要求追加付款的全部资料。

如果引起索赔的事件具有连续影响，承包人应按月递交进一步的中间索赔报告，说明累计索赔的金额。

承包人应在索赔事件产生的影响结束后 28 天内，递交一份最终索赔报告。

(4)发包人在收到索赔报告后 28 天内，应作出回应，表示批准或不批准并附具体意见。还可以要求承包人提供进一步的资料，但仍要在上述期限内对索赔作出回应。

(5)发包人在收到最终索赔报告后的 28 天内，未向承包人作出答复，视为该项索赔报告已经认可。

182. 承包人索赔的程序是怎样的？

(1)承包人在合同约定的时间内向发包人递交费用索赔意向通知书。
(2)发包人指定专人收集与索赔有关的资料。
(3)承包人在合同约定的时间内向发包人递交费用索赔申请表。
(4)发包人指定的专人初步审查费用索赔申请表，符合规定的条件时予以受理。
(5)发包人指定的专人进行费用索赔核对，经造价工程师复核索赔金额后，与承包人协商确定并由发包人批准。
(6)发包人指定的专人应在合同约定的时间内签署费用索赔审批表，

或发出要求承包人提交有关索赔的进一步详细资料的通知,待收到承包人提交的详细资料后,按规定的程序进行。

183. 索赔管理工作的内容包括哪些?

承包人对发包人、分包人、供应商之间的索赔管理工作应包括下列内容:

(1)预测、寻找和发现索赔机会。

(2)收集索赔的证据和理由,调查和分析干扰事件的影响,计算索赔值。

(3)提出索赔意向和报告。

184. 什么是工期索赔?

在工程施工中,常常会发生一些未能预见的干扰事件使施工不能顺利进行,使预定的施工计划受到干扰,结果造成工期延长。

工期索赔就是取得发包人对于合理延长工期的合法性的确认。施工过程中,许多原因都可能导致工期拖延,但只有在某些情况下才能进行工期索赔,详见表5-2。

表 5-2　　　　　　　工期拖延与索赔处理

种　类	原　因　责　任　者	处　理
可原谅不补偿延期	责任不在任何一方 如:不可抗力、恶性自然灾害	工期索赔
可原谅应补偿延期	发包人违约 非关键线路上工程延期引起费用损失	费用索赔
可原谅应补偿延期	发包人违约 导致整个工程延期	工期及费用索赔
不可原谅延期	承包商违约 导致整个工程延期	承包商承担违约罚款和违约后发包人要求加快施工或终止合同所引起的一切经济损失

185. 工期索赔的依据有哪些?

(1)合同规定的总工期计划。

(2)合同签订后由承包商提交的并经过工程师同意的详细的进度计划。

(3)合同双方共同认可的对工期的修改文件,如认可信、会谈纪要、来往信件等。

(4)发包人、工程师和承包商共同商定的月进度计划及其调整计划。

(5)受干扰后实际工程进度,如施工日记、工程进度表、进度报告等。

(6)承包商在每个月月底以及在干扰事件发生时都应分析对比上述资料,以发现工期拖延以及拖延原因,提出有说服力的索赔要求。

186. 什么是费用索赔?

费用索赔是指承包商在非自身因素影响下而遭受经济损失时向发包人提出补偿其额外费用损失的要求。因此费用索赔应是承包商根据合同条款的有关规定,向发包人索取的合同价款以外的费用。

187. 引起费用索赔的原因有哪些?

引起费用索赔的原因是由于合同环境发生变化使承包商遭受了额外的经济损失。归纳起来,费用索赔产生的常见原因主要有:

(1)发包人违约索赔。

(2)工程变更。

(3)发包人拖延支付工程款或预付款。

(4)工程加速。

(5)发包人或工程师责任造成的可补偿费用的延误。

(6)工程中断或终止。

(7)工程量增加(不含发包人失误)。

(8)发包人指定分包商违约。

(9)合同缺陷。

(10)国家政策及法律、法令变更等。

188. 费用索赔应遵循哪些原则?

费用索赔是整个施工阶段索赔的重点和最终目标,工期索赔在很大程度上也是为了费用索赔。因而费用索赔的计算就显得十分重要,必须按照如下原则进行:

(1)赔偿实际损失的原则。实际损失包括直接损失(成本的增加和实际费用的超支等)和间接损失(可能获得的利益的减少,比如发包人拖欠工程款,使得承包商失去了利息收入等)。

(2)合同原则。通常是指要符合合同规定的索赔条件和范围、符合合同规定的计算方法、以合同报价为计算基础等。

(3)符合通常的会计核算原则。通过计划成本或报价与实际工程成本或花费的对比得到索赔费用值。

(4)符合工程惯例。费用索赔的计算必须采用符合人们习惯的、合理、科学的计算方法,能够让发包人、监理工程师、调解人、仲裁人接受。

189. 什么是反索赔?

按《合同法》和《建设工程施工合同示范文本(通用条款)》的规定,索赔应是双方面的。在工程项目过程中,发包人与承包商之间,总承包商和分包商之间,合伙人之间,承包商与材料和设备供应商之间都可能有双向的索赔与反索赔。例如,承包商向发包人提出索赔,则发包人反索赔;同时发包人又可能向承包商提出索赔,则承包商必须反索赔。而工程师一方面通过圆满的工作防止索赔事件的发生,另一方面又必须妥善地解决合同双方的各种索赔与反索赔问题。按照通常的习惯,我们把追回自方损失的手段称为索赔,把防止和减少向自方提出索赔的手段称为反索赔。

索赔和反索赔是进攻和防守的关系。在合同实施过程中,合同双方都在进行合同管理,都在寻找索赔机会,一经干扰事件发生,都在企图推卸自己的合同责任,都在企图进行索赔。不能进行有效的反索赔,同样要蒙受损失,所以反索赔和索赔具有同等重要的地位。

190. 反索赔的特征有哪些?

发包人的反索赔或向承包商的索赔具有以下特征:

(1)发包人反过来向承包商的索赔发生频率要低得多,原因是工程发包人在工程建设期间,本身的责任重大,除了要向承包商按期付款,提供施工现场用地和协调管理工程的责任外,还要承担许多社会环境、自然条件等方面的风险,且这些风险是发包人所不能主观控制的,因而发包人要扣留承包商在现场的材料设备,承包商违约时提取履约保函金额等发生的几率很少。

(2)在反索赔时,发包人处于主动的有利地位,发包人在经工程师证明承包商违约后,可以直接从应付工程款中扣回款额,或从银行保函中得以补偿。

191. 反索赔的作用有哪些?

反索赔对合同双方具有同等重要的作用,主要表现为:

(1)成功的反索赔能防止或减少经济损失。如果不能进行有效的反索赔,不能推卸自己对干扰事件的合同责任,则必须满足对方的索赔要求,支付赔偿费用,致使自己蒙受损失。对合同双方来说,反索赔同样直接关系到工程经济效益的高低,反映着工程管理水平。

(2)成功的反索赔能增长管理人员士气,促进工作的开展。在国际工程中常常有这种情况:由于企业管理人员不熟悉工程索赔业务,不敢大胆地提出索赔,又不能进行有效的反索赔,在施工干扰事件处理中,总是处于被动地位,工作中丧失了主动权。常处于被动挨打局面的管理人员必然受到心理上的挫折,进而影响整体工作。

(3)成功的反索赔必然促进有效的索赔。能够成功有效地进行反索赔的管理者必然熟知合同条款内涵,掌握干扰事件产生的原因,占有全面的资料。具有丰富的施工经验,工作精细,能言善辩的管理者在进行索赔时,往往能抓住要害,击中对方弱点,使对方无法反驳。

同时,由于工程施工中干扰事件的复杂性,往往双方都有责任,双方都有损失。有经验的索赔管理人员在对索赔报告仔细审查后,通过反驳索赔不仅可以否定对方的索赔要求,使自己免受损失,而且可以重新发现索赔机会,找到向对方索赔的理由。

192. 反索赔的种类有哪些?

依据工程承包的惯例和实践,常见的发包人反索赔主要有以下几种:

(1)工程质量缺陷反索赔。
(2)工期拖延反索赔。
(3)经济担保反索赔。
(4)其他损失反索赔。

193. 反索赔的工作内容包括哪些?

承包人对发包人、分包人、供应商之间的反索赔管理工作应包括下列

内容:

(1)对收到的索赔报告进行审查分析,收集反驳理由和证据,复核赔值,并提出反索赔报告。

(2)通过合同管理,防止反索赔事件的发生。

194. 什么是工期拖延反索赔?

依据《土木工程施工合同合同条件》规定,承包商必须在合同规定的时间内完成工程的施工任务。如果由于承包商的原因造成不可原谅的完工日期拖延,则影响到发包人对该工程的使用和运营生产计划,从而给发包人带来经济损失。此项发包人的索赔,并不是发包人对承包商的违约罚款,而只是发包人要求承包商补偿拖期完工给发包人造成的经济损失。承包商则应按签订合同时双方约定的赔偿金额以及拖延时间长短向发包人支付这种赔偿金,而不再需要去寻找和提供实际损失的证据去详细计算。在有些情况下,拖期损失赔偿金若按该工程项目合同价的一定比例计算,若在整个工程完工之前,工程师已经对一部分工程颁发了移交证书,则对整个工程所计算的延误赔偿金数量应给予适当的减少。

195. 什么是发包人的索赔?

若发包人认为由于承包人的原因造成额外损失,发包人应在确认引起索赔的事件后,按合同约定向承包人发出索赔通知。承包人在收到发包人索赔通知后并在合同约定时间内,未向发包人作出答复,视为该项索赔已经认可。

196. 当合同中未就发包人的索赔事项作具体约定时应如何处理?

当合同中未就发包人的索赔事项作具体约定,按以下规定处理:

(1)发包人应在确认引起索赔的事件发生后 28 天内向承包人发出索赔通知,否则,承包人免除该索赔的全部责任。

(2)承包人在收到发包人索赔报告后的 28 天内,应作出回应,表示同意或不同意并附具体意见,如在收到索赔报告后的 28 天内,未向发包人作出答复,视为该项索赔报告已经认可。

197. 索赔事件发生后对工期有什么影响?

索赔事件发生后,在造成费用损失时,往往会造成工期的变动。当索赔事件造成的费用损失与工期相关联时,承包人应根据发生的索赔事件,在向发包人提出费用索赔要求的同时,提出工期延长的要求。

发包人在批准承包人的索赔报告时,应将索赔事件造成的费用损失和工期延长联系起来,综合作出批准费用索赔和工期延长的决定。

198. 为何要进行现场签证?

(1)承包人应发包人要求完成合同以外的零星工作或非承包人责任事件发生时,承包人应按合同约定及时向发包人提出现场签证。若合同中未对此作出具体约定,按照财政部、原建设部印发的《建设工程价款结算暂行办法》(财建[2004]369号)的规定,发包人要求承包人完成合同以外零星项目,承包人应在接受发包人要求的7天内就用工数量和单价、机械台班数量和单价、使用材料和金额等向发包人提出施工签证,发包人签证后施工,如发包人未签证,承包人施工后发生争议的,责任由承包人自负。

发包人应在收到承包人的签证报告48小时内给予确认或提出修改意见,否则,视为该签证报告已经认可。

(2)按照财政部、原建设部印发的《建设工程价款结算暂行办法》(财建[2004]369号)等十五条的规定:"发包人和承包人要加强施工现场的造价控制,及时对工程合同外的事项如实记录并履行书面手续。凡由发、承包双方授权的现场代表签字的现场签证以及发、承包双方协商确定的索赔等费用,应在工程竣工结算中如实办理,不得因发、承包双方现场代表的中途变更改变其有效性",《建设工程工程量清单计价规范》(GB 50500—2008)规定:"发、承包双方确认的索赔与现场签证费用与工程进度款同期支付。"此举可避免发包方变相拖延工程款以及发包人以现场代表变更而不承认某些索赔或签证的事件发生。

199. 工程价款的调整应符合哪些要求?

工程建设过程中,发、承包双方都是国家法律、法规、规章及政策的执行者。因此,在发、承包双方履行合同的过程中,当国家的法律、法规、规章及政策发生变化,国家或省级、行业建设主管部门或其授权的工程造价管理机构据此发布工程造价调整文件,工程价款应当进行调整。《建设工程工程量清单计价规范》(GB 50500—2008)中规定:"招标工程以投标截止日前28天,非招标工程以合同签订前28天为基准日,其后国家的法律、法规、规章和政策发生变化影响工程造价的,应按省级或行业建设主管部门或其授权的工程造价管理机构发布的规定调整合同价款。"

200. 怎样进行综合单价调整?

(1)若施工中出现施工图纸(含设计变更)与工程量清单项目特征描述不符的,发、承包双方应按新的项目特征确定相应工程量清单项目的综合单价。如工程招标时,工程量清单对某实心砖墙砌体进行项目特征描述时,砂浆强度等级为 M2.5 混合砂浆,但施工过程中发包方将其变更为(或施工图纸原本就采用)砂浆强度等级为 M5.0 混合砂浆,显然这时应重新确定综合单价,因为 M2.5 和 M5.0 混合砂浆的价格是不一样的。

(2)因分部分项工程量清单漏项或非承包人原因的工程变更,造成增加新的工程量清单项目,其对应的综合单价按下列方法确定:

1)合同中有已有适用的综合单价,按合同中已有综合单价确定。前提条件是其采用的材料、施工工艺和方法相同,亦不因此增加关键线路上工程的施工时间。

2)合同中类似的综合单价,参照类似的综合单价确定。前提条件是其采用的材料、施工工艺和方法基本相似,不增加关键线路上工程的施工时间,可仅就其变更后的差异部分,参考类似的项目单价由发、承包双方协商新的项目单价。

3)合同中没有适用或类似的综合单价,由承包人提出综合单价,经发包人确认后执行。

(3)因非承包人原因引起的工程量增减,该项工程量变化在合同约定幅度以内的,应执行原有的综合单价;该项工程量变化在合同约定幅度以外的,其综合单价及措施项目费应予以调整,如何进行调整应在合同中约定。如合同中未作约定,按以下原则:

1)当工程量清单项目工程量的变化幅度在 10% 以内时,其综合单价不做调整,执行原有综合单价。

2)当工程量清单项目工程量的变化幅度在 10% 以外,且其影响分部分项工程费超过 0.1% 时,其综合单价以及对应的措施费(如有)均应作调整。调整的方法是由承包人对增加的工程量或减少后剩余的工程量提出新的综合单价和措施项目费,经发包人确认后调整。

201. 怎样进行措施费的调整？

因分部分项工程量清单漏项或非承包人原因的工程变更，引起措施项目发生变化，造成施工组织设计或施工方案变更，原措施费中已有的措施项目，按原措施费的组价方法调整；原措施费中没有的措施项目，由承包人根据措施项目变更情况，提出适当的措施费变更，经发包人确认后调整。

202. 工程价格调整方法有哪些？

按照《中华人民共和国标准施工招标文件》（2007年版）中的有关规定，对物价波动引起的价格调整有以下两种方式：

（1）采用价格指数调整价格差额。
（2）采用造价信息调整价格差额。

203. 如何采用价格指数调整价格差额？

（1）价格调整公式。因人工、材料和设备等价格波动影响合同价格时，根据投标函附录中的价格指数和权重表约定的数据，按以下公式计算差额并调整合同价格：

$$\Delta P = P_0 \left[A + \left(B_1 \times \frac{F_{t1}}{F_{01}} + B_2 \times \frac{F_{t2}}{F_{02}} + B_3 \times \frac{F_{t3}}{F_{03}} + \cdots + B_n \times \frac{F_{tn}}{F_{0n}} \right) - 1 \right]$$

式中　　　　　　ΔP——需调整的价格差额；

P_0——约定的付款证书中承包人应得到的已完成工程量的金额。此项金额应不包括价格调整、不计质量保证金的扣留和支付、预付款的支付和扣回。约定的变更及其他金额已按现行价格计价的，也不计在内；

A——定值权重（即不调部分的权重）；

$B_1, B_2, B_3, \cdots, B_n$——各可调因子的变值权重（即可调部分的权重），为各可调因子在投标函投标总报价中所占的比例；

$F_{t1}, F_{t2}, F_{t3}, \cdots, F_{tn}$——各可调因子的现行价格指数，指约定的付款证书相关周期最后一天的前42天的各可调因子的价格指数；

$F_{01}, F_{02}, F_{03}, \cdots, F_{0n}$——各可调因子的基本价格指数，指基准日期的各可调因子的价格指数。

以上价格调整公式中的各可调因子、定值和变值权重,以及基本价格指数及其来源在投标函附录价格指数和权重表中约定。价格指数应首先采用有关部门提供的价格指数,缺乏上述价格指数时,可采用有关部门提供的价格代替。

(2)暂时确定调整差额。在计算调整差额时得不到现行价格指数的,可暂用上一次价格指数计算,并在以后的付款中再按实际价格指数进行调整。

(3)权重的调整。约定的变更导致原定合同中的权重不合理时,由监理人与承包人和发包人协商后进行调整。

(4)承包人工期延误后的价格调整。由于承包人原因未在约定的工期内竣工的,则对原约定竣工日期后继续施工的工程,在使用上述(1)的价格调整公式时,应采用原约定竣工日期与实际竣工日期的两个价格指数中较低的一个作为现行价格指数。

204. 如何采用造价信息调整价格差额?

施工期内,因人工、材料、设备和机械台班价格波动影响合同价格时,人工、机械使用费按照国家或省、自治区、直辖市建设行政管理部门、行业建设管理部门或其授权的工程造价管理机构发布的人工成本信息、机械台班单价或机械使用费系数进行调整;需要进行价格调整的材料,其单价和采购数应由监理人复核,监理人确认需调整的材料单价及数量,作为调整工程合同价格差额的依据。

205. 工程价款调整应注意哪些事项?

(1)若施工期内市场价格波动超出一定幅度时,应按合同约定调整工程价款;合同没有约定或约定不明确的,可按以下规定执行:

1)人工单价发生变化时,发、承包双方应按省级或行业建设主管部门或其授权的工程造价管理机构发布的人工成本文件调整工程价款。

2)材料价格变化超过省级和行业建设主管部门或其授权的工程造价管理机构规定的幅度时应当调整,承包人应在采购材料前将采购数量和新的材料单价报发包人核对,确认用于本合同工程时,发包人应确认采购材料的数量和单价。发包人在收到承包人报送的确认资料后3个工作日不予答复的视为已经认可,作为调整工程价款的依据。如果承包人未报经发包人核对即自行采购材料,再报发包人确认调整工程价款的,如发包人不同意，则不做调整。

3）施工机械台班单价或施工机械使用费发生变化超过省级或行业建设主管部门或其授权的工程造价管理机构规定的范围时，按其规定进行调整。

（2）因不可抗力事件导致的费用，发、承包双方应按以下原则分别承担并调整工程价款。

1）工程本身的损害、因工程损害导致第三方人员伤亡和财产损失以及运至施工场地用于施工的材料和待安装的设备的损害，由发包人承担；

2）发包人、承包人人员伤亡由其所在单位负责，并承担相应费用；

3）承包人的施工机械设备损坏及停工损失，由承包人承担；

4）停工期间，承包人应发包人要求留在施工场地的必要的管理人员及保卫人员的费用，由发包人承担；

5）工程所需清理、修复费用，由发包人承担。

（3）工程价款调整报告应由受益方在合同约定时间内向合同的另一方提出，经对方确认后调整合同价款。受益方未在合同约定时间内提出工程价款调整报告的，视为不涉及合同价款的调整。

收到工程价款调整报告的一方应在合同约定时间内确认或提出协商意见，否则，视为工程价款调整报告已经确认。

当合同中未就工程价款调整报告作出约定或《建设工程工程量清单计价规范》(GB 50500—2008)中有关条款未作规定时，按以下规定处理：

1）调整因素确定后14天内，由受益方向对方递交调整工程价款报告。受益方在14天内未递交调整工程价款报告的，视为不调整工程价款。

2）收到调整工程价款报告的一方，应在收到之日起14天内予以确认或提出协商意见，如在14天内未作确定也未提出协商意时，视为调整工程价款报告已被确认。

（4）经发、承包双方确定调整的工程价款，作为追加（减）合同价款与工程进度款同期支付。

第六章
给排水、采暖管道工程计量与计价

1. 全统定额给排水、采暖、燃气安装工程分册由哪些分部工程组成?

全统定额给排水、采暖、燃气安装工程分册共分为 7 个分部工程,即:
(1)管道安装。
(2)阀门、水位标尺安装。
(3)低压器具、水表组成与安装。
(4)卫生器具制作安装。
(5)供暖器具安装。
(6)小型容器制作安装。
(7)燃气管道、附件、器具安装。

2. 给排水、采暖、燃气管道安装分部工程包括哪些定额工作内容?

管道安装分部共分 6 个分项工程。
(1)室外管道。
1)镀锌钢管(螺纹连接)。工作内容包括切管,套丝,上零件,调直,管道安装,水压试验。
2)焊接钢管(螺纹连接)。工作内容包括切管,套丝,上零件,调直,管道安装,水压试验。
3)钢管(焊接)。工作内容包括切管,坡口,调直,煨弯,挖眼接管,异径管制作,对口,焊接,管道及管件安装,水压试验。
4)承插铸铁给水管(青铅接口)。工作内容包括切管,管道及管件安装,挖工作坑,熔化接口材料,接口,水压试验。
5)承插铸铁给水管(膨胀水泥接口)。工作内容包括管口除沥青,切管,管道及管件安装,挖工作坑,调制接口材料,接口养护,水压试验。
6)承插铸铁给水管(石棉水泥接口)。工作内容包括管口除沥青,切管,管道及管件安装,挖工作坑,调制接口材料,接口养护,水压试验。

7)承插铸铁给水管(胶圈接口)。工作内容包括切管,上胶圈,接口,管道安装,水压试验。

8)承插铸铁排水管(石棉水泥接口)。工作内容包括切管,管道及管件安装,调制接口材料,接口养护,水压试验。

9)承插铸铁排水管(水泥接口)。工作内容包括切管,管道及管件安装,调制接口材料,接口养护,水压试验。

(2)室内管道。

1)镀锌钢管(螺纹连接)。工作内容包括打堵洞眼,切管,套丝,上零件,调直,栽钩卡及管件安装,水压试验。

2)焊接钢管(螺纹连接)。工作内容包括打堵洞眼,切管,套丝,上零件,调直,栽钩卡,管道及管件安装,水压试验。

3)钢管(焊接)。工作内容包括留堵洞眼,切管,坡口,调直,煨弯,挖眼接管,异形管制作,对口,焊接,管道及管件安装,水压试验。

4)承插铸铁给水管(青铅接口)。工作内容包括切管,管道及管件安装,熔化接口材料,接口,水压试验。

5)承插铸铁给水管(膨胀水泥接口)。工作内容包括管口除沥青,切管,管道及管件安装,调制接口材料,接口养护,水压试验。

6)承插铸铁给水管(石棉水泥接口)。工作内容包括管口除沥青,切管,管道及管件安装,调制接口材料,接口养护,水压试验。

7)承插铸铁排水管(石棉水泥接口)。工作内容包括留堵洞眼,切管,栽管卡,管道及管件安装,调制接口材料,接口养护,灌水试验。

8)承插铸铁排水管(水泥接口)。工作内容包括留堵洞眼,切管,栽管卡,管道及管件安装,调制接口材料,接口养护,灌水试验。

9)柔性抗震铸铁排水管(柔性接口)。工作内容包括留堵洞口,光洁管口,切管,栽管卡,管道及管件安装,紧固螺栓,灌水试验。

10)承插塑料排水管(零件粘结)。工作内容包括切管,调制,对口,熔化接口材料,粘接,管道,管件及管卡安装,灌水试验。

11)承插铸铁雨水管(石棉水泥接口)。工作内容包括留堵洞眼,栽管卡,管道及管件安装,调制接口材料,接口养护,灌水试验。

12)承插铸铁雨水管(水泥接口)。工作内容包括留堵洞眼,切管,栽管卡,管道及管件安装,调制接口材料,接口养护,灌水试验。

13)镀锌铁皮套管制作。工作内容包括下料,卷制,咬口。

14)管道支架制作安装。工作内容包括切断,调直,煨制,钻孔,组对,焊接,打洞,安装,和灰,堵洞。

(3)法兰安装。

1)铸铁法兰(螺纹连接)工作内容包括切管,套丝,制垫,加垫,上法兰,组对,紧螺丝,水压试验。

2)碳钢法兰(焊接)工作内容包括切口,坡口,焊接,制垫,加垫,安装组对,紧螺栓,水压试验。

(4)伸缩器的制作安装。

1)螺纹连接法兰式套筒伸缩器的安装。工作内容包括切管,套丝,检修盘根,制垫,加垫,安装,水压试验。

2)焊接法兰式套筒伸缩器的安装。包括切管,检修盘根,对口,焊接法兰,制垫,加垫,安装,水压试验。

3)方形伸缩器的制作安装。工作内容包括做样板,筛砂,炒砂,灌砂,打砂,制堵,加热,煨制,倒砂,清管腔,组成,焊接,张拉,安装。

(5)管道的消毒冲洗。包括溶解漂白粉,灌水,消毒,冲洗等工作。

(6)管道压力试验。工作内容包括准备工作,制堵盲板,装设临时泵,灌水,加压,停压检查。

3. 如何划分给排水管道安装工程界线?

(1)给水管道。

1)室内外界线以建筑物外墙皮 1.5m 为界,入口处设阀门者以阀门为界。

2)与市政管道界线以水表井为界,无水表井者,以与市政管道碰头点为界。

(2)排水管道。

1)室内外以出户第一个排水检查井为界。

2)室外管道与市政管道界线以与市政管道碰头井为界。

(3)采暖热源管道。

1)室内外以入口阀门或建筑物外墙皮 1.5m 为界。

2)与工业管道界线以锅炉房或泵站外墙皮1.5m为界。

3)工厂车间内采暖管道以采暖系统与工业管道碰头点为界。

4)设在高层建筑物内的加压泵间管道与水暖管道的界线,以泵间外墙皮为界。

4. 给排水管道安装工程定额工作内容包括哪些?不包括哪些?

(1)定额包括以下工作内容:

1)管道及接头零件安装。

2)水压试验或灌水试验。

3)室内 $DN32$ 以内钢管包括管卡及托钩制作安装。

4)钢管包括弯管制作与安装(伸缩器除外),无论是现场煨制或成品弯管均不得换算。

5)铸铁排水管、雨水管及塑料排水管,均包括管卡及托吊支架、臭气帽、雨水漏斗制作安装。

6)穿墙及过楼板铁皮套管安装人工。

(2)定额不包括以下工作内容:

1)室内外管道沟土方及管道基础,应执行《全国统一建筑工程基础定额》。

2)管道安装中不包括法兰、阀门及伸缩器的制作、安装,按相应项目另行计算。

3)室内外给水、雨水铸铁管包括接头零件所需的人工,但接头零件价格应另行计算。

4)$DN32$ 以上的钢管支架,按定额管道支架另行计算。

5)过楼板的钢套管的制作、安装工料,按室外钢管(焊接)项目计算。

5. 什么是镀锌钢管?

镀锌钢管是一般钢管的冷镀管,采用电镀工艺制成,只在钢管外壁镀锌,内壁没有镀锌。

6. 如何安装室外镀锌管道?

室外镀锌管道安装,一般有下管和稳管工序。

(1)下管可分为人工下管和机械下管。可根据管材种类、单节管重及管长、机械设备、施工环境来选择。

1)人工下管多用于施工现场狭窄、重量不大的中、小型管子。对于管径小于 400mm 的小管,可采用绳钩下管或杉木溜下法下管,但如管径较大的混凝土管或铸铁管,一般采用压绳法下管。

2)机械下管一般是用汽车式或履带式起重机械下管。下管时,起重机沿沟槽开行。机械下管一般为单机单管节下管。

(2)稳管是将管子按设计的高程与平面位置稳定在地基或基础上。压力流管道铺设的高程和平面位置的精度都可低些,重力流管道的铺设高程和平面位置应严格符合设计要求,一般沿逆流方向进行铺设。稳管时,相邻两管节底部应齐平。

7. 什么是管道的公称直径?

管道的公称直径是管道及管件的公称通径,既不等于管道的内径,也不等于管道的外径,是管道及管件的装配名义直径。焊接铜管及镀锌钢管常用 DN 表示(过去采用 Dg)其公称直径,尺寸单位为 mm。

8. 定额对室外镀锌钢管接头零件的用量及价格如何取定?

定额对室外镀锌钢管接头零件的用量及价格取定见表 6-1。

表 6-1 室外镀锌钢管接头零件用量及价格 10m

材料名称	DN15 用量	DN15 单价/元	DN15 金额/元	DN20 用量	DN20 单价/元	DN20 金额/元	DN25 用量	DN25 单价/元	DN25 金额/元
三通	—	—	—	—	—	—	—	—	—
弯头	0.75	0.76	0.57	0.75	1.11	0.83	0.75	1.70	1.28
管箍	1.15	0.64	0.74	1.15	0.82	0.94	1.15	1.30	1.50
补芯	—	—	—	0.02	0.68	0.01	0.02	1.10	0.02
合计	1.9	—	1.31	1.92	—	1.78	1.92	—	2.80
综合单价/元	—	0.69	—	—	0.93	—	—	1.46	—

材料名称	DN32 用量	DN32 单价/元	DN32 金额/元	DN40 用量	DN40 单价/元	DN40 金额/元	DN50 用量	DN50 单价/元	DN50 金额/元
三通	—	—	—	0.20	5.36	1.07	0.18	7.89	1.42
弯头	0.75	2.75	2.06	0.81	3.64	2.95	0.75	5.71	4.28

续表

材料名称	DN32 用量	DN32 单价/元	DN32 金额/元	DN40 用量	DN40 单价/元	DN40 金额/元	DN50 用量	DN50 单价/元	DN50 金额/元
管箍	1.15	1.88	2.16	0.83	2.84	2.36	0.90	4.08	3.67
补芯	0.02	1.79	0.04	0.02	2.30	0.05	0.02	3.33	0.07
合计	1.92	—	4.26	1.86	—	6.43	1.85	—	9.44
综合单价/元	—	2.22	—	—	3.46	—	—	5.10	—

材料名称	DN65 用量	DN65 单价/元	DN65 金额/元	DN80 用量	DN80 单价/元	DN80 金额/元	DN100 用量	DN100 单价/元	DN100 金额/元
三通	0.14	14.16	1.98	0.14	20.87	2.92	0.14	35.16	4.92
弯头	0.70	10.06	7.04	0.65	14.66	9.53	0.51	26.71	13.62
管箍	0.90	7.39	6.65	0.90	10.31	9.28	0.95	18.80	17.86
补芯	0.02	6.40	0.13	0.03	9.63	0.29	0.03	16.90	0.51
合计	1.76	—	15.80	1.72	—	22.02	1.63	—	36.91
综合单价/元	—	8.98	—	—	12.80	—	—	22.64	—

材料名称	DN125 用量	DN125 单价/元	DN125 金额/元	DN150 用量	DN150 单价/元	DN150 金额/元
三通	0.14	62.43	8.74	0.14	80.28	11.24
弯头	0.45	50.06	22.53	0.31	78.22	24.25
管箍	0.95	28.82	27.38	1.00	46.05	46.05
补芯	0.05	26.12	1.31	0.06	41.73	2.50
合计	1.59	—	59.96	1.51	—	84.04
综合单价/元	—	37.71	—	—	55.66	—

9. 定额对室内镀锌钢管接头零件的用量及价格如何取定?

室内镀锌钢管接头零件的用量及价格取定见表6-2。

表 6-2 室内镀锌钢管接头零件用量及价格 10m

材料名称	DN15 用量	DN15 单价/元	DN15 金额/元	DN20 用量	DN20 单价/元	DN20 金额/元	DN25 用量	DN25 单价/元	DN25 金额/元
三通	3.17	1.05	3.33	3.82	1.61	6.15	3.00	2.66	7.98
弯头	11.00	0.76	8.36	3.46	1.11	3.84	3.82	1.70	6.49
补芯	—	—	—	2.77	0.68	1.88	1.51	1.10	1.66
管箍	2.20	0.64	1.41	1.42	0.82	1.16	1.41	1.30	1.83
四通	—	—	—	0.05	2.46	0.12	0.04	3.40	0.14
合计	16.37	—	13.10	11.52	—	13.15	9.78	—	18.10
综合单价/元	—	0.80	—	—	1.14	—	—	1.85	—

材料名称	DN32 用量	DN32 单价/元	DN32 金额/元	DN40 用量	DN40 单价/元	DN40 金额/元	DN50 用量	DN50 单价/元	DN50 金额/元
三通	2.19	3.85	8.43	1.37	5.36	7.34	1.85	7.89	14.60
弯头	3.00	2.75	8.25	2.77	3.64	10.08	3.06	5.71	17.47
补芯	1.28	1.79	2.29	1.40	2.30	3.22	0.59	3.33	1.96
管箍	1.54	1.88	2.90	1.61	2.84	4.57	1.00	4.08	4.08
四通	0.02	5.34	0.11	0.01	6.58	0.07	0.01	9.88	0.10
合计	8.03	—	21.98	7.16	—	25.28	6.51	—	38.21
综合单价/元	—	2.74	—	—	3.53	—	—	5.87	—

材料名称	DN65 用量	DN65 单价/元	DN65 金额/元	DN80 用量	DN80 单价/元	DN80 金额/元	DN100 用量	DN100 单价/元	DN100 金额/元
三通	1.62	14.16	22.94	0.71	20.87	14.82	1.00	35.16	35.16
弯头	1.67	10.06	16.80	1.50	14.66	21.99	0.66	26.71	17.63
补芯	0.37	6.40	2.37	0.16	9.63	1.54	0.20	16.90	3.38
管箍	0.59	7.39	4.36	1.54	10.31	15.88	0.81	18.80	15.23
四通	—	—	—	—	—	—	0.01	41.24	0.41
合计	4.25	—	46.47	3.91	—	54.23	2.68	—	71.81
综合单价/元	—	10.93	—	—	13.87	—	—	26.79	—

续表

材料名称	DN125 用量	DN125 单价/元	DN125 金额/元	DN150 用量	DN150 单价/元	DN150 金额/元
三通	0.40	62.43	24.97	0.40	80.28	32.11
弯头	0.51	50.06	25.53	0.51	78.22	39.89
补芯	0.25	26.12	6.53	0.25	41.73	10.43
管箍	1.14	28.82	32.86	1.14	46.05	52.50
四通	—	—	—	—	—	—
合计	2.30	—	89.89	2.30	—	134.93
综合单价/元	—	39.08	—	—	58.67	—

10. 定额对燃气室外镀锌钢管接头零件的用量及价格如何取定?

定额对燃气室外镀锌钢管接头零件的用量及价格取定见表 6-3。

表 6-3 燃气室外镀锌钢管接头零件用量及价格 10m

材料名称	DN25 用量	DN25 单价/元	DN25 金额/元	DN32 用量	DN32 单价/元	DN32 金额/元	DN40 用量	DN40 单价/元	DN40 金额/元	DN50 用量	DN50 单价/元	DN50 金额/元
三通	2.24	2.66	5.96	2.24	3.85	8.62	1.61	5.36	8.63	1.61	7.89	12.70
弯头	1.12	1.70	1.90	1.12	2.75	3.08	0.84	3.64	3.06	0.84	5.71	4.80
管箍	1.12	1.30	1.46	1.12	1.88	2.11	0.89	2.84	2.53	0.89	4.08	3.63
活接	1.12	3.79	4.24	1.12	5.47	6.13	0.59	8.26	4.87	0.59	10.68	6.30
六角外丝	2.24	1.26	2.82	2.24	1.87	4.19	1.99	2.82	5.61	1.99	3.98	7.92
丝堵	2.24	0.93	2.08	2.24	1.23	2.76	1.86	1.80	3.35	1.86	3.10	5.77
合计	10.08	—	18.46	10.08	—	26.89	7.78	—	28.05	7.78	—	41.12
综合单价/元	—	1.83	—	—	2.67	—	—	3.61	—	—	5.29	—

11. 定额对燃气室内镀锌钢管接头零件的用量及价格如何取定?

定额对燃气室内镀锌钢管接头零件的用量及价格取定见表6-4。

表6-4　　　燃气室内镀锌钢管接头零件用量及价格　　　10m

材料名称	DN15			DN20			DN25		
	用量	单价/元	金额/元	用量	单价/元	金额/元	用量	单价/元	金额/元
四通	—	—	—	0.01	2.46	0.02	—	—	—
三通	0.74	1.05	0.78	1.79	1.61	2.88	2.84	2.66	7.55
弯头	5.65	0.76	4.29	4.61	1.11	5.12	3.58	1.70	6.09
六角外丝	1.97	0.62	1.22	1.29	0.85	1.10	0.64	1.26	0.81
丝堵	—	—	—	1.34	0.54	0.72	0.60	0.93	0.56
管箍	—	—	—	0.05	0.82	0.04	0.29	1.30	0.37
活接	1.49	2.24	3.34	0.07	2.73	0.19	0.76	3.79	2.88
补芯	—	—	—	—	—	—	0.27	1.10	0.30
合计	9.85	—	9.63	9.16	—	10.07	8.98	—	18.57
综合单价/元	—	0.98	—	—	1.10	—	—	2.07	—
材料名称	DN32			DN40			DN50		
	用量	单价/元	金额/元	用量	单价/元	金额/元	用量	单价/元	金额/元
四通	—	—	—	0.01	6.58	0.07	0.27	9.88	2.67
三通	3.89	3.85	14.98	3.48	5.36	18.65	3.03	7.89	23.91
弯头	1.03	2.75	2.83	1.68	3.64	6.12	3.07	5.71	17.53
六角外丝	0.97	1.87	1.81	0.59	2.82	1.66	0.39	3.98	1.55
丝堵	0.82	1.23	1.01	0.41	1.80	0.74	0.10	3.10	0.31
管箍	0.33	1.88	0.62	0.33	2.84	0.94	0.44	4.08	1.80
活接	0.40	5.47	2.19	0.56	8.26	4.63	0.48	10.68	5.13
补芯	1.30	1.79	2.33	1.57	2.30	3.61	0.74	3.33	2.46
合计	8.74	—	25.77	8.63	—	36.41	8.52	—	55.36
综合单价/元	—	2.95	—	—	4.22	—	—	6.50	—

续表

材料名称	DN65 用量	DN65 单价/元	DN65 金额/元	DN80 用量	DN80 单价/元	DN80 金额/元	DN100 用量	DN100 单价/元	DN100 金额/元
四通	0.43	18.63	8.01	0.43	23.73	10.20	0.43	41.24	17.73
三通	3.12	14.16	44.18	2.26	20.87	47.17	1.40	35.16	49.22
弯头	2.07	10.06	20.82	2.07	14.66	30.35	2.07	26.71	55.29
六角外丝	0.30	7.02	2.11	0.30	10.50	3.15	0.30	19.26	5.78
丝堵	0.79	5.40	4.27	0.79	8.57	6.77	0.79	14.78	11.68
管箍	0.09	7.39	0.67	0.09	10.31	0.93	0.09	18.80	1.69
活接	0.01	20.50	0.21	0.01	27.33	0.27	0.01	48.45	0.48
补芯	0.02	6.40	0.13	0.02	9.63	0.19	0.02	16.90	0.34
合计	6.83	—	80.40	5.97	—	99.03	5.11	—	142.21
综合单价/元	—	11.77	—	—	16.58	—	—	27.83	—

12. 钢管的优缺点有哪些？

钢管与圆钢等实心钢材相比，在抗弯抗扭强度相同时，质量较轻，是一种经济截面钢材，广泛用于制造结构件和机械零件，如石油钻杆、汽车传动轴、自行车架以及建筑施工中用的钢脚手架等。用钢管制造环形零件，可提高材料利用率，简化制造工序，节约材料和加工工时，如滚动轴承套圈、千斤顶套等，目前已广泛用钢管来制造。钢管按横截面积形状的不同可分为圆管和异型管。由于在周长相等的条件下，圆面积最大，用圆形管可以输送更多的流体；此外，圆环截面在承受内部或外部径向压力时，受力较均匀，因此绝大多数钢管是圆管。但是，圆管也有一定的局限性，如在受平面弯曲的条件下，圆管就不如方管、矩形管抗弯强度大，一些农机具骨架、钢木家具等就常用方管、矩形管。

13. 钢管按生产方法分为哪几类？

按生产方法分类，钢管可分为无缝钢管和焊接钢管两大类。

14. 什么是无缝钢管？包括哪几种？

无缝钢管是一种具有中空截面，周边没有接缝的长条钢材。钢管具有中空截面，大量用作输送流体的管道，如输送石油、天然气、煤气、水及某些固体物料的管道等。无缝钢管包括热轧钢管、冷轧钢管、冷拔钢管等几种。

15. 什么是焊接钢管？分为哪几种？

焊接钢管也称焊管，是用钢板或钢带经过卷曲成型后焊接制成的钢管。焊接钢管生产工艺简单，生产效率高，品种规格多，设备投资少，但一般强度低于无缝钢管。焊接钢管按焊缝的形式分为直缝焊管和螺旋焊管。

16. 直缝焊管与螺旋焊管的区别是什么？

直缝焊管生产工艺简单，生产效率高，成本低，发展较快。螺旋焊管的强度一般比直缝焊管高，能用较窄的坯料生产管径较大的焊管，还可以用同样宽度的坯料生产管径不同的焊管。但是与相同长度的直缝管相比，焊缝长度增加30%~100%，而且生产速度较低。因此，较小口径的焊管大多采用直缝焊，大口径焊管则大多采用螺旋焊。

17. 螺纹的加工制作方法有哪些？

螺纹的加工制作方法有三种：人工铰板加工、电动套螺纹机加工及螺纹车床加工。

(1)人工铰板加工。人工铰板加工是用管子铰板在管子上铰出螺纹。一般公称直径15~20mm的管子，可以1~2次套成。稍大的管子，可分几次套出。一般用于缺乏电源或小管径的管子套螺纹。

(2)电动套螺纹机加工。电动套螺纹机的螺纹车削部分与铰板相同。电动套螺纹机使用时应尽可能安放在平坦的、坚硬的地面上（如水泥地面），若地面为松软的泥土，可在套螺纹机下垫上木板，以免振动而陷入泥土中。后卡盘的一端应适当垫高一些，以防止冷却液流失及污染管道。

(3)螺纹车床加工。螺纹车床加工主要用在管件制造厂中的内螺纹加工。

18. 钢管的管端形式分为哪几种？

焊接钢管分为带螺纹和不带螺纹（光管）两种。镀锌管一般按不带螺纹交货，公称直径大于 10mm 的镀锌钢管按协议也可带螺纹交货；带螺纹交货的钢管每根管带钢制管接头或可锻铸铁接头一个。

19. 管道工程中使用的无缝钢管采用什么形式标注？

管道工程中的无缝钢管采用外径乘壁厚的形式标注，而不采用公称直径或公称直径乘壁厚标注。如 $\phi 89 \times 4$ 表示无缝钢管的外径为 89mm，壁厚为 4mm。

20. 焊接钢管与无缝钢管的对应关系如何？

焊接钢管与无缝钢管的对应关系见表 6-5。

表 6-5　　　　焊接钢管公称直径与无缝钢管管径的对应关系

焊接钢管	公称直径/mm	15	20	25	32	40	50	65	80	100	125	150	200
无缝钢管	外径×壁厚/mm	20	25	32	38	45	57	76	89	108	133	159	219

21. 不锈钢管的安装应符合哪些要求？

不锈钢管近年来得到了越来越广泛的应用，不锈钢管的安装应符合下列要求：

（1）不锈钢管子安装前应进行清洗，并应吹干或擦干，除去油渍及其他污物。管子表面有机械损伤时，必须加以修整，使其光滑，并应进行酸洗或钝化处理。

（2）不锈钢管不允许与碳钢支架接触，应在支架与管道之间垫入不锈钢片以及不含氯离子的塑料或橡胶垫片。

（3）不锈钢管路较长或输送介质温度较高时，在管路上应设不锈钢补偿器。常用的补偿器有方型和波型两种，采用哪一种补偿器，要视管径大小和工作压力的高低而定。

(4)当采用碳钢松套法兰连接时,由于碳钢法兰锈蚀后铁锈与不锈钢表面接触,在长期接触情况下,会产生分子扩散,使不锈钢发生锈蚀现象。为了防腐绝缘,应在松套法兰与不锈钢管之间衬垫绝缘物,绝缘物可采用不含氯离子的塑料、橡皮或石棉橡胶板。

(5)不锈钢管穿过墙壁或楼板时,均应加装套管。套管与管道之间的间隙不应小于10mm,并在空隙里填充绝缘物。绝缘物内不得含有铁屑、铁锈等杂物,绝缘物可采用石棉绳。

(6)根据输送的介质与工作温度和压力的不同,法兰垫片可采用软垫片或金属垫片。

(7)不锈钢管子焊接时,一般用手工氩弧焊或手工电弧焊。所用焊条应在150~200℃温度下干燥0.5~1h,焊接环境温度不得低于-5℃,如果温度偏低,应采取预热措施。

(8)如果用水作不锈钢管道压力试验时,水的氯离子含量不得超过25mg/kg。

22. 钢管按断面形状分为哪几大类?

按断面形状,钢管可分为简单断面钢管和复杂断面钢管两大类。

(1)简单断面钢管主要有圆形钢管、方形钢管、椭圆形钢管、三角形钢管、六角形钢管、菱形钢管、八角形钢管、半圆形钢管及其他。

(2)复杂断面钢管主要有不等边六角形钢管、五瓣梅花形钢管、双凸形钢管、双凹形钢管、瓜子形钢管、圆锥形钢管、波纹形钢管、表壳钢管及其他。

23. 钢管按壁厚分为哪几种?

按壁厚钢管可分为薄壁钢管和厚壁钢管。

24. 钢管按用途钢管分为哪几种?

按用途钢管可分为管道用钢管、热工设备用钢管、机械工业用钢管、石油地质勘探用钢管、容器钢管、化学工业用钢管、特殊用途钢管等几种。

25. 定额对室外焊接钢管接头零件的用量及价格如何取定?

定额对室外焊接钢管接头零件的用量及价格取定见表6-6。

表 6-6　　　　　室外焊接钢管接头零件用量及价格　　　　　10m

材料名称	DN15 用量	DN15 单价/元	DN15 金额/元	DN20 用量	DN20 单价/元	DN20 金额/元	DN25 用量	DN25 单价/元	DN25 金额/元
三通	—	—	—	—	—	—	—	—	—
弯头	0.75	0.50	0.38	0.75	0.69	0.52	0.75	1.17	0.88
补芯	—	—	—	0.02	0.51	0.01	0.02	0.81	0.02
管箍	1.15	0.46	0.53	1.15	0.62	0.71	1.15	0.93	1.07
合计	1.90	—	0.91	1.92	—	1.24	1.92	—	1.97
综合单价/元	—	0.48	—	—	0.65	—	—	1.03	—

材料名称	DN32 用量	DN32 单价/元	DN32 金额/元	DN40 用量	DN40 单价/元	DN40 金额/元	DN50 用量	DN50 单价/元	DN50 金额/元
三通	—	—	—	0.20	3.49	0.70	0.18	5.71	1.03
弯头	0.75	1.80	1.35	0.81	2.67	2.16	0.75	4.04	3.03
补芯	0.02	1.24	0.02	0.02	1.61	0.03	0.02	2.34	0.05
管箍	1.15	1.37	1.58	0.83	2.01	1.67	0.90	2.69	2.42
合计	1.92	—	2.95	1.86	—	4.56	1.85	—	6.53
综合单价/元	—	1.54	—	—	2.45	—	—	3.53	—

材料名称	DN65 用量	DN65 单价/元	DN65 金额/元	DN80 用量	DN80 单价/元	DN80 金额/元	DN100 用量	DN100 单价/元	DN100 金额/元
三通	0.14	11.06	1.55	0.14	16.15	2.26	0.14	28.20	3.95
弯头	0.70	7.70	5.39	0.65	10.93	7.10	0.51	20.44	10.42
补芯	0.02	4.60	0.09	0.03	6.96	0.21	0.03	12.05	0.36
管箍	0.90	5.47	4.92	0.90	8.01	7.21	0.95	14.41	13.69
合计	1.76	—	11.95	1.72	—	16.78	1.63	—	28.42
综合单价/元	—	6.79	—	—	9.76	—	—	17.44	—

续表

材料名称	DN125			DN150		
	用量	单价/元	金额/元	用量	单价/元	金额/元
三通	0.14	49.86	6.98	0.14	60.13	8.42
弯头	0.45	37.55	16.90	0.31	54.08	16.76
补芯	0.05	18.84	0.94	0.06	28.26	1.70
管箍	0.95	22.88	21.74	1.00	34.32	34.32
合计	1.59	—	46.56	1.51	—	61.20
综合单价/元	—	29.28	—	—	40.53	—

26. 定额对室内焊接钢管接头零件的用量及价格如何取定?

定额对室内焊接钢管接头零件的用量及价格取定见表6-7。

表6-7 室内焊接钢管接头零件用量及价格 10m

材料名称	DN15			DN20			DN25		
	用量	单价/元	金额/元	用量	单价/元	金额/元	用量	单价/元	金额/元
三通	0.83	0.68	0.56	2.50	1.00	2.50	3.29	1.61	5.30
弯头	3.20	0.50	1.60	3.00	0.69	2.07	2.64	1.17	3.09
补芯	—	—	—	0.83	0.51	0.42	2.46	0.81	1.99
四通	—	—	—	0.14	1.68	0.24	0.34	2.40	0.82
管箍	6.40	0.46	2.94	4.90	0.62	3.04	3.39	0.93	3.15
根母	6.26	0.23	1.44	4.76	0.30	1.43	2.95	0.45	1.33
丝堵	0.27	0.31	0.08	0.06	0.41	0.02	0.07	0.60	0.04
合计	16.96	—	6.62	16.19	—	9.72	15.14	—	15.72
综合单价/元	—	0.39	—	—	0.60	—	—	1.04	—

续表

材料名称	DN32 用量	DN32 单价/元	DN32 金额/元	DN40 用量	DN40 单价/元	DN40 金额/元	DN50 用量	DN50 单价/元	DN50 金额/元
三通	3.14	2.54	7.98	2.14	3.49	7.47	1.58	5.71	9.02
弯头	2.41	1.80	4.34	2.64	2.67	7.05	2.85	4.04	11.51
补芯	2.02	1.24	2.50	0.96	1.61	1.55	0.59	2.34	1.38
四通	0.63	3.65	2.30	0.43	4.84	2.08	0.16	7.21	1.15
管箍	1.91	1.37	2.62	1.67	2.01	3.36	1.03	2.69	2.77
根母	0.77	0.68	0.52	—	—	—	—	—	—
丝堵	—	—	—	—	—	—	—	—	—
合计	10.88	—	20.26	7.84	—	21.51	6.21	—	25.83
综合单价/元	—	1.86	—	—	2.74	—	—	4.16	—

材料名称	DN65 用量	DN65 单价/元	DN65 金额/元	DN80 用量	DN80 单价/元	DN80 金额/元	DN100 用量	DN100 单价/元	DN100 金额/元
三通	1.63	11.06	18.03	1.08	16.15	17.44	1.02	28.20	28.76
弯头	1.26	7.70	9.70	0.98	10.93	10.71	1.20	20.44	24.53
补芯	0.58	4.60	2.67	0.45	6.96	3.13	0.33	12.05	3.98
管箍	0.88	5.47	4.81	1.03	8.01	8.25	0.95	14.41	13.69
合计	4.35	—	35.21	3.54	—	39.53	3.50	—	70.96
综合单价/元	—	8.09	—	—	11.17	—	—	20.27	—

材料名称	DN125 用量	DN125 单价/元	DN125 金额/元	DN150 用量	DN150 单价/元	DN150 金额/元
三通	0.70	49.86	34.90	0.70	60.13	42.09
弯头	0.80	37.55	30.04	0.80	54.08	43.26
补芯	0.20	18.84	3.77	0.20	28.26	5.65
管箍	0.90	22.88	20.59	0.90	34.32	30.89
合计	2.60	—	89.30	2.60	—	121.89
综合单价/元	—	34.35	—	—	46.88	—

27. 什么是铸铁管？

铸铁管通常是由灰口铸铁或球墨铸铁熔化后浇注而成。灰口铸铁制成的管道及管件常用于给水排水管道工程，球墨铸铁制成的管道及管件常用于给水管道和燃气管道工程，因为球墨铸铁的抗拉强度优于灰口铸铁。

28. 承插铸铁管的规格及尺寸如何确定？

承插铸铁管一般用灰口铸铁铸造，其试验水压力一般不大于0.1MPa，其规格及尺寸如图6-1及表6-8和表6-9所示。

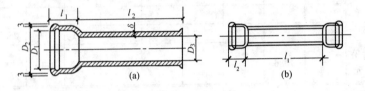

图6-1 排水铸铁管
(a)承插口直管；(b)双承直管

表6-8　　　　排水铸铁管(承插口直管)的规格　　　　mm

内径	D_1	D_2	l_1	D_3	δ	l_2	质量/(kg/个)
50	80	92	60	50	5		10.3
75	105	117	65	75	5		14.9
100	130	142	70	100	6	1500	19.6
125	157	171	75	125	6		29.4
150	182	196	75	150	6		34.9
200	234	250	80	200	7		53.7

表6-9　　　　排水铸铁管(双承直管)的规格　　　　mm

内径	l_1	l_2	质量/(kg/个)	备注
50		60	11.2	
75		65	16.5	
100	1500	70	21.2	承口尺寸同承插口
125		75	31.7	
150		75	37.6	
200		80	57.9	

29. 什么是柔性抗震铸铁管？

柔性抗震铸铁管是在国际上运用广泛的主要的排水材料之一，采用离心浇铸，组织致密，管壁薄，质量轻，接口采用不锈钢卡箍和橡胶套连接，装卸方便。柔性抗震排水铸铁管是一种新型的建筑用排水管材，已被广泛用于排水，排污，雨水管道和通气管道系统，是政府推广，替代传统砂型铸造排水管及 UPVC 管的新产品。

30. 柔性抗震铸铁管的特点有哪些？

(1) 耐用期限超过建筑物预期的寿命。
(2) 为不燃物、不蔓延火花、无毒。
(3) 抗腐蚀性强、不易老化。
(4) 膨胀及收缩系数小。
(5) 噪声低。
(6) 柔性抗震、耐受力强、质量轻。
(7) 接头防渗入和渗出。
(8) 安装、维修简易，环保可完全回收。

31. 给水铸铁管分为哪几种？

给水铸铁管有：低压管、普压管、高压管。工作压力为 0.45MPa 以下，应选用低压管；工作压力为 0.45～0.75MPa 应选用普压管；工作压力为 0.75～1MPa 应选用高压管。如果同一条管线上压力不同，应按高的压力选管；同一条管线上不宜用两种压力等级的给水铸铁管。

32. 给水铸铁管管件分为哪几种？其连接方式有哪些？

给水铸铁管管件多采用承插式连接，但要与阀件相连时，要用法兰连接。管件从种类上分，大体上有渐缩管（大小头）、三通、四通、弯头等。从形式上可分为承插、双承、双盘及三承三盘等。较为常用的给水铸铁管管件如图 6-2 所示。给水铸铁管件的弯头除 90°的双承、双盘之外，还有承插式的 45°、22.5°。

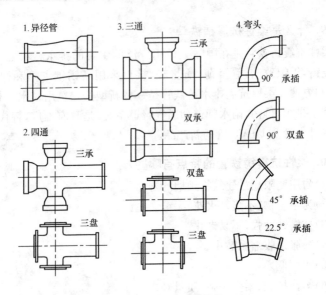

图 6-2 常用给水铸铁管件

33. 什么是承插铸铁排水管？接口形式有哪些？

承插铸铁排水管指用于排除生活污水、雨水和生产污水等重力流管道。接口形式为承插式，用灰铸铁浇铸而成，壁厚比给水管薄，出厂时不涂刷沥青防腐层。

34. 铸铁管安装有哪些要求？

铸铁管的安装要求见表 6-10。

表 6-10　　　　　　　　铸铁管安装

序号	项目	安 装 要 求
1	铸铁管断管	(1) 一般采用大锤和剁子进行断管。 (2) 断管量大时，可用手动油压钳锯管器锯断。该机油压系统的最高工作压力为 60MPa，使用不同规格的刀框，即可用于直径 100～300mm 的铸铁管切断。 (3) 对于直径大于 560mm 的铸铁管，手工切断相当费力，根据有关资料介绍，用黄色炸药 (TNT) 爆炸断管比较理想，而且还可以用于切断钢筋混凝土管，断口较整齐，无纵向裂纹

续表

序号	项目	安　装　要　求
2	给水铸铁管青铅接口	给水铸铁管青铅接口时，必须由有经验的工人指导进行施工。 (1)准备好化铅工具(铅锅、铅勺等)，铅应用6号铅。 (2)熔铅(化铅)。熔铅时要掌握火候，一般可根据铅溶液的液面颜色判断其热熔温度，如呈白色则温度低了，呈紫红色则说明温度合适。同时用一根铁棒(严禁潮湿或带水)插入到铅锅内迅速提起来，观察铁棒是否有铅熔液附着在棒的表面上，如没有熔铅附着，则说明温度适宜即可使用。在向已熔融的铅液中加入铅块时，严禁铅块带水或潮湿，避免发生爆炸事故；熬铅时严禁水滴入铅锅内。 (3)灌注铅口时，将管口内的水分及污物擦干净，必要时用喷灯烘干；挖好工作坑。 (4)将灌铅卡箍贴承口套好，开口位于上方，以便灌铅。卡箍应贴紧承口及管壁，可用黏泥将卡箍与管壁接缝部位抹严，防止漏铅，卡子口处围住黏泥。 (5)灌铅。取铅溶液时，应用漏勺将铅锅中的浮游物质除去，将铅液掐到小铅桶内，每次取一个接口的用量；灌铅者应站在管顶上部，使铅桶的口朝外，铅桶距管顶约20cm，使铅液慢慢地流入接口内，目的是为了便于排除空气；如管径较大时铅流也可大些，以防止溶液中途凝固。每个铅口应不断地一次灌满，但中途发生爆炸应立即停止灌铅。 (6)铅凝固后，即可取下卡箍，用剁子或扁铲将铅口毛刺铲去，然后用铅錾子贴插口捻打，直至铅口打实为止，最后用錾子将多余的铅打掉并錾平。 铅接口本身的刚性及抗震性能较好，施工完毕无须养护即可通水，因此在穿越铁路及振动性较大的部位使用或用于抢修管道均有优越性，但青铅接口造价高，用量大时，不适合全部采用

35. 铸铁管安装时应注意哪些事项？

(1)安装前，应对管材的外观进行检查，查看有无裂纹、毛刺等，不合格的不能使用。

(2)插口装入承口前,应将承口内部和插口外部清理干净,用气焊烤掉承口内及承口外的沥青。如采用橡胶圈接口时,应先将橡胶圈套在管子的插口上,插口插入承口后调整好管子的中心位置。

(3)铸铁管全部放稳后,暂将接口间隙内填塞干净的麻绳等,防止泥土及杂物进入。

(4)接口前挖好操作坑。

(5)如口内填麻丝时,将堵塞物拿掉,填麻的深度为承口总深的1/3,填麻应密实均匀,应保证接口环形间隙均匀。

(6)打麻时,应先打油麻后打干麻。应把每圈麻拧成麻辫,麻辫直径等于承插口环形间隙的1.5倍,长度为周长的1.3倍左右为宜。打锤要用力,凿凿相压,一直到铁锤打击时发出金属声为止。

采用胶圈接口时,填打胶圈应逐渐滚入承口内,防止出现"闷鼻"现象。

(7)将配置好的石棉水泥填入口内(不能将拌好的石棉水泥用料超过半小时再打口),应分几次填入,每填一次应用力打实,应凿凿相压;第一遍贴里口打,第二遍贴外口打,第三遍朝中间打,打至呈油黑色为止,最后轻打找平,如图6-3所示。如果采用膨胀水泥接口时,也应分层填入并捣实,最后捣实至表层面返浆,且比承口边缘凹进1~2mm为宜。

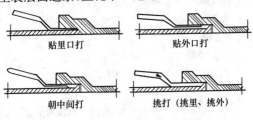

图6-3 铸铁承插管打口基本操作

(8)接口完毕,应速用湿泥或用湿草袋将接口处周围覆盖好,并用虚土埋好进行养护。天气炎热时,还应铺上湿草袋等物进行保护,防止热胀冷缩损坏管口。在太阳暴晒时,应随时洒水养护。

36. 定额对室内排水铸铁管接头零件的用量及价格如何取定?

定额对室内排水铸铁管接头零件的用量及价格取定见表6-11。

表 6-11　　　　　　　　　室内排水铸铁管接头零件

材料名称	DN50 用量	DN50 单价/元	DN50 金额/元	DN75 用量	DN75 单价/元	DN75 金额/元	DN100 用量	DN100 单价/元	DN100 金额/元
三通	1.09	12.61	13.74	1.85	17.97	33.24	4.27	26.58	113.50
四通	—	—	—	0.13	15.76	2.05	0.24	21.33	5.12
弯头	5.28	6.93	36.59	1.52	10.19	15.49	3.93	13.66	53.68
扫除口	0.20	14.50	2.90	2.66	25.32	67.35	0.77	37.09	28.56
接轮	—	—	—	2.72	9.25	25.16	1.04	12.29	12.78
异径管	—	—	—	0.16	7.98	1.28	0.30	11.14	3.34
合计	6.57	—	53.23	9.04	—	144.57	10.55	—	216.98
综合单价(元)	—	8.10	—	—	15.99	—	—	20.57	—

材料名称	DN150 用量	DN150 单价/元	DN150 金额/元	DN200 用量	DN200 单价/元	DN200 金额/元
三通	2.36	55.47	130.91	2.04	90.04	83.68
四通	0.17	36.98	6.29	—	—	—
弯头	1.27	26.06	33.10	1.71	47.70	81.57
扫除口	0.01	75.64	0.76	—	—	—
接轮	0.92	21.43	19.72	—	—	—
异径管	0.34	18.70	6.36	—	—	—
合计	5.07	—	197.14	3.75	—	265.25
综合单价(元)	—	38.88	—	—	70.73	—

37. 定额对柔性抗震铸铁排水管接头零件的用量及价格如何取定?

定额对柔性抗震铸铁排水管接头零件的用量及价格取定见表 6-12。

表 6-12　　　　　　　　柔性抗震铸铁排水管接头零件　　　　　　　　10m

材料名称	DN50 用量	DN50 单价/元	DN50 金额/元	DN75 用量	DN75 单价/元	DN75 金额/元	DN100 用量	DN100 单价/元	DN100 金额/元
柔性下水铸铁弯头	5.28	9.04	47.73	1.52	12.29	18.68	3.93	17.73	69.80

续表

材料名称	DN50 用量	DN50 单价/元	DN50 金额/元	DN75 用量	DN75 单价/元	DN75 金额/元	DN100 用量	DN100 单价/元	DN100 金额/元
柔性下水铸铁三通	1.09	19.65	21.42	1.85	31.94	59.09	4.27	48.01	205.00
柔性下水铸铁四通	—	—	—	0.13	46.44	6.04	0.24	83.94	20.15
柔性下水铸铁接轮	—	—	—	2.72	12.40	33.73	1.04	15.86	16.49
柔性下水铸铁异径管	—	—	—	0.16	12.61	2.02	0.30	14.81	4.44
柔性下水铸铁检查口	0.20	14.50	2.90	2.66	25.32	67.35	0.77	37.90	29.18
合计	6.57	—	72.05	9.04	—	186.91	10.55	—	345.06
综合单价/元	—	10.97	—	—	20.68	—	—	32.71	—

材料名称	DN150 用量	DN150 单价/元	DN150 金额/元	DN200 用量	DN200 单价/元	DN200 金额/元
柔性下水铸铁弯头	1.27	35.62	45.24	1.71	56.31	96.29
柔性下水铸铁三通	2.36	100.00	236.00	2.04	142.00	289.68
柔性下水铸铁四通	0.17	148.00	25.16	—	—	—
柔性下水铸铁接轮	0.92	30.95	28.47	—	—	—
柔性下水铸铁异径管	0.34	23.64	8.04	—	—	—
柔性下水铸铁检查口	0.01	75.64	0.76	—	—	—
合计	5.07	—	343.67	3.75	—	385.97
综合单价/元	—	67.78	—	—	102.93	—

第六章 给排水、采暖管道工程计量与计价

38. 什么是橡胶连接管？

橡胶连接管产品按照国际有关技术标准生产，广泛应用于水、电、化工、船舶系统。可取代广泛应用于电厂、水厂、污水厂、化工、冶金行业的其他伸缩产品，主要材质为氯丁橡胶、天然橡胶和三元乙丙橡胶，使用该产品对人类没有污染，没有任何副作用。

39. 橡胶连接管的性能有哪些？

(1)耐压高(1.0～6.4MPa)。

(2)弹性好(可轴向、横向、角向位移)。

(3)降噪声(正常情况下，可降低结构传递噪声 15～30dB)。

(4)质量轻、减振动。

(5)安装方便，使用灵活，便于拆换维修，同时具有耐酸、耐碱、耐油等特点。

40. 塑料管的优缺点有哪些？

(1)塑料管的优点：

1)质量轻，搬运装卸便利。

2)耐化学药品性优良。

3)流体阻力小。

4)施工简易。

5)节约能源，保护环境。

(2)塑料管的缺点：

1)老化问题，塑料管容易老化，特别是室外受紫外线强光的照射，导致塑料变脆、老化，使用寿命大大降低，仅为 10 年左右。

2)承压能力较弱，塑料管承压能力不足 0.4MPa。

3)建筑防火问题，阻燃性差。

4)耐热性差，软化温度低，低温性能差。

5)排水噪声大：由于塑料管内壁较为光滑，水流不易形成水膜沿管壁流动，在管道中呈混乱状态撞击管壁。

6)抗机械冲击性差，膨胀系数大。

41. 塑料管的连接方式有哪些？

塑料管道的连接方式有承插连接、对焊连接、钢套管对焊连接、法兰连接、螺纹连接等。

42. 塑料复合管的特征有哪些？

塑料复合管改变了现有产品的耐压强度不够、用途不广、结构复杂、生产成本高等缺点。塑料复合管的主要技术特征是塑料层为单层塑料层，其中包含了带有网孔的金属加强层，实现了塑料层和金属加强层的整体化。具有耐压强度高、用途广泛、结构简单可靠、生产成本低的优点，广泛用作自来水管、煤气管、输油管、电线管等。

43. 钢骨架塑料复合管适用于哪些范围？

钢骨架塑料复合管用于城镇供水、城镇燃气、建筑给水、消防给水以及特种流体(包括适合使用的工业废水、腐蚀性气体溶浆、固体粉末等)输送用管材和管件。

44. 塑料管安装应注意哪些事项？

(1)塑料管道上的伸缩节安装。塑料管伸缩节必须按设计要求的位置和数量进行安装。横干管应根据设计伸缩量确定；横支管上合流配件至立管超过 2m 应设伸缩节，但伸缩节之间的最大距离不得超过 4m。管端插入伸缩节处预留的间隙应为夏季 5~10mm；冬季 15~20mm。

管道因环境温度和污水温度变化而引起的伸缩长度按下式计算：

$$\Delta L = L \cdot \alpha \cdot \Delta t$$

式中　L——管道长度(m)；

ΔL——管道伸缩长度(m)；

α——管道金属线膨胀系数，一般取 $\alpha = (6 \sim 8) \times 10^{-5}$ m/(m·℃)；

Δt——温度差(℃)。

伸缩节的最大允许伸缩量为：

$DN50$——10mm；

$DN75$——12mm；

$DN100$——15mm。

(2)管道的配管及粘接工艺。

1)锯管及坡口。

①锯管长度应根据实测并结合连接件的尺寸逐层决定。

②锯管工具宜选用细齿锯、割刀和割管机等机具,断口平整并垂直于轴线,断面处不得有任何变形。

③插口处可用中号锉刀锉成 15°～30°坡口,坡口厚度宜为管壁厚度的 1/3～1/2,长度一般不小于 3mm,坡口完成后,应将残屑清除干净。

2)管材或管件在粘合前应用棉纱或干布将承口内侧和插口外侧擦拭干净,使被黏结面保持清洁,无尘砂与水迹。当表面有油污时,必须用棉纱蘸丙酮等清洁剂擦净。

3)配管时,应将管材与管件承口试插一次,在其表面划出标记,管端插入的深度不得小于表 6-13 的规定。

表 6-13　　　　塑料管管材插入管件承口深度　　　　　　mm

代号	管子外径	管端插入承口深度	代号	管子外径	管端插入承口深度
1	40	25	4	110	50
2	50	25	5	160	60
3	75	40			

4)胶粘剂涂刷:用油刷蘸胶粘剂涂刷被粘接插口外侧及粘接承口内侧时,应轴向涂刷,动作迅速,涂抹均匀,且涂刷的胶粘剂应适量,不得漏涂或涂抹过厚。冬期施工时尤须注意,应先涂承口,后涂插口。

5)承插口连接:承插口清洁后涂胶粘剂,立即找正方向将管子插入承口,使其准直,再加以挤压。应使管端插入深度符合所划标记,并保证承插接口的长度和接口的位置正确,还应静置 2～3min,防止接口滑脱;预制管段节间误差应不大于 5mm。

6)承插接口插接完毕,应将挤出的胶粘剂用棉纱或干布蘸清洁剂擦拭干净。根据胶粘剂的性能和气候条件静置至接口处固化为止。冬季施工时,固化时间应适当延长。

45. 交联聚乙烯管的规格有哪些?其适用范围及连接方式有哪些?

交联聚乙烯管(PE-X)的常用规格为 $DN16～DN63$,适用于冷热水和饮用水供应系统,最高水温不超过 80℃。常用连接方式为卡压式连接,也可采用卡箍连接和管螺纹过渡连接。

46. 聚丙烯管的种类有哪些？其适用于哪些系统？

聚丙烯管分为无规共聚聚丙烯管(PP-R)和嵌段共聚聚丙烯管(PP-B)两种。目前工程中常用无规共聚聚丙烯管(PP-R)，其常用规格为 $DN20\sim DN110$，适用于输送介质温度不大于 70℃ 的生活给水、热水、饮用冷水系统。

47. 硬聚氯乙烯排水管有哪些规格？

硬聚氯乙烯排水管的规格见表 6-14。

表 6-14　　　　硬聚氯乙烯排水管的规格

公称直径 DN/mm	尺寸/mm				接口		近似质量 /(kg/m)
	外径及公差	近似内径	壁厚及公差	管长	接口形式	粘合剂或填材	
50	58.6±0.4		3.5	4000± 100	承插接口	过氯乙烯胶水	0.90
75	83.8±0.5		4.5				1.60
100	114.2±0.6		5.5				2.85
40	48±0.3	44	$2^{+0.4}_{-0}$		承插接口	816 号硬 PVC 管瞬干黏结剂	0.43
50	60±0.3	56	$2^{+0.4}_{-0}$				0.56
75	89±0.5	83	$3^{+0.5}_{-0}$				1.22
100	114±0.5	107	$3.5^{+0.6}_{-0}$				1.82
50	60		2.0	400	承插接口	901 号胶水 903 号胶水	0.63
75	89		3.0				1.32
100	114		3.5				1.94
40	48			3000~4000	管螺纹接口		0.83
50	59		4	3700~5500			0.92
75	84		4	5500			1.33
100	109		5	3700			1.98
40	48		2.5		管螺纹接口		
50	60		3				
75	84.5		3.5				
100	110		4				

公称直径 DN/mm	尺寸/mm			管长	接口		近似质量 /(kg/m)
	外径及公差	近似内径	壁厚及公差		接口形式	粘合剂或填材	
50	58±0.3	50.5	3±0.2	4000	承插接口		0.9
75	85±0.3	75.5	4±0.3				1.7
100	111±0.3	100.5	4.5±0.35				2.5
50	63±0.5		3.5±0.3	4000± 100	承插接口		
90	90±0.7		4±0.3				
110	110±0.8		4.5±0.3				
40	48		2.5	3000~6000	管螺纹 接口		
50	58		2.5	2700~6000			
75	83		3	2700~6000			
100	110		3.3	2700~6000			

48. 耐酸酚醛塑料管有哪些规格?

耐酸酚醛塑料管的规格见表6-15。

表6-15 耐酸酚醛塑料管的规格

公称直径/mm	壁厚/mm	长度/mm				公称直径/mm	壁厚/mm	长度/mm			
		500	1000	1500	2000			500	1000	1500	2000
		质量/kg						质量/kg			
33	9	1.39	2.66	3.93	5.20	250	16	13.30	24.60	35.90	47.21
54	11	2.10	3.97	5.85	7.73	300	16	16.20	28.70	43.10	56.70
78	12	3.34	6.36	9.38	12.40	350	18	21.20	37.70	54.00	70.30
100	12	4.10	7.83	11.60	15.30	400	18	26.50	47.80	68.80	90.50
150	14	7.50	14.00	20.50	27.00	450	20	33.40	59.60	85.90	112.40
200	14	10.10	18.90	27.80	36.70	500	20	37.60	67.10	97.90	124.80

49. 软聚氯乙烯管有哪些规格?

软聚氯乙烯管的规格见表6-16。

表 6-16　　软聚氯乙烯管的规格

电器套管				流体输送管				使用说明
内径	壁厚	长度	近似质量	内径	壁厚	长度	近似质量	
mm	mm		kg/m　kg/根	mm	mm		kg/m　kg/根	
1.0	0.4		0.0023　0.023					
1.5	0.4		0.0031　0.031					
2.0	0.4		0.0039　0.039					
2.5	0.4		0.0048　0.048					
3.0	0.4		0.0056　0.056	3.0	1.0		0.016　0.164	
3.5	0.4		0.0064　0.064					
4.0	0.6		0.011　0.113	4.0	1.0		0.021　0.205	
4.5	0.6		0.013　0.125					
5.0	0.6		0.014　0.138	5.0	1.0		0.025　0.246	(1)使用温度:常温。
6.0	0.6		0.016　0.162	6.0	1.0		0.029　0.287	(2)外观颜色:流体输送管为本色、透明或半透明。
7.0	0.6		0.019　0.187	7.0	1.0		0.033　0.328	
8.0	0.6		0.021　0.212	8.0	1.5		0.058　0.584	
9.0	0.6		0.024　0.236	9.0	1.5		0.065　0.646	
10.0	0.7	≥10	0.031　0.307	10.0	1.5	≥10	0.071　0.707	(3)电气套管可为本色、白色、黄色、红色、蓝色、黑色等
12.0	0.7		0.036　0.364	12.0	1.5		0.083　0.830	
14.0	0.7		0.042　0.422	14.0	2.0		0.13　1.31	
16.0	0.9		0.062　0.624	16.0	2.0		0.15　1.48	
18.0	1.2		0.094　0.935					
20.0	1.2		0.10　1.04	20.0	2.5		0.23　2.31	
22.0	1.2		0.11　1.14					
25.0	1.2		0.13　1.29	25.0	3.0		0.34　3.44	
28.0	1.4		0.17　1.69					
30.0	1.4		0.18　1.80	32.0	3.5		0.51　5.09	
34.0	1.4		0.20　2.03					
36.0	1.4		0.21　2.15					
40.0	1.8		0.31　3.08	40.0	4.0		0.72　7.22	
				50.0	5.0		1.13　11.28	

注:1. 管材的近似质量是估算数。
　　2. 近似质量中 kg/根系以管长 10m 计。

50. 聚乙烯(PE)管有哪些规格？

聚乙烯(PE)管的规格见表 6-17。

表 6-17　　　　　　　　　聚乙烯(PE)管的规格

外径 mm	壁厚 mm	长度 m	近似质量 kg/m	近似质量 kg/根	外径 mm	壁厚 mm	长度 m	近似质量 kg/m	近似质量 kg/根
5	0.5	≥4	0.007	0.028	40	3.0	≥4	0.321	1.28
6	0.5		0.008	0.032	50	4.0		0.532	2.13
8	1.0		0.020	0.080	63	5.0		0.838	3.35
10	1.0		0.026	0.104	75	6.0		1.20	4.80
12	1.5		0.046	0.184	90	7.0		1.68	6.72
16	2.0		0.081	0.324	110	8.5		2.49	9.96
20	2.0		0.104	0.416	125	10.0		3.32	13.3
25	2.0		0.133	0.532	140	11.0		4.10	10.4
32	2.5		0.213	0.852	160	12.0		5.12	20.5

注：1. 外径 25mm 以下规格，内径与之相应的软聚氯乙烯管材规格相符，可以互换使用。
2. 外径 75mm 以上规格产品为建议数据。
3. 每根质量按管长 4m 计。
4. 包装：卷盘，盘径≥24 倍管外径。

51. 聚丙烯(PP)管有哪些规格？

聚丙烯(PP)管的规格见表 6-18。

表 6-18　　　　　　　　　聚丙烯(PP)管的规格

管型	尺寸/mm 公称直径	尺寸/mm 外径	壁厚 /mm	推荐使用压力/MPa 20℃	40℃	60℃	80℃	100℃
轻型管	15	20	2	≤1.0	≤0.6	≤0.4	≤0.25	≤0.15
	20	25	2					
	25	32	3					
	32	40	3.5					
	40	51	4					
	50	65	4.5					
	65	76	5					
	80	90	6					

续表

管型	尺寸/mm		壁厚/mm	推荐使用压力/MPa				
	公称直径	外 径		20℃	40℃	60℃	80℃	100℃
轻型管	100 125 150 200	114 140 166 218	7 8 8 10	≤0.6	≤0.4	≤0.25	≤0.25	≤0.1
重型管	8 10 15 25 32 40 50 65	12.5 15 20 25 40 51 65 76	2.25 2.5 2.5 3 5 6 7 8	≤1.6	≤1.0	≤0.6	≤0.4	<0.25

52. 铜管的特点有哪些?

铜管重量较轻,导热性好,低温强度高。常用于制造换热设备(如冷凝器等)。也用于制氧设备中装配低温管路。直径小的铜管常用于输送有压力的液体(如润滑系统、油压系统等)和用作仪表的测压管等。

53. 铜管管件常见的形状有哪些?

铜管管件的常见形状如图 6-4 所示。

54. 金属管道的连接方式有哪些?

为了保证管道畅通,必须使连接严密。给水管道的连接方式,与使用的管材及用途有关,参见表 6-19。

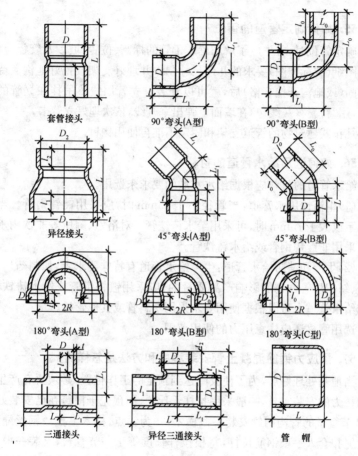

图 6-4 铜管管件

表 6-19　　　　　　　　　室内给水管道管材及连接方式

管　材	用　途	连接方式
镀锌焊接钢管	生活给水管管径≤150mm	丝扣连接
非镀锌焊接钢管	生产或消防给水管道	管径＞32mm焊接，≤32mm丝扣连接
给水铸铁管	生活给水管道管径≥150mm时,管径≥75mm 的埋地生活给水管道生产和消防水管道	承插连接

55. 如何确定管道的管位？

确定管位时，首先应了解和确定干管的标高、位置、坡度及管径等，然后按图纸(或标准图)要求的几何尺寸制作并埋好支架或挖好地沟。待支架牢固(或地沟开挖合格)后，就可以安装。立管用线坠吊挂在立管的位置上，用"粉囊"(灰线包)在墙面上弹出垂直线，依次埋好立管卡。

凡正式建筑物的管道支架和固定不准再使用钩钉。

56. 如何选用给水管道的材料？

给水管道的材料应根据给水水质的要求来选用。

(1)生活饮用水管道：当管径小于75mm时，应采用镀锌钢管。当管径等于或大于75mm时，可采用给水铸铁管。对浴室、厕所等非饮用水管道可采用非镀锌钢管或给水铸铁管。

(2)生产和消防给水管道：生产给水管道有特殊要求者，如制药厂、食品厂、纺织厂等铁锈能影响产品质量的，应采用镀锌钢管或给水铸铁管。生产给水管道也可以根据使用要求采用塑料管或其他管材。

选用管材还应注意压力的使用范围。

57. 预应力钢筋混凝土管安装程序和方法是怎样的？

当地基处理好后，为了使胶圈达到预定的工作位置，必须要有产生推力和拉力的安装工具，一般采用拉杆千斤顶，即预先于横跨在已安装好的1～2节管子的管沟两侧安装一截横木，作为锚点，横木上拴一钢丝绳扣，钢丝绳扣套入一根钢筋拉杆，每根拉杆长度等于一节管长，安装一根管，加接一根拉杆，拉杆与拉杆间用S形扣连接。这样一个固定点，可以安装数十根管后再移动到新的横木固定点，然后用一根钢丝绳兜扣住千斤顶头连接到钢筋拉杆上。为了使两边钢丝绳在顶装过程中拉力保持平衡，中间应连接一个滑轮。

58. 怎样计算给排水、采暖、燃气管道工程定额工程量？

各种管道，均以施工图所示中心长度，以"m"为计量单位，不扣除阀门、管件(包括减压器、疏水器、水表、伸缩器等组成安装)所占的长度。

【例6-1】 某住宅工程底层采暖平面图如图6-5所示，请计算底层采暖管道定额工程量。

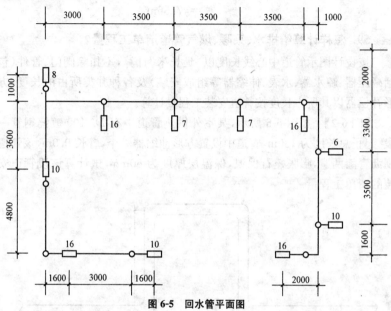

图 6-5　回水管平面图

采暖工程设计说明如下：

(1)给排水管道采用镀锌钢管螺纹连接。

(2)给水干管(包括立管和水平管)均采用 $DN32$ 镀锌钢管。

(3)排水水平支管均采用 $DN20$ 镀锌钢管。

(4)各干管、支管上均采用闸阀螺纹连接。

(5)回水管过门设混凝土地沟。

(6)采用 M-132 型铸铁散热器，片数已分别标在图中，每片按 85mm 计算，散热片上下两螺纹和连接孔间隔 500mm。

(7)各立管离开墙面 100mm。

(8)各房间内散热器按管一侧端头离开支管立管 0.8m。

(9)室外水平供水管及回水管长度算至外墙皮 1.3m。

【解】　管道定额工程量(以 m 为单位)：

$DN20$ 镀锌钢管长度螺纹连接＝(2.0＋3.5＋3＋1.0＋3.5＋4.8＋
　　　　　　　　　　　　　　1.6＋3＋1.6)＋(3.5×2＋1.0＋

$$3.3+1.6+3.5+2.0+0.86\times 6)$$
$$=47.56m$$

59. 怎样计算给排水、采暖、燃气管道清单工程量？

按设计图示管道中心线长度以"延长米"计算，不扣除阀门、管件（包括减压器、疏水器、水表、伸缩器等组成安装）及各种井类所占的长度，方形补偿器以其所占长度按管道安装工程量计算。

【例 6-2】 如图 6-6 所示，某室外供热管道中有 $DN100$ 镀锌钢管一段，起止总长度为 130m，管道中设置方形伸缩器一个，臂长 0.9m，该管道刷沥青漆两遍，膨胀蛭石保温，保温层厚度为 60mm，试计算该段管道安装的清单工程量。

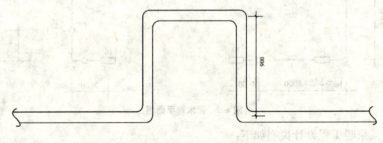

图 6-6 方形伸缩器示意图

【解】 供水管的长度为 130m，伸缩器两臂的增加长度 $L=0.9+0.9=1.8m$，则

室外供热管道安装清单工程量 $=130+1.8=131.8m$

清单工程量计算见表 6-20。

表 6-20　　　　　　　　清单工程计算表

项目编码	项目名称	项目特征描述	计量单位	工程量
030801001001	镀锌钢管	焊接，室外工程，刷两遍青漆，膨胀蛭石保温层，$\delta=60mm$	m	131.8

【例 6-3】 如图 6-7 所示为某住宅楼排水系统中排水干管的一部分，

第六章 给排水、采暖管道工程计量与计价

试计算其清单工程量。

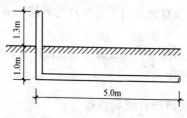

图 6-7 排水干管示意图

【解】 根据清单工程量计算规则,承插口直管 $DN75$,则
排水干管工程量 $=1.3+1.0+5.0=7.3m$
清单工程量计算见表 6-21。

表 6-21　　　　　清单工程量计算表

项目编码	项目名称	项目特征描述	计量单位	工程量
030801003001	承插铸铁管	承插铸铁排水管,$DN75$(承插口直管)	m	7.3

【例 6-4】 某住宅工程底层采暖平面图如图 6-5 所示,请计算底层采暖清单工程量。采暖工程设计说明见【例 6-1】。

【解】 管道清单工程量计算同定额工程量计算。
清单工程量计算见表 6-22。

表 6-22　　　　　清单工程量计算表

序号	项目编码	项目名称	项目特征描述	计量单位	工程量
1	030801001001	镀锌钢管	$DN20$ 镀锌钢管,螺纹连接	m	47.56

60. 如何布置热水管道?

热水管道的布置与给水管道基本相同。管道的布置应该在满足安装和维修管理的前提下,使管线短捷简单。

(1)一般建筑物的热水管线为明装,只有在卫生设备标准要求高的建筑物及高层建筑热水管道才暗装。

(2)暗装管线放置在预留沟槽、管道竖井内。明装管道尽可能布置在

卫生间或非居住房间,一般与冷水管平行。

(3)热水水平和垂直管道当不能靠自然补偿达到补偿效果时应通过计算设置补偿器。

(4)热水上行下给配水管网最高点应设置排气装置,下行上给立管上配水阀可代替排气装置。

61. 刷油前如何清理管道表面?

由于金属管道表面常有泥灰、浮锈、氧化物、油脂等杂物,影响防腐层同金属表面的结合,因此在刷油前必须去掉这些污物。除采用7108稳化型带锈底漆允许有 $80\mu m$ 以下的锈层外,一般都要露出金属本色。

管道表面的清理工作一般包括两部分,即除油和除锈。其施工方法如下:

(1)除油:管道表面粘有较多的油污时,可先用汽油或浓度为5%的热苛性钠溶液洗刷,然后用清水冲洗,干燥后再进行除锈。

(2)除锈:方法有喷砂、酸洗(化学)等方法。

62. 管道的冲洗消毒要点有哪些?

新铺给水管道竣工后,或旧管道检修后,均应进行冲洗消毒。

(1)冲洗消毒前,应把管道中已安装好的水表拆下,以短管代替,使管道接通,并把需冲洗消毒管道与其他正常供水干线或支线断开。

(2)消毒前,先用高速水流冲洗水管,在管道末端选择几点将冲洗水排出。当冲洗到所排出的水内不含杂质时,即可进行消毒处理。

(3)进行消毒处理时,先把消毒段所需的漂白粉放入水桶内,加水搅拌使之溶解,然后随同管内充水一起加入到管段,浸泡历24h。然后放水冲洗,并连续测定管内水的浓度和细菌含量,直至合格为止。

(4)新安装的给水管道消毒时,每100m管道用水及漂白粉用量可按表6-23选用。

表6-23　　　每100m管道消毒用水量及漂白粉量

管径 DN/mm	15~50	75	100	150	200	250	300	350	400	450	500	600
用水量/m³	0.8~5	6	8	14	22	32	42	56	75	93	116	168
漂白粉用量/kg	0.09	0.11	0.14	0.14	0.38	0.55	0.93	0.97	1.3	1.61	2.02	2.9

63. 怎样计算管道消毒、冲洗、压力试验的定额工程量？

管道消毒、冲洗、压力试验，均按管道长度以"m"为计量单位，不扣除阀门、管件所占的长度。

64. 怎样计算镀锌铁皮套管制作工程定额工程量？

镀锌铁皮套管制作以"个"为计量单位，其安装已包括在管道安装定额内，不得另行计算。

【例 6-5】 某管道工程需要制作镀锌铁皮套管 15 个，管口直径为 25mm，求其工程量。

【解】 工程量＝1×15 个＝15 个

65. 管道支架分为哪几类？

管道支架按其对管道的制约作用力分为活动支架、固定支架、立管支架。

(1)活动支架。活动支架使管道热胀冷缩时在允许的范围内沿轴向自由移动，不被卡死。室内采暖管道的活动支架有托架和吊架两种形式。

(2)固定支架。固定支架使管道在该点卡死，不能移动，整个采暖系统的位置基本固定，固定点两边管道的热胀冷缩由伸缩器来吸收。固定支架还要承受管道由于热胀所产生的轴向推力，因此，固定支架在设计和安装中都要考虑有足够的强度和刚度。

(3)立管支架。立管支架采用管卡，有单、双立管卡两种，分别用于单根立管，并行的两根立管的固定，规格为 $DN15 \sim DN50$。

66. 管道支架的作用是什么？

管道支架也称管架，它的作用是支承管道，限制管道变形和位移，承受从管道传来的内压力、外载荷及温度变形的弹性力，通过它将这些力传递到支承结构上或地上。

67. 管道支架的形式有哪几种？

管道工程中，管道支架有两种形式：架空敷设的水平管道支架、地上平管和垂直弯管支架。

68. 当水平管道沿柱或墙架空敷设时如何考虑水平管道支架？

当水平管道沿柱或墙架空敷设时，可根据荷载的大小、管道的根数、所需管架的长度及安装方式等分别采用各种形式的生根在柱上的支架（简称柱架），或生根在墙上的支架（简称墙架），如图6-8所示。

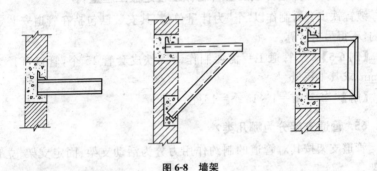

图 6-8　墙架

69. 地上平管和垂直弯管支架的应用特点是什么？

一些管道离地面较近或离墙、柱、梁、楼板底等的距离较大，不便于在上述结构上生根，则可采用生根在地上的立柱式支架，如图6-9所示。图6-10则为地上垂直弯管支架。这种支架因易形成"冷桥"，故不宜用作冷冻管支架。若需采用时，高度也应很小，并将金属支架包在管道的热绝缘结构内，且需在下面垫以木块，以免形成"冷桥"。

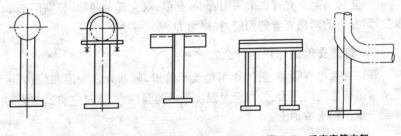

图 6-9　地上立柱式支架　　　　图 6-10　垂直弯管支架

70. 什么情况下应装设管道吊架？

对于既不靠墙也不靠柱敷设的管道，或虽靠墙、柱，但因故不可安装支架时，可在楼板下、梁下或柱侧装设各种吊架，用以吊挂管道。吊架的吊杆可以用圆钢制作成柔性结构,也可用型钢制成刚性结构,但无论是柔性吊架或是刚性吊架均不可作为固定管架使用。

71. 什么情况下应使用弹簧管架？

对于支承点处有垂直位移的管道,需用弹簧管架,以调节管道与管架之间由位移引起的变化。采用弹簧管架时,弹簧构件的选择尤为重要,主要取决于管道位移的大小及荷重条件。

管道工程中,常用的弹簧构件可与前述的各种支架或吊架组合成为弹簧管道支吊架。其中,可与滑动管托组成弹簧管托,弹簧管托安装在支架上组成弹簧支架。

72. 如何理解大管支承小管的管架？

当大管的最大允许跨度比小管大得多时,管道维修中可以根据这个特点,利用不经常检修的大管来支承小管,以减少单独支承小管管架的材料及其占用的空间。采用此种管架时,由于大管承受了小管及其支吊架和连接件的质量,因而其最大允许跨度应有所减小。

作为支承用的大管管径一般应大于或等于150mm,被大管支承的小管管径应小于大管管径的 1/4,并且一般不宜大于 $DN100$。

73. 管道支架适用于哪些范围？

管道支架适用于室内外的沿墙柱架空安装管道所需的支架或管架,其重量在 50kg 以内者,均可套用。除木垫式管架和滚动、滑动管架以外的其他管架,均套用一般管架项目。

木垫式管架是用型钢做成框架,然后在框内衬填硬木垫,悬吊于顶棚或固定于墙上,它一般用于制冷工艺的压缩空气管道,其作用是以减轻因压缩机组的运转而产生的剧烈振动。

滚动、滑动式支架是在型钢框架的底杆上,与管道接触的部分设置一个支座,此支座根据需要可做成滑动的或滚动的,它一般用于蒸汽管道或其他热介质管道,其主要作用是当管道热膨胀和冷收缩时,不致影响管架的稳定而破坏建筑物安全。

74. 常用的支吊架有哪些？

为了固定室内管道的位置,避免管道在自重、温度和外力影响下产生位移,水平管道和垂直管道都应每隔一定距离装设支、吊架。

常用的支吊架有立管管卡、托架和吊环等,管卡和托架固定在墙梁柱上,吊环吊于楼板下,如图 6-11、图 6-12 所示。

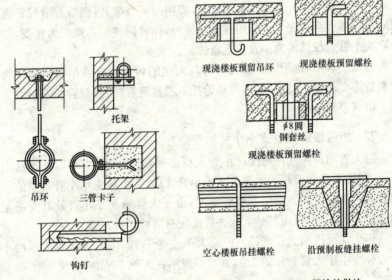

图 6-11 支、吊架　　　　图 6-12 预埋吊环、螺栓的做法

75. 怎样计算管道支架制作安装工程定额工程量?

管道支架制作安装,室内管道公称直径 32mm 以下的安装工程已包括在内,不得另行计算;公称直径 32mm 以上的,可另行计算。

【例 6-6】　如图 6-13 所示为一单管托架示意图,托管重 11kg,试计算其工程量。

【解】　查《全国统一安装工程预算定额》第八册 8-178 可知

(1)管道支架制作安装,单位:100kg,数量:0.11

(2)型钢,单位:100kg,数量:15.7(非定额)

(3)支架手除轻锈,单位:100kg,数量:0.11

(4)支架刷红丹防锈漆第一遍,单位:100kg,数量:0.11

(5)刷银粉漆第一遍,单位:100kg,数量:0.11

(6)刷银粉漆第二遍,单位:100kg,数量:0.11

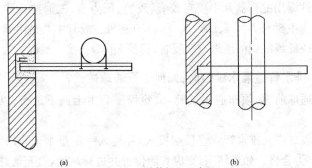

图 6-13 单管托架示意图

(a)立面图；(b)平面图

76. 怎样计算管道支架制作安装工程清单工程量?

管道支架制作安装工程量清单工程量按设计图示质量计算。

【例 6-7】 如图 6-13 所示为一单管托架示意图，托管重 11kg，试计算管道支架制作安装清单工程量。

【解】 管道支架制作安装工程量＝11kg

清单工程量计算见表 6-24。

表 6-24　　　　　　　　　清单工程量计算

项目编码	项目名称	项目特征描述	计量单位	工程量
030802001001	管道支架制作安装	(1)H 型钢。 (2)手工除锈，刷两遍清漆	kg	11

77. 排水管道灌水试验的使用工具有哪些?

为防止排水管道堵塞和渗漏，确保建筑物的使用功能，室内排水管道应进行试漏的灌水试验。其主要使用工具有以下几种：

(1)通球用胶球宜按管道直径配用。胶球直径选择见表 6-25。

表 6-25　　　　　　　　　胶球直径选择表　　　　　　　　　　mm

管　　径	150	100	75
胶球直径	100	70	50

(2)试漏用配套器具主要有胶囊、胶管、压力表、三通接头和打气筒。其中,胶囊主要有 $DN75$、$DN100$、$DN150$ 三种。胶管主要是用氧气(或乙炔)胶管或纤维编织的压缩空气胶管,管径 8mm,长度一般配备为 10m。

78. 排水管道灌水试验时,如何进行通球试验?

(1)通球前,必须作通水试验,试验程序为由上而下进行,以不堵为合格。

(2)胶球应从排水管立管顶端投入,并注入一定量水于管内,以球能顺利流出为合格。如遇堵塞,则应查明位置并进行疏通,直至通球无阻流出为止。

(3)通球完毕,作好"通球试验记录"。

79. 排水管道灌水试验时,如何进行灌水试漏?

(1)灌水试漏前,应将胶管、胶囊等按图 6-14 组合起来,然后对其进行试漏检查。通常是在水盆内装满水,然后将胶囊置于水盆内,边充气,边检查胶囊、胶管接口处是否漏气。

(2)灌水高度及水面位置的控制:

1)大小便冲洗槽、水泥拖布池、水泥盥洗池灌水量不少于槽(池)深的 1/2。

2)水泥洗涤池不少于池深的 2/3。

3)坐、蹲式大便器的水箱、大便槽冲洗水箱灌水量放至控制水位。

4)盥洗面盆、洗涤盆、浴盆灌水量放水至溢水处。

5)蹲式大便器灌水量到水面高于大便器边沿 5mm 处。

6)地漏灌水至水面离地表面 5mm 以上。

(3)打开检查口,先用卷尺在管外大致测量由检查口至被检查水平管的距离加斜三通以下 50cm 左右,记住这个总长,量出胶囊到胶管的相应长度,并在胶管上作好记号,以控制胶囊进入管内的位置。

(4)将胶囊由检查口慢慢送入,至放到所测长度,然后向胶囊充气并观察压力表示值上升到 0.07MPa 为止,最高不超过 0.12MPa。

(5)由检查口注水于管道中,边注水边观察卫生设备水位,直到符合规定要求水位为止,检验后,即可放水。为使胶囊便于放气,必须将气门芯拔下,要防止拉出时管内毛刺划破胶囊。胶囊泄气后,水会很快排出,这时应观察水位面,如发现水位下降缓慢时,说明该管内有垃圾、杂物,应及时清理干净。

(6)对排水管及卫生设备各部分进行外观检查后,如有接口(注意管道及卫生设备盛水处的砂眼)渗漏,可作出记号,随后返修处理。

(7)最后进行高位水箱装水试验 30min 后,各接口等以无渗漏为合格。

(8)分层按系统作好灌水试验记录。

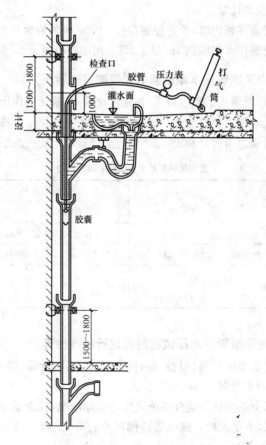

图 6-14 室内排水管灌水试验

80. 排水管道灌水试验时胶囊使用应注意哪些事项?

(1)胶囊长时间存放时,应擦上滑石粉,置于阴凉干燥处保存。

(2)胶囊切勿放到三通(或四通)口处使用,以防充气打破。

(3)胶囊在管子内要躲开接口处。当托水高度在 3m 以内,如发现封堵不严漏水不严重时,可放气调整胶囊所在位置。

(4)检漏完毕,应将气放尽取出胶囊。

(5)为避免放气、放水时,胶囊与胶管脱开,冲走胶囊,胶管与胶囊接口应用镀锌铁丝扎紧。

(6)当胶囊在管内时,压力控制在 0.1MPa(极限值为 0.12MPa)。

(7)当胶囊托水高度达 4m 以上,可采用串联胶囊。

81. 室内采暖管道水压试验时如何确定试验压力?

室内采暖管道用试验压力 P_s 作强度试验,以系统工作压力 P 作严密性试验,其试验压力要符合表 6-26 的规定。系统工作压力按循环水泵扬程确定,试验压力由设计确定,以不超过散热器承压能力为原则。

表 6-26　　　　室内采暖系统水压试验的试验压力

管道类别	工作压力 P (MPa)	试验压力 P_s (MPa)	
		P_s	同时要求
低压蒸汽管道		顶点工作压力的 2 倍	底部压力不小于 0.25
低温水及高压蒸汽管道	小于 0.43	顶点工作压力+0.1	顶部压力不小于 0.3
高温水管道	小于 0.43	$2P$	
	0.43~0.71	$1.3P+0.3$	

82. 室内采暖管路水压试验前应进行哪些检查?

(1)检查全系统管路、设备、阀件、固定支架、套管等,必须安装无误。各类连接处均无遗漏。

(2)根据全系统试压或分系统试压的实际情况,检查系统上各类阀门的开、关状态,不得漏检。试压管道阀门全打开,试验管段与非试验管段连接处应予以隔断。

(3)检查试压用的压力表灵敏度。

(4)水压试验系统中阀门都处于全关闭状态。待试压中需要开启再打开。

83. 室内采暖排水管道水压试验的具体步骤是怎样的?

(1)打开水压试验管路中的阀门,开始向供暖系统注水。

(2)开启系统上各高处的排气阀,使管道及供暖设备里的空气排尽。待水灌满后,关闭排气阀和进水阀,停止向系统注水。

(3)打开连接加压泵的阀门,用电动打压泵或手动打压泵通过管路向系统加压,同时拧开压力表上的旋塞阀,观察压力逐渐升高的情况,一般分 2~3 次升至试验压力。在此过程中,每加压至一定数值时,应停下来对管道进行全面检查,无异常现象方可再继续加压。

(4)工作压力不大于 0.07MPa(表压力)的蒸汽采暖系统,应以系统顶点工作压力的 2 倍作水压试验,在系统的低点,不得小于 0.25MPa 的表压力。热水供暖或工作压力超过 0.07MPa 的蒸气供暖系统,应以系统顶点工作压力加上 0.1MPa 作水压试验。同时,在系统顶点的试验压力不得小于 0.3MPa 表压力。

(5)高层建筑其系统低点如果大于散热器所能承受的最大试验压力,则应分层进行水压试验。

(6)试压过程中,用试验压力对管道进行预先试压,其延续时间应不少于 10min。然后将压力降至工作压力,进行全面外观检查,在检查中,对漏水或渗水的接口做上记号,便于返修。在 5min 内压力降不大于 0.02MPa 为合格。

(7)系统试压达到合格验收标准后,放掉管道内的全部存水。不合格时应待补修后,再次按前述方法二次试压。

(8)拆除试压连接管路,将入口处供水管用盲板临时封堵严实。

84. 给排水、采暖、燃气管道安装应描述哪些清单项目?

(1)安装部位应按室内、室外不同部位编制清单项目。

(2)输送介质指给水管道、排水管道、采暖管道、雨水管道、燃气管道。

(3)材质应按焊接钢管(镀锌、不镀锌)、无缝钢管、铸铁管(一般铸铁、球墨铸铁)、铜管(T1、T2、T3、H59-96)、不锈钢管(1Cr18Ni9、1Cr18Ni9Ti)、非金属管(PVC、UPVC、PP-C、PP-R、PE、铝塑复合、水泥、陶土、缸瓦管)等不同特征分别编制清单项目。

(4)连接方式应按接口形式不同,如螺纹连接、焊接(电弧焊、氧乙炔焊)、承插、卡接、热熔、粘接等不同特征分别列项。

(5)接口材料指承插连接管道的接口材料,如铅、膨胀水泥、石棉水泥等。

(6)除锈标准为管材除锈的要求,如手工除锈、机械除锈、化学除锈、喷砂除锈等不同特征必须明确描述,以便计价。

(7)套管形式指铁皮套管、防水套管、一般钢套管等。

(8)防腐、绝热及保护层的要求指管道的防腐蚀、遍数、绝热材料、绝热厚度、保护层材料等不同特征必须明确描述,以便计价。

85. 水暖及燃气管道工程定额计价应注意哪些事项?

招标人或投标人如采用建设行政主管部门颁布的有关规定为工料计价依据时,应注意以下事项。

(1)《全国统一安装工程预算定额》第八册给排水、采暖管道安装定额中,$\phi 32$ 以下的螺纹连接钢管安装均包括了管卡及托钩的制作安装,该管道如需安装支架时,应做相应调整。

(2)《全国统一安装工程预算定额》第八册凡用法兰连接的阀门、暖、卫、燃气器具均已包括法兰、螺栓的安装,法兰安装不再单独编制清单项目。

(3)室内铸铁排水管、铸铁雨水管、承插塑料排水管、螺纹连接的燃气管,定额均已包括管道支架的制作安装内容,不能再单独编制支架制作安装清单项目。

(4)《全国统一安装工程预算定额》第八册的所有管道安装定额除给水承插铸铁管和燃气铸铁管外,均包括管件的制作安装(焊接连接的为制作管件、螺纹连接和承插连接的为成品管件)工作内容,给水承插铸铁管和燃气承插铸铁管已包括管件安装,管件本身的材料价按图纸需用量另计。除不锈钢管、铜管应列管件安装项目外,其他所有管件安装均不编制工程量清单。

(5)管道若安装钢过墙(楼板)套管时,按钢套管长度参照室外钢管焊接管道安装定额计价。

第七章

·管道附件工程计量与计价·

1. 阀门、水位标尺安装由哪几个分项工程组成？包括哪些定额工作内容？

阀门、水位标尺安装分部共分两个分项工程。

(1)阀门安装

1)螺纹阀。工作内容包括切管,套丝,制垫,加垫,上阀门,水压试验。

2)螺纹法兰阀。工作内容包括切管,套丝,上法兰,制垫,加垫,紧螺栓,水压试验。

3)焊接法兰阀。工作内容包括切管,焊接法兰,制垫,加垫,紧螺栓,水压试验。

4)法兰阀(带短管甲乙)青铅接口。工作内容包括管口除沥青,制垫,加垫,化铅,打麻,接口,紧螺栓,水压试验。

5)法兰阀(带短管甲乙)石棉水泥接口。工作内容包括管口除沥青,制垫,加垫,调制接口材料,接口养护,紧螺栓,水压试验。

6)法兰阀(带短管甲乙)膨胀水泥接口。工作内容包括管口除沥青,制垫,加垫,调制接口材料,接口养护,紧螺栓,水压试验。

7)自动排气阀、手动放风阀。工作内容包括支架制作安装,套丝,丝堵攻丝,安装,水压试验。

8)螺纹浮球阀。工作内容包括切管,套丝,安装,水压试验。

9)法兰浮球阀。工作内容包括切管,焊接,制垫,加垫,紧螺栓,固定,水压试验。

10)法兰液压式水位控制阀。工作内容包括切管,挖眼,焊接,制垫,加垫,固定,紧螺栓,安装,水压试验。

(2)浮标液面计、水塔及水池浮飘水位标尺制作安装。

1)浮标液面计 FQ－Ⅱ型。工作内容包括支架制作安装,液面计安装。

2)水塔及水池浮飘水位标尺制作安装。工作内容包括预埋螺栓,下料,制作,安装,导杆升降调整。

2. 低压器具、水表组成与安装由哪几个分项工程组成？包括哪些定额工作内容？

低压器具、水表组成与安装分部共分 3 个分项工程。
(1)减压器的组成与安装。其分为螺纹连接和焊接两种连接方式。
1)螺纹连接。工作内容为切管,套丝,上零件,制垫,加垫,组对,找正,找平,安装,水压试验。
2)焊接连接。工作内容为切管,套丝,上零件,组对,焊接,制垫,加垫,安装,水压试验。
(2)疏水器的组成与安装。分螺纹连接和焊接两种形式。
1)螺纹连接。工作内容为切管,套丝,上零件,制垫,加垫,组成,安装,水压试验。
2)焊接连接。工作内容为切管,套丝,上零件,制垫,加垫,焊接,安装,水压试验。
(3)水表的组成与安装。分螺纹水表和焊接法兰水表(带旁通管和止回阀)。
1)螺纹水表。工作内容为切管,套丝,制垫,安装,水压试验。
2)焊接法兰水表。工作内容为切管,焊接,制垫,加垫,水表和阀门及止回阀的安装,上螺栓,水压试验。

3. 阀门、水位标尺安装工程定额说明有哪些要点？

(1)螺纹阀门安装适用于各种内外螺纹连接的阀门安装。
(2)法兰阀门安装适用于各种法兰阀门的安装。如仅为一侧法兰连接时,定额中的法兰、带帽螺栓及钢垫圈数量减半。
(3)各种法兰连接用垫片均按石棉橡胶板计算,如用其他材料,不得调整。
(4)浮标液面计 FQ－Ⅱ型安装按《采暖通风国家标准图集》(N102－3)编制。
(5)水塔、水池浮漂水位标尺制作安装,按《全国通用给水排水标准图集》(S318)编制。

4. 低压器具、水表组成与安装工程定额说明有哪些要点？

(1)减压器、疏水器组成与安装是按《采暖通风国家标准图集》(N108)编制的，如实际组成与此不同时，阀门和压力表数量可按实际调整，其余不变。

(2)法兰水表安装是按《全国通用给水排水标准图集》(S145)编制的，定额内包括旁通管及止回阀。如实际安装形式与此不同时，阀门及止回阀可按实际调整，其余不变。

5. 什么是螺纹阀门？其与管道有哪些连接方式？

螺纹阀门指阀体带有内螺纹或外螺纹，与管道螺纹连接的阀门。管径小于或等于32mm宜采用螺纹连接。

螺纹阀门有内螺纹连接和外螺纹连接两种。

6. 内螺纹阀门和外螺纹阀门安装应符合哪些要求？

(1)内螺纹阀门安装时应符合下列要求：

1)把选配好的螺纹短管卡在台钳上，往螺纹上抹一层铅油，顺着螺纹方向缠麻丝(当螺纹沿旋紧方向转动时，麻丝越缠越紧)，缠4~5圈麻丝即可。

2)手拿阀门往螺纹短管上拧2~3扣螺纹，当用手拧不动时，再用管钳子上紧。使用管钳子上阀门时，要注意管钳子与阀件的规格相适应。

3)使用管钳子操作时，一手握钳子把，一手按在钳头上，让管钳子后部牙口吃劲，使钳口咬牢管子不致打滑。扳转钳把时要用力平稳，不能贸然用力，以防钳口打滑按空而伤人。

4)阀门和螺纹短管上好之后，用锯条剔去留在螺纹外面的多余麻丝，用抹布擦去铅油。

(2)外螺纹阀门的连接方法与内螺纹阀门连接方法一样，所不同的是铅油和麻丝缠在阀门的外螺纹上，再和内螺纹短管连接。

7. 什么是焊接法兰阀门？

焊接法兰阀门是指阀体带有焊接坡口，与管道焊接连接的阀门。

8. 什么是带短管甲乙的法兰阀?

带短管甲乙的法兰阀中的"短管甲"是带承插口管段+法兰,用于阀门进水管侧,"短管乙"是直管段+法兰,用于阀门出口侧。带短管甲乙的法兰阀门一般用于承插接口的管道工程中。

9. 怎样计算法兰阀(带短管甲乙)安装工程定额工程量? 如接口材料不同时,是否可调整?

法兰阀(带短管甲乙)安装,均以"套"为计量单位,如接口材料不同时,可调整。

10. 螺纹阀门安装定额适用于哪些范围? 法兰阀门安装定额适用于哪些范围?

(1)螺纹阀门安装定额适用于各种内外螺纹连接的阀门安装。

(2)法兰阀门安装定额适用于各种用法兰连接的阀门的安装,若仅为一侧法兰连接时,定额中的法兰、带帽螺栓及钢垫圈数量减半。

11. 阀门型号应怎样表示?

阀门型号的表示方法如图 7-1 所示。

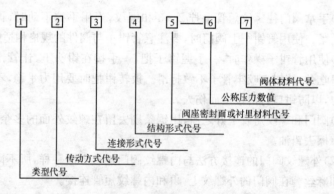

图 7-1 阀门型号表示方法

(1)阀门类型代号用汉语拼音字母表示,见表 7-1。

第七章 管道附件工程计量与计价

表 7-1　　　　　　　　　阀门类型代号

类　型	代　号	类　型	代　号	类　型	代　号
闸　阀	Z	隔膜阀	G	柱塞阀	U
截止阀	J	旋塞阀	X	减压阀	Y
节流阀	L	止回阀和底阀	H	蒸汽疏水阀	S
球　阀	Q	弹簧载荷安全阀	A	排污阀	P
蝶　阀	D	杠杆式安全阀	GA		

注：低温（低于－40℃）、保温（带加热套）和带波纹管的阀门在类型代号前分别加"D"、"B"和"W"汉语拼音字母。

（2）阀门传动方式代号用阿拉伯数字表示，见表 7-2。

表 7-2　　　　　　　　阀门传动方式的代号

传动方式	代　号	传动方式	代　号	传动方式	代　号
电磁动	0	正齿轮	4	气-液动	8
电磁-液动	1	锥齿轮	5	电　动	9
电-液动	2	气　动	6		
蜗　轮	3	液　动	7		

注：1. 手轮、手柄和拔手传动以及安全阀、减压阀、疏水阀省略本代号。
　　2. 对于气动或液动：常开式用 6K、7K 表示；常闭式用 6B、7B 表示；气动带手动用 6S 表示，防爆电动用"9B"表示。

（3）阀门连接形式的代号用阿拉伯数字表示，见表 7-3。

表 7-3　　　　　　　　阀门连接形式及代号

连接形式	代　号	连接形式	代　号
内螺纹	1	对　夹	7
外螺纹	2	卡　箍	8
法　兰	4	卡　套	9
焊　接	6		

注：焊接包括对焊和承插焊。

（4）阀门结构形式用阿拉伯数字表示，见表 7-4～表 7-14。

表 7-4　　　　　　　　阀门结构形式代号

结构形式			代号
阀杆升降式（明杆）	楔式闸板	弹性闸板	0
		单闸板	1
		双闸板	2
	平行式闸板	单闸板	3
		双闸板	4
阀杆排升降式（暗杆）	楔式闸板	单闸板	5
		双闸板	6
	平行式闸板	单闸板	7
		双闸板	8

注：平行式闸板为刚性闸板。

表 7-5　　　截止阀、节流阀和柱塞阀结构形式代号

结构形式		代号	结构形式		代号
阀瓣非平衡式	直通流道	1	阀瓣平衡式	直通流道	6
	Z形流道	2		角式流道	7
	三通流道	3			
	角式流道	4			
	直流流道	5			

表 7-6　　　　　　　　球阀结构形式代号

结构形式		代号	结构形式		代号
浮动球	直通流道	1	固定球	直通流道	7
	Y形三通流道	2		四通流道	6
	L形三通流道	4		T形三通流道	8
	T形三通流道	5		L形三通流道	9
				半球直通	0

表 7-7　　　　　　　　　蝶阀结构形式代号

	结构形式	代号		结构形式	代号
密封型	单偏心	0	非密封型	单偏心	5
	中心垂直板	1		中心垂直板	6
	双偏心	2		双偏心	7
	三偏心	3		三偏心	8
	连杆机构	4		连杆机构	9

表 7-8　　　　　　　　　旋塞阀结构形式代号

	结构形式	代号		结构形式	代号
填料密封	直通流道	3	油密型	直通流道	7
	T形三通流道	4		T形三通流道	8
	四通三通流道	5			

表 7-9　　　　　　　　　隔膜阀结构形式代号

结构形式	代号	结构形式	代号
屋脊流道	1	直通流道	6
直流流道	5	Y形角式流道	8

表 7-10　　　　　　　　　止回阀结构形式代号

	结构形式	代号		结构形式	代号
升降式阀瓣	直通流道	1	旋启式阀瓣	单瓣结构	4
	立式结构	2		多瓣结构	5
	角式流道	3		双瓣结构	6
				蝶形止回阀	7

表 7-11　　　　　　　　　安全阀结构形式代号

	结构形式	代号		结构形式	代号
弹簧载荷弹簧封闭结构	带散热片全启式	0	弹簧载荷弹簧不封闭且常扳手结构	微启式、双联阀	3
	微启式	1		微启式	7
	全启式	2		全启式	8
	带扳手全启式	4			
杠杆式	单杠杆	2		带控制机构全启式	6
	双杠杆	4		脉冲式	9

表 7-12　　　　　　　　　减压阀结构形式代号

结构形式	代号	结构形式	代号
薄膜式	1	波纹臂式	4
弹簧薄膜式	2	杠杆式	5
活塞式	3		

表 7-13　　　　　　　　　蒸汽疏水阀结构形式代号

结构形式	代号	结构形式	代号
浮球式	1	蒸汽压力式或膜盒式	6
浮桶式	3	双金属片式	7
液体或固体膨胀式	4	脉冲式	8
钟形浮子式	5	圆盘热动力式	9

表 7-14　　　　　　　　　排污阀结构形式代号

结构形式		代号	结构形式		代号
液面连接排放	截止型直通式	1	液底间断排放	截止型直流式	5
				截止型直通式	6
	截止型角式	2		截止型角式	7
				浮动闸板型直通式	8

（5）阀座密封面或衬里材料代号用汉语拼音字母表示，见表 7-15。

表 7-15　　　　　　　　　阀座密封面或衬里材料代号

阀座密封面或衬里材料	代号	阀座密封面或衬里材料	代号
铜合金	T	渗氮钢	D
橡　胶	X	硬质合金	Y
尼龙塑料	N	衬　胶	J
氟塑料	F	衬　铅	Q
锡基轴承合金（巴氏合金）	B	搪　瓷	C
Cr13 系不锈钢	H	渗硼钢	P

注：由阀体直接加工的阀座密封面材料代号用"W"表示，当阀座和阀瓣（闸板）密封面材料不同时，用低硬度材料代号表示（隔膜阀除外）。

(6)阀体材料代号用汉语拼音字母表示,见表7-16。

表7-16　　　　　　　　　阀体材料代号

阀体材料	代号	阀体材料	代号
碳钢	C	铬镍钼系不锈钢	R
Cr系不锈钢	H	塑料	S
铬钼系钢	I	铜及铜合金	T
可锻铸铁	K	钛及钛合金	Ti
铝合金	L	铬钼钒钢	V
铝镍系不锈钢	P	灰铸铁	Z
球墨铸铁钢(ZG25Ⅱ)	Q		

12. 怎样计算各种阀门安装工程定额工程量?

各种阀门安装,均以"个"为计量单位。法兰阀门安装,如仅为一侧法兰连接时,定额所列法兰、带帽螺栓及垫圈数量减半,其余不变。

【例7-1】　如图7-2所示为某公共厨房给水系统,给水管道采用焊接钢管,供水方式为上供式,试计算阀门安装工程量。

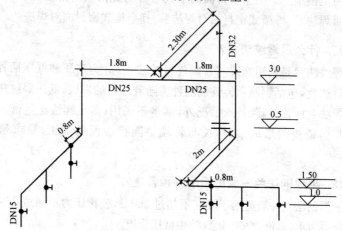

图7-2　某公共厨房给水系统图

【解】　由图可知:

DN32 螺纹阀门工程量＝1个
DN15 螺纹阀门工程量＝6个

13. 什么是法兰？

法兰是用钢、铸铁、热塑性或热固性增强塑料制成的空心环状圆盘，盘上开一定数量的螺栓孔。法兰可安装或浇铸在管端上，两法兰间用螺栓连接。

14. 法兰的类型有哪些？

法兰通常有平焊法兰、对焊法兰、螺纹法兰等类型。

15. 什么是平焊法兰？

平焊法兰是指将法兰套在管端，焊接法兰里口和外口，使其固定。平焊法兰密封面一般都为光滑式，密封面上加工有浅沟槽。

16. 对焊法兰的优点有哪些？

对焊法兰的强度大，不易变形，密封性能好，有多种形式的密封面，适用压力范围很广。根据密封面的形式可分为光滑式对焊法兰、凹凸式密封面对焊法兰、榫槽式密封面对焊法兰、梯形槽式密封面对焊法兰。

17. 什么是螺纹法兰？

螺纹法兰是利用螺纹与管端连接的法兰，分为高压和低压两种。低压螺纹法兰，包括钢制和铸铁制两种。随着工业的发展，低压螺纹法兰已被平焊法兰所代替，除特殊情况外，基本不采用；高压螺纹法兰密封面由管端与锈镜垫圈形成，对螺纹与管端垫圈接触面的加工，要求精密度很高。

18. 平焊钢法兰一般适用于哪种管道？

平焊钢法兰一般适用于温度不超过 300℃，公称压力不超过 2.5MPa，通过介质为水、蒸汽、空气、煤气等中低压管道。

19. 普通焊接法兰和加强焊接法兰各适用于哪种管道？应怎样安装？

管道压力为 0.25～1MPa 时，可采用普通焊接法兰；压力为 1.6～2.5MPa 时，应采用加强焊接法兰。加强焊接是在法兰端面靠近管孔周边开坡口焊接。焊接法兰时,必须使管子与法兰端面垂直,可用法兰靠尺度量,也可用角尺代用。检查时,需从两个相隔90°的方向进行。点焊后,还需用靠尺再次检查法兰盘的垂直度,可用手锤敲打找正。另外,插入法兰盘的管子端部,距法兰盘内端面应为管壁厚度的1.3~1.5倍,以便于焊接。焊完后,如焊缝有高出法兰盘内端面的部分,必须将高出部分锉平,以保证法兰连接的严密性。

安装法兰时,应将两法兰盘对平找正,先在法兰盘螺孔中顶穿几根螺栓(四孔法兰可先穿三根,六孔法兰可先穿四根),将制备好的垫插入两法兰之间,再穿好余下的螺栓。把衬垫找正后,即可用扳手拧紧螺钉。拧紧顺序应按对角顺序进行,不应将某一螺钉一拧到底,而应分3~4次拧到底。这样可使法兰衬垫受力均匀,保证法兰的严密性。

20. 如何选用法兰衬垫?

(1)采暖和热水供应管道的法兰衬垫,宜采用橡胶石棉垫。

法兰衬垫的外像应带"柄",这种"柄"可用于调整衬垫在法兰中间的位置,另外,也是与不带"柄"的"死垫"相区别。"死垫"是一块不开口的圈形垫料,它和形状相同的铁板(约3mm厚)叠在一起,夹在法兰中间,用法兰压紧后能起堵板作用。"死垫"的钢板要加在垫圈后方(从被隔离的方向算起),如果颠倒了,容易发生事故。

(2)蒸汽管道绝不允许使用橡胶垫。垫的内径不应小于管子直径,以免增加管道的局部阻力,垫的外径不应妨碍螺栓穿入法兰孔。

(3)法兰中间不得放置斜面衬垫或几个衬垫。连接法兰的螺栓,螺杆伸出螺母的长度不宜大于螺杆直径的1/2。

21. 怎样计算法兰连接用垫片工程量?

各种法兰连接用垫片,均按石棉橡胶板计算。如用其他材料,不得调整。

22. 什么是自动排气阀?

自动排气阀是一种依靠自身内部机构将系统内空气自动排出的新型排气装置,型号种类较多。它的工作原理就是依靠罐内水对浮体的浮力,通过内部构件的传动作用自动启动排气阀门,如图7-3所示。当罐内无气时，系统中的水流入罐体将浮体浮起，通过耐热橡皮垫将排气孔关闭；当系统中有空气流入罐体时，空气浮于水面上将水面标高降低，浮力减小后浮体下落，排气孔开启排气。排气结束后浮体又重新上升关闭阀孔，如此反复。自动排气阀管理简单，使用方便、节能，近年来应用较广。

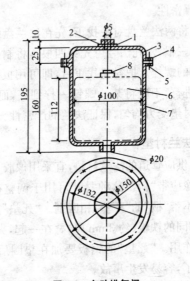

图 7-3　自动排气阀
1—排气口；2、5—橡胶石棉垫；3—罐盖；
4—螺栓；6—浮体；7—罐体；8—耐热橡皮

23. 怎样计算自动排气阀安装工程定额工程量？

自动排气阀安装以"个"为计量单位，已包括了支架制作安装，不得另行计算。

【例 7-2】　如图 7-4 所示为自动排气阀 $DN15$ 示意图，试计算其工程量。

【解】　查定额 8-299，可知
手动放风阀工程量＝1 个

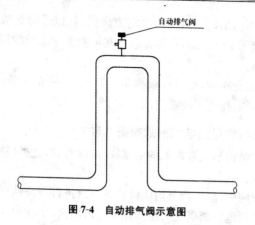

图 7-4 自动排气阀示意图

24. 安全阀分为哪几种？

安全阀根据其构造分为杠杆式安全阀、弹簧式安全阀和脉冲式安全阀三种。

杠杆式安全阀靠移动重锤位置来平衡系统内的压力。弹簧式安全阀靠压缩弹簧来平衡系统内的介质压力，其弹簧作用力的大小一般不会超过 2000N。脉冲式安全阀主要用于高压和大口径的情况。

25. 安全阀的安装应符合哪些要求？

(1) 杆式安全阀要有防止重锤自行移动的装置和限制杠杆越出的手架。

(2) 弹簧式安全阀要有提升手把和防止随便拧动调整螺丝的装置。

(3) 静重式安全阀要有防止重片飞脱的装置。

(4) 冲量式安全阀的冲量接入导管上的阀门，要保持全开并加铅封。

(5) 安全阀应垂直安装在设备或管道上，布置时应考虑便于检查和维修。设备容器上的安全阀应装在设备容器的开口上或尽可能装在接近设备容器出口的管段上，但要注意不得装在小于安全阀进口通径的管路上。

(6) 安全阀安装方向应使介质由阀瓣的下面向上流动。重要的设备和管道应该安装两只安全阀。

(7) 安全阀入口管线直径最小应等于其阀的入口直径，安全阀出口管线直径不得小于阀的出口直径。

(8)安全阀的出口管道应向放空方向倾斜,以排除余液,否则应设置排液管。排液阀平时关闭,定期排放。在可能发生冻结的场合,排液管道要用蒸汽伴热。

(9)安装安全阀时,也可以根据生产需要,按安全阀的进口公称直径设置一个旁路阀,作为手动放空用。

26. 减压器常见的结构形式有哪几种?

减压器的结构形式有常见的活塞式、波纹管式,此外,还有膜片式、外弹簧薄膜式等。

在供热管网中,减压器靠启闭阀孔对蒸汽进行节流达到减压的目的。减压器应能自动地将阀后压力维持在一定范围内,工作时无振动,完全关闭后不漏气。

27. 减压器的安装应符合哪些要求?

(1)减压器的安装高度。
1)设在离地面1.2m左右处,沿墙敷设。
2)设在离地面3m左右处,并设永久性操作台。
(2)蒸汽系统的减压器组前,应设置疏水阀。
(3)如系统中介质带渣物时,应在减压阀组前设置过滤器。
(4)为了便于减压器的调整工作,减压器组前后应装压力表。为了防止减压器后的压力超过容许限度,减压器组后应装安全阀。
(5)减压器有方向性,安装时注意勿将方向装反,并应使其垂直地安装在水平管道上。波纹管式减压器用于蒸汽时,波纹管应朝下安装;用于空气时,需将阀门反向安装。

28. 疏水器分为哪几种?

疏水器的种类较多,按根据疏水器作用原理的不同,疏水器分为机械型、热动力型和热静力型三大类;按压力大小可分为高压和低压两种;按其结构形式分为浮球式、钟形浮子式、浮桶式、脉冲式、热动力式、热膨胀式等。

29. 疏水器的作用是什么?

疏水器的作用是自动而且迅速地排出用热设备及管道中的凝水,并能阻止蒸汽逸漏。在排出凝水的同时,排除系统中积留的空气和其他非凝性气体。疏水器的工作状况对蒸汽供热系统运行的可靠性与经济性有很大影响。

30. 疏水器的安装应符合那些要求?

(1)疏水器安装时,应根据设计图纸要求的规格组配后再进行安装。组配时,其阀体应与水平回水干管相垂直,不得倾斜,以利于排水;其介质流向与阀体标志应一致;同时安排好旁通管、冲洗管、检查管、止回阀、过滤器等部件的位置,并设置必要的法兰、活接头等零件,以便于检修拆卸。其部件组成形式如图7-5所示。

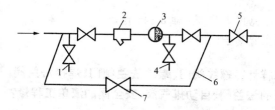

图7-5 疏水器组装示意图
1—冲洗管;2—过滤器;3—疏水器;4—检查管;5—止回阀;6—旁通管;7—截止阀

(2)疏水装置一般靠墙布置,安装时先在疏水器两侧阀门以外适当处设置型钢托架,托架栽入墙内的深度不得小于120mm。经找平找正,待支架埋设牢固后,将疏水装置搁在托架上就位。有旁通管时,旁通管朝室内侧卡在支架上。疏水器中心离墙不应小于150mm。

(3)疏水装置的连接方式一般为:疏水器的公称直径 $DN \leqslant 32mm$ 时,压力 $PN \leqslant 0.3MPa$;公称直径 $DN = 40 \sim 50mm$ 时,压力 $PN \leqslant 0.2MPa$,可以采用螺纹连接,其余均采用法兰连接。

31. 怎样计算减压器、疏水器组成安装定额工程量?

减压器、疏水器组成安装以"组"为计量单位。如设计组成与定额不同时,阀门和压力表数量可按设计用量进行调整,其余不变。

减压器安装,按高压侧的直径计算。

【例7-3】 如图7-6所示为螺纹连接疏水器安装示意图,试计算其工程量。

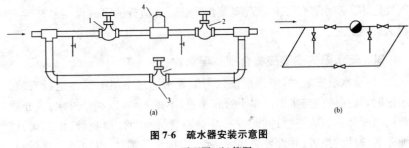

图 7-6 疏水器安装示意图
(a)平面图;(b)简图
1、2、3—阀门;4—疏水器

【解】 根据图 7-6,查定额 8-346 可知
疏水器工程量＝1 组

32. 怎样计算螺纹阀门、螺纹法兰阀门、焊接法兰阀门、带短管甲乙的法兰阀、自动排气阀、安全阀的清单工程量？

按设计图示数量计算(包括浮球阀、手动排气阀、液压式水位控制阀、不锈钢阀门、煤气减压阀、液相自动转换阀、过滤网等)。

33. 什么是塑料排水管消声器？

塑料排水管消声器是指设置在塑料排水管道上用于减轻或消除噪声的小型设备。

34. 管道中为什么要设置伸缩器？

当利用管道中的弯曲部件不能吸收管道因热膨胀所产生的变形时,在直管道上每隔一定距离应设置伸缩器。用固定支架将直管路按所选伸缩器的补偿能力分成若干段,每段管道中设置一伸缩器,以吸收热伸缩,减小热应力。常用的伸缩器有方形、套管式及波形等几种。

35. 怎样加工方形伸缩器？

方形伸缩器由管子加工而成,加工的方法通常采用煨制。尺寸较小的方形伸缩器可用一根管煨制,大尺寸的可用两根或三根管子煨制后焊成。在伸缩器作用时,其顶部受力最大,因而要求顶部用一根管子煨制,不准顶部有焊接口存在。

36. 套管式伸缩器有哪些种类？应怎样安装？

套管式伸缩器包括单向和双向伸缩器两种。单向伸缩器应安装在固定支架旁边的平直管道线上，双向伸缩器应安装在两固定支架中间。安装前应将伸缩器拆开，检查内部零件及填料是否齐备，质量是否符合要求。安装时要求伸缩器中心线和直管段中心线一致，并在靠近伸缩器两侧各设置一个导向支架（导向支架可参照弧形板滑动支架形式进行制作），以免管道运行时偏离中心位置。

37. 波形伸缩器的特点及适用范围是怎样的？

波形伸缩器一般用 3～4mm 厚的钢板制成，因其强度较低，补偿能力小，通常只用于工作压力不大于 0.7MPa 的气体管道或管径大于 150mm 的低压管道上。

38. 怎样计算伸缩器制作安装定额工程量？

各种伸缩器制作安装，均以"个"为计量单位。方形伸缩器的两臂，按臂长的两倍合并在管道长度内计算。

39. 怎样计算伸缩器的清单工程量？

伸缩器的清单工程量按设计图示数量计算（注：方形伸缩器的两臂，按臂长的 2 倍合并在管道安装长度内计算。）。

40. 什么是水表？

用来计量液体流量的仪表称为流量计，通常把室内给水系统中用的流量计叫做水表，它是一种计量用水量的工具。室内给水系统广泛采用流速式水表，它主要由表壳、翼轮测量机构、减速指示机构等部分组成。

41. 水表分为哪几种？

常用水表有旋翼式水表（$DN15 \sim DN150$）、水平螺翼式水表（$DN100 \sim DN400$）及翼轮复式水表（主表 $DN50 \sim DN400$，副表 $DN15 \sim DN40$）三种。

42. 旋翼式水表的构造及适用范围是怎样的？

旋翼式水表的翼轮转轴与水流方向垂直，装有平直叶片，流动阻力较大,适于测小的流量,多用于小直径管道上。按计数机构是否浸于水中,又分为湿式和干式两种。湿式水表的计数机构浸于水中,装在度盘上的厚玻璃可承受水压,其结构较简单,密封性好,计量准确,价格便宜,故应用广泛,适用于不超过 40℃,不含杂质的净水管道上。干式水表的计数机构用金属圆盘与水隔开,结构较复杂,适用于 90℃以下的热水管道上。

43. 螺翼式水表的构造及适用范围是怎样的?

螺翼式水表的翼轮转轴与水流方向平行,装有螺旋叶片,流动阻力小,适于测大的流量,多用在较大直径(>DN80)的管道上。

44. 翼轮复式水表的构造适用范围是怎样的?

翼轮复式水表同时配有主表和副表,主表前面设有开闭器,当通过流量小时,开闭器自闭,水流经旁路通过副水表计量;通过流量大时,靠水力顶开开闭器,水流同时从主、副水表通过,两表同时计量。主、副水表均属叶轮式水表,能同时记录大小流量,因此,在建筑物内用水量变化幅度较大时,可采用复式水表。

45. 水表类型的选择有何要求?

首先应考虑所计量的用水量及其变化幅度、水温、工作压力、单向或正逆向流动、计量范围及水质情况,再来考虑冷水表的类型。一般情况下,$DN<50mm$ 时,应采用旋翼式水表;$DN>50mm$ 时,应采用螺翼式水表;当通过的流量变幅较大时,应采用复式水表。

46. 如何确定水表公称直径?

(1)用水量均匀的给水系统,如工业企业生活间、公共浴室、洗衣房等建筑内部给水系统,给水设计秒流量能在较长时间内出现,因此应以此作为水表的额定流量来确定水表口径。

(2)给水量不均匀的给水系统,如住宅、集体宿舍、旅馆等建筑内部给水系统,给水设计秒流量只能在较短时间内出现,因此应以此作为水表的最大流量来确定水表口径。

47. 水表结点由哪几部分组成?

水表结点是由水表及其前后的阀门和泄水装置等组成,如图 7-7 所示。为了检修和拆换水表,水表前后必须设阀门,以便检修时切断前后管段。在检测水表精度以及检修室内管路时,还要放空系统的水,因此需在水表后装泄水阀或泄水丝堵三通。对于设有消火栓或不允许间断供水,且只有一条引入管时,应设水表旁通管,其管径与引入管相同,如图7-8所示,以便水表检修或一旦发生火灾时用,但平时关闭,需加以铅封。

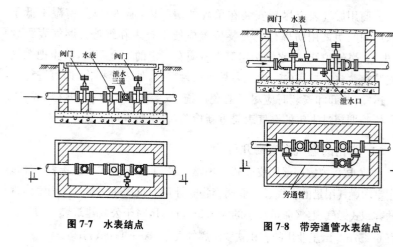

图7-7　水表结点　　　　　　图7-8　带旁通管水表结点

48. 怎样计算法兰水表安装定额工程量?

法兰水表安装以"组"为计量单位,定额中旁通管及止回阀如与设计规定的安装形式不同时,阀门及止回阀可按设计规定进行调整,其余不变。

49. 什么是燃气表?

燃气表是一种气体流量计,又称煤气表,是列入国家强检目录的强制检定计量器具。用户使用燃气表必须经质量技术监督部门进行首次强检合格。

50. 燃气表一般分为哪几种?

燃气表是用铝材制造的,重约3kg,放在钢板焊接的仪表箱里,用螺母与两根煤气管道连接。燃气表一般包括工业燃气表、膜式燃气表、IC卡智能燃气表等。

51. 燃气表的安装数量有哪些要求？

居民家庭用户应装一只燃气表。集体、企业、事业用户，每个单独核算的单位最少应装一只燃气表。

52. 公商用燃气表安装有哪些要求？

公商用燃气表应尽量安装在单独的房间内，通风良好，室温不低于5℃，房间照明采用防爆灯。安装位置应便于查表和维修。燃气表距烟囱、电器、燃气炉灶、热水锅炉房等设备应有一定的安全距离，禁止把燃气表安装在蒸汽锅炉房内。燃气表只要铅封完好，外表无损伤，即可进行安装。运输、装卸和安装时应尽量避免碰撞，安装人员不准拆卸燃气表，距出厂检验期超过半年的燃气表需重新检验，合格后方可安装。

53. 常用的燃气表有哪几种？

目前，居民家庭一般用皮膜式家用燃气表，工业建筑常用罗茨表。计量民用室内燃气用量的燃气表一般属容积式计量。膜式燃气表是民用室内常用的容积式燃气表，气流量较小的为 $1.5\sim3m^3/h$，对于公共建筑燃气用量较大有 $6\sim57m^3/h$，工业用的容积式罗茨燃气表有 $100\sim1000m^3/h$ 等。

膜式燃气表分为单管和双管。双管是指燃气进口和出口管接头均分别从燃气表引出，单管是指进、出口都在此管接头上。

54. 什么是浮标液面计？

浮标液面计又称液位计，是用来测量容器内液面变化情况的一种计量仪表。常用的 UFZ 型浮标液面计是一种简易的直读式液位测量仪表，其结构简单，读数直观，测量范围大，能耐腐蚀。

55. 浮漂水位标尺的作用是什么？

浮漂水位标尺适用于一般工业与民用建筑中的各种水塔、蓄水池指示水位之用。

56. 如何套用浮标液面计、浮漂水位标尺定额项目？

浮标液面计、浮漂水位标尺定额项目是按国标编制的，如设计与国标不符时，可调整。

第七章 管道附件工程计量与计价

57. 什么是抽水缸？

抽水缸也称排水器,是为了排除燃气管道中的冷凝水和天然气管道中的轻质油而设置的燃气管道附属设备。

根据集水器的制造材料,可将抽水缸分为铸铁抽水缸或碳钢抽水缸两种。

58. 什么是燃气管道调长器？

燃气管道调长器也称补偿器,用于调节管段胀缩量的设备。在燃气管道中,一般用波形补偿器,可有效地防止存水锈蚀设备。

59. 什么是调长器与阀门连接？

调长器与阀门连接是将调长器与阀门直接安装在一起。若设置在地下时,一般都设置在阀门井中。

60. 怎样计算浮标液面计、浮漂水位标尺、抽水缸、燃气管道调长器、调长器与阀门连接工程清单工程量？

浮标液面计、浮漂水位标尺、抽水缸、燃气管道调长器、调长器与阀门连接工程的清单工程量按设计图示数量计算。

61. 什么是浮球阀？具有哪些规格？

浮球阀是指球阀的阀杆上连接一个具有孔道的球体芯,靠旋转球体芯开启或关闭阀门。法兰连接装卸方便、严密性强,因而法兰浮球阀在实际中得到广泛应用,常见的规格有 $DN32$、$DN50$、$DN80$、$DN100$、$DN150$ 等几种。

62. 怎样计算浮球阀安装工程定额工程量？

浮球阀安装均以"个"为计量单位,已包括了联杆及浮球的安装,不得另行计算。

63. 压力表由哪些部件组成？其工作原理是怎样的？

水暖工程中最常用的压力表是弹簧管压力表。这种压力表主要由表壳、表盘、弹簧管、连杆、扇形齿轮、指针、轴心架等组成。其工作原理是承受压力后,弹簧管膨胀至圆形,其自由端向外伸展,通过连杆和扇形齿轮的传动,带动指针旋转,在有刻度的表盘上指出受压的数值;相对压力逐步减少到零时,弹簧管随之收缩,逐渐恢复原形,指针也被带回到零位。

64. 压力表的选用应注意哪些事项？

(1)压力表应根据工作压力选用。压力表表盘刻度极限值应为工作压力的 1.5~3.0 倍，最好选用 2 倍。对于额定蒸汽压力小于 2.45MPa 的锅炉，压力表精确度不应低于 2.5 级。

(2)压力表盘大小应保证司炉工人能清楚地看到压力指示值，表盘直径不应小于 100mm。

(3)压力表的装置、校验和维护应符合国家计量部门的规定。压力表装用前应进行校验，并在刻度盘上划红线指示出工作压力。压力表装用后每半年至少校验一次。

65. 压力表的安装应遵循哪些原则？

(1)压力表安装前进行校验，然后铅封，并在盘面上划出红线，标出工作压力。

(2)应力表应垂直安装。压力表与表管之间应装设旋塞阀以便吹洗管路和更换压力表。

(3)压力表安装应有存水弯。存水弯用钢管时，其内径不应小于 10mm。压力表和存水弯之间应装旋塞。

66. 怎样计算减压器、疏水器、法兰、水表、燃气表、塑料排水管消声器清单工程量？

减压器、疏水器、法兰、水表、燃气表、塑料排水管消声器的清单工程量按设计图示数量计算。

【例7-4】 减压器安装如图 7-9 所示，试计算其清单工程量。

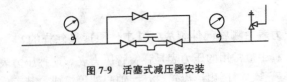

图 7-9 活塞式减压器安装

【解】 减压器清单工程量＝1 组

清单工程量计算见表 7-17。

表 7-17　　　　　　　　　清单工程量计算表

项目编码	项目名称	项目特征描述	计量单位	工程量
030803007001	减压器	活塞式减压阀	组	1

67. 旁通管的作用是什么？

旁通管的作用是在供暖运行初期排放系统中的大量凝结水及管内杂质。在运行中检修疏水器时，最好不用旁通管排放凝结水，因为这样会使蒸汽窜入回水系统，影响其他用热设备和管网凝结水压力的平衡。只有在必须连续生产不容许间断供气的管网中，才在疏水装置中设旁通管。

68. 冲洗管的作用是什么？

冲洗管的作用是冲洗管路，排放运行初期管路中所留存的杂质。

69. 检查管的作用是什么？

检查管的作用是检查疏水器工作状况是否正常。当凝结水直接排入附近明沟时，可不设检查管。

70. 过滤器的作用是什么？

过滤器的作用是阻截污物进入疏水器，以免影响疏水器的正常工作。在蒸汽采暖系统中，最好在疏水器前安装过滤器，并定期清理。

71. 止回阀的作用是什么？

止回阀的作用是防止回水管网窜汽后压力升高，致使汽液倒流。一般只在碰到系统上返以及其他特殊情况要求配置时，才可以安装。

第八章 卫生器具制作安装工程计量与计价

1. 卫生器具制作安装由哪几个分项工程组成？各包括哪些定额工作内容？

卫生器具制作安装分部共分 18 个分项工程。

(1) 浴盆、净身盆安装。

1) 搪瓷浴盆、净身盆安装。工作内容包括栽木砖,切管,套丝,盆及附件安装,上下水管连接,试水。

2) 玻璃钢浴盆、塑料浴盆安装。工作内容包括栽木砖,切管,套丝,盆及附件安装,上下水管连接,试水。

(2) 洗脸盆、洗手盆安装。工作内容包括栽木砖,切管,套丝,上附件,盆及托架安装,上下水管连接,试水。

(3) 洗涤盆、化验盆安装。

1) 洗涤盆安装。工作内容包括栽螺栓,切管,套丝,上零件,器具安装,托架安装,上下水管连接,试水。

2) 化验盆安装。工作内容包括切管,套丝,上零件,托架器具安装,上下水管连接,试水。

(4) 沐浴器组成、安装。工作内容包括留堵洞眼,栽木砖,切管,套丝,沐浴器组成及安装,试水。

(5) 大便器安装。

1) 蹲式大便器安装。工作内容包括留堵洞眼,栽木砖,切管,套丝,大便器与水箱及附件安装,上下水管连接,试水。

2) 坐式大便器安装。工作内容包括留堵洞眼,栽木砖,切管,套丝,大便器与水箱及附件安装,上下水管连接,试水。

(6) 小便器安装。

1) 挂斗式小便器安装。工作内容包括栽木砖,切管,套丝,小便器安装,上下水管连接,试水。

2)立式小便器安装。工作内容包括栽木砖,切管,套丝,小便器安装,上下水管连接,试水。

(7)大便槽自动冲洗水箱安装。工作内容包括留堵洞眼,栽托架,切管,套丝,水箱安装、试水。

(8)小便槽自动冲洗水箱安装。工作内容包括留堵洞眼,栽托架,切管,套丝,小箱安装、试水。

(9)水龙头安装。工作内容包括上水嘴,试水。

(10)排水栓安装。工作内容包括切管,套丝,上零件,安装,与下水管连接,试水。

(11)地漏安装。工作内容包括切管,套丝,安装,与下水管连接。

(12)地面扫除口安装。工作内容包括安装,与下水管连接,试水。

(13)小便槽冲洗管制作、安装。工作内容包括切管,套丝,钻眼上零件,栽管卡,试水。

(14)开水炉安装。工作内容包括就位,稳固,附件安装,水压试验。

(15)电热水器、开关炉安装。工作内容包括留堵洞眼,栽螺栓,就位,稳固,附件安装、试水。

(16)容积式热交换器安装。工作内容包括安装,就位,上零件,水压试验。

(17)蒸汽、水加热器,冷热水混合器安装。工作内容包括切管,套丝,器具安装、试水。

(18)消毒器、消毒锅、饮水器安装。工作内容包括就位,安装,上附件,试水。

2. 卫生器具制作安装定额说明包括哪些要点?

(1)定额所有卫生器具安装项目,均参照《全国通用给水排水标准图集》中有关标准图集计算,除以下说明者外,设计无特殊要求均不作调整。

(2)成组安装的卫生器具,定额均已按标准图集计算了与给水、排水管道连接的人工和材料。

(3)浴盆安装适用于各种型号的浴盆,但浴盆支座和浴盆周边的砌砖、瓷砖粘贴应另行计算。

(4)洗脸盆、洗手盆、洗涤盆适用于各种型号。

(5)化验盆安装中的鹅颈水嘴、化验单嘴、双嘴适用于成品件安装。
(6)洗脸盆肘式开关安装,不分单双把均执行同一项目。
(7)脚踏开关安装包括弯管和喷头的安装人工和材料。
(8)淋浴器铜制品安装适用于各种成品淋浴器安装。
(9)蒸汽-水加热器安装项目中,包括了莲蓬头安装,但不包括支架制作安装;阀门和疏水器安装可按相应项目另行计算。
(10)冷热水混合器安装项目中包括了温度计安装,但不包括支座制作安装,其工程量可按相应项目另行计算。
(11)小便槽冲洗管制作安装定额中,不包括阀门安装,其工程量可按相应项目另行计算。
(12)大、小便槽水箱托架安装已按标准图集计算在定额内,不得另行计算。
(13)高(无)水箱蹲式大便器、低水箱坐式大便器安装,适用于各种型号。
(14)电热水器、电开水炉安装定额内只考虑了本体安装,连接管、连接件等可按相应项目另行计算。
(15)饮水器安装的阀门和脚踏开关安装,可按相应项目另行计算。
(16)容积式水加热器安装,定额内已按标准图集计算了其中的附件,但不包括安全阀安装、本体保温、刷油漆和基础砌筑。

3. 什么是卫生器具?

卫生器具是建筑物给排水系统的重要组成部分,是收集和排放室内生活(或生产)污水的设备。根据建筑物类型及级别,所采用的卫生器具档次也有所不同,一般分为高、中、低三档,按不同对象和要求选用。

4. 卫生器具分为哪几类?

(1)便溺用卫生洁具包括大便器、大便槽、小便器、小便槽等。
(2)盥洗、沐浴用卫生洁具包括洗面器、浴盆、淋浴盆。
(3)洗涤用卫生洁具包括洗涤盆、化验盆、污水盆、地漏和存水弯。

5. 卫生器具常用的配件有哪些? 其质量有何要求?

卫生器具常用的给水配件有水嘴、漂子门、橡胶板、铅粉、石棉橡胶垫

等,其质量要求如下:

(1)卫生器具的给水配件应有产品合格证。凡采用新产品,该产品必须是经技术鉴定合格后投产的合格产品。

(2)安装前应对产品进行检查,镀铬件表面应无锈斑及起壳等缺陷。

(3)水箱配件应为节水产品。

6. 连接卫生器具的排水管管径和最小坡度有什么要求?

连接卫生器具的排水管管径和最小坡度,如设计无要求,应符合表8-1的规定。

表8-1　　　　连接卫生器具的排水管管径和最小坡度

项次	卫生器具名称	排水管管径/mm	管道最小坡度
1	污水盆	50	0.025
2	单双格洗涤盆	50	0.025
3	洗手盆、洗脸盆	32~50	0.020
4	浴　盆	50	0.020
5	淋浴器	50	0.020
6	大便器		
	高低水箱	100	0.012
	自闭式冲洗阀	100	0.012
	拉管式冲洗阀	100	0.012
7	小便器		
	手动冲洗阀	40~50	0.020
	自动冲洗水箱	40~50	0.020
8	妇女卫生盆	40~50	0.020
9	饮水器	25~50	0.01~0.02

注:成组洗脸盆接至公用水封的排水管的坡度为0.01。

连接卫生器具的铜管应保持平直,尽可能避免弯曲,如需弯曲,应采用冷弯法,并注意其椭圆度不大于10%;卫生器具安装完毕后,应进行通水试验,以无漏水现象为合格。

7. 卫生器具的固定方法有哪些?

卫生器具多采用预埋螺栓或膨胀螺栓进行固定,其方法见图8-1。

(1)在砌墙时,应根据卫生器具安装部位将浸过沥青的木砖嵌入墙体内,木砖应削出斜度,小头放在外边,突出毛墙10mm左右,以减薄木砖处的抹灰厚度,使木螺丝能安装牢固。

(2) 如果事先未埋木砖,可采用木楔。木楔直径一般为 40mm 左右,长度为 50～75mm。其做法是在墙上凿一较木楔直径稍小的洞,将它打入洞内,再用木螺丝将器具固定在木楔上。

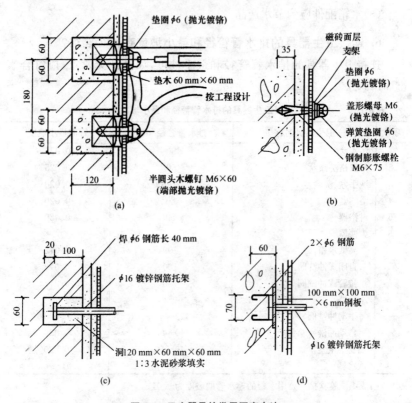

图 8-1 卫生器具的常用固定方法
(a)预埋木砖木螺钉固定;(b)钢制膨胀螺栓固定
(c)栽钢筋托架固定;(d)预埋钢板固定

8. 如何计算卫生器具组成安装工程定额工程量?

卫生器具组成安装,以"组"为计量单位,已按标准图综合了卫生器具与给水管、排水管连接的人工与材料用量,不得另行计算。

第八章 卫生器具制作安装工程计量与计价

【例 8-1】 如图 8-2 所示为卫生间冷热水搪瓷浴盆,试计算其工程量。

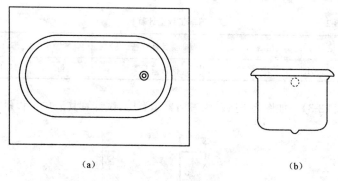

图 8-2 卫生间冷热水搪瓷浴盆
(a)平面;(b)侧面

【解】 根据题意,查定额 8-375,可知
搪瓷浴盆工程量＝1 组

9. 怎样计算卫生器具制作安装清单工程量?

卫生器具制作安装工程清单工程量计算规则是均按设计图示数量计算。

【例 8-2】 如图 8-3 所示卫生盆,试计算其清单工程量。

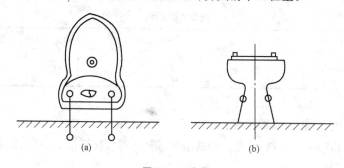

图 8-3 卫生盆
(a)平面图;(b)立面图

【解】 净身盆工程量＝1 组

清单工程量计算见表 8-2。

表 8-2　　　　　　　　　　清单工程量计算

项目编码	项目名称	项目特征描述	计量单位	工程量
030804002001	净身盆	根据实际要求	组	1

【例 8-3】 如图 8-4 所示为淋浴器示意图，试计算其清单工程量。

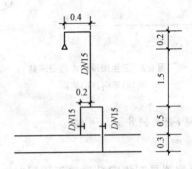

图 8-4　淋浴器

【解】 淋浴器工程量＝1 组

清单工程量计算见表 8-3。

表 8-3　　　　　　　　　　清单工程量计算

项目编码	项目名称	项目特征描述	计量单位	工程量
030804007001	淋浴器	1 个莲蓬喷头，$DN15$ 镀锌钢管，2 个 $DN15$ 阀门	组	1

10. 浴盆分为哪几种？

(1)按制造材料，可分为铸铁浴盆、钢板浴盆、玻璃浴盆、亚克力浴盆、塑料浴盆。

(2)按结构，可分为普通浴盆(TYP 型)、扶手浴盆(GYF-5 扶)、裙板浴盆。

(3)按色彩，可分为白色浴盆、彩色浴盆。

11. 浴盆安装工程定额量计算应注意什么问题？

浴盆安装不包括支座和四周侧面的砌砖及瓷砖粘贴。

12. 浴盆有哪些型号和规格？

浴盆型号和规格见表 8-4。

表 8-4　　　　　浴盆型号和规格　　　　　　　　mm

型号	尺寸			型号	尺寸		
	长	宽	高		长	宽	高
TYP-10B	1000	650	305	TYP-16B	1600	750	350
TYP-11B	1100	650	305	TYP-17B	1700	750	370
TYP-12B	1200	650	315	TYP-18B	1800	800	390
TYP-13B	1300	650	315	GYF-5 扶	1520	780	350
TYP-14B	1400	700	330	8701 型裙板浴盆	1520	780	350
TYP-15B	1500	750	350	8801 型扶手浴盆	1520	780	380

13. 什么是卫生盆？

卫生盆也称坐浴盆、净身盆，是一种坐在上面专供洗涤妇女下身用的洁具，其外形见图 8-5，一般设在纺织厂的女卫生间或产科医院。在妇女卫生盆后装有冷、热水龙头，冷、热水连通管上装有转换开关，使混合水流经盆底的喷嘴向上喷出。

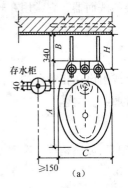
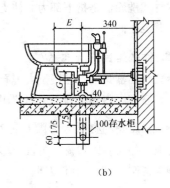

图 8-5　卫生盆
(a)平面；(b)纵剖面

14. 卫生盆有哪些型号和规格？

卫生盆型号和规格见表 8-5。

表 8-5　　　　　　　　卫生盆型号和规格　　　　　　　　mm

卫生盆代号	型号					
	A	B	C	E	G	H
601	650	105	350	160	165	205
602	650	100	390	170	150	197
6201	585	167	370	170	155	230
6202	600	165	354	160	135	227
7201	568	175	360	150	175	230
7205	570	180	370	160	175	240

15. 洗面器有哪些形式？

洗面器又称洗脸盆，其形式较多，可分为挂式、立柱式、台式三类。

16. 什么是挂式洗面器？

挂式洗面器是指一边靠墙悬挂安装的洗面器。它一般适用于家庭。

17. 什么是立柱式洗面器？

立柱式洗面器是指下部为立柱支承安装的洗面器。它常用在较高标准的公共卫生间内。

18. 什么是台式洗面器？

台式洗面器是指脸盆镶于大理石台板上或附设在化妆台的台面上的洗面器。它在国内宾馆的卫生间使用最为普遍。

19. 洗面器的材质分为哪几种？

洗面器的材质以陶瓷为主，也有人造大理石、玻璃钢等。洗面器大多用上釉陶瓷制成，形状有长方形、半圆形及三角形等。

20. 洗面器有哪些型号及规格？

洗面器型号及规格见表 8-6。

表 8-6　　　　　　　　洗面器型式、型号及规格　　　　　mm

型式	型号	主要尺寸			总高度
		长	宽	高	
普通式	14#	350	360	200	—
	16#	400	310	210	—
	18#	450	310	200	—
	20#	510	300	250	—
	22#	560	410	270	—
台式	L-610	510	440	170	—
	L-616	590	500	200	—
立柱式	L-605	600	530	240	830
	L-609	630	530	250	830
	L-621	520	430	220	780

21. 洗面器的安装形式有哪几种？

洗面器安装形式如图 8-6 及图 8-7 所示。

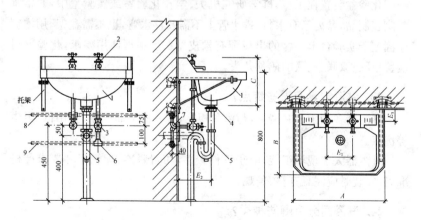

图 8-6　单个洗面器安装图
1—洗脸盆；2—龙头；3—角式截止阀；4—排水栓；5—存水弯；
6—三通；7—弯头；8—热水管；9—冷水管

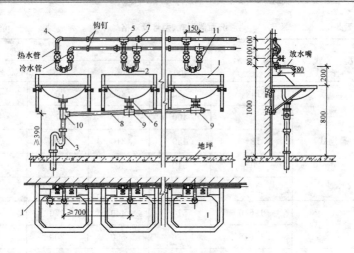

图 8-7 成组洗面器安装图
1—洗脸盆；2—龙头；3—存水弯；4—弯头；5、9、10—三通；6—排水栓；
7—活接头；8—排水管；11—截止阀

22. 化验盆一般装置在哪些地方？其构造是怎样的？

化验盆装置在工厂、科学研究机关、学校化验室或实验室中，通常都是陶瓷制品，盆内已有水封，排水管上不需装存水弯，也不需盆架，用木螺丝固定于实验台上。盆的出口配有橡皮塞头。根据使用要求，化验盆可装置单联、双联、三联的鹅颈龙头。

23. 淋浴器具有哪些特点？

淋浴器多用于公共浴室，与浴盆相比，具有占地面积小、费用低、卫生等优点。

淋浴器大多现场组装，由于管件较多、布置紧凑、配管尺寸要求严格准确、安装时应注意齐整、美观。

24. 淋浴间分为哪些种类？

淋浴间主要有单面式和围合式两种，单面式指只有开启门的方向才有屏风，其他三面是建筑墙体；围合式一般两面或两面以上有屏风，包括四面围合的。

25. 桑拿浴房的适用范围及类型有哪些？

桑拿浴房适于医院、宾馆、饭店、娱乐场所、家庭之用，根据其功能、用途可分为多种类型，如远红外桑线桑拿浴房、芬兰桑拿浴房、光波桑拿浴房等，可根据实际具体选用。

26. 按摩浴缸的构造是怎样的？

按摩浴缸是在浴缸底部、浴缸内侧均设有多个喷嘴，工作时，电动机带动水泵或气泵运转，使喷嘴喷射出混有空气的水流或气泡，并造成浴缸内水流的循环，从而对人体各部位进行按摩理疗。

27. 按摩浴缸的缸体应符合哪些要求？

按摩浴缸的缸体材质，要求要密度高并且厚，最简单的判断方法就是敲击。缸壁和缸底厚实的浴缸，敲击的声音沉稳不空洞，人踏入缸内脚底会有实在厚实之感。这样的浴缸才具有良好的保温性。另外，国产浴缸厚度一般在 3mm 左右，而进口浴缸厚度可达 8mm 左右。

28. 按摩浴缸的安装应符合哪些要求？

(1) 预留浴缸位置以及排水孔位置。

(2) 将浴缸卡入预留位置，并将浴缸所接软管插入排水孔内。

(3) 安装连接进水管。在靠近浴缸的地方先接上一个三通，然后分别加装两个开关，再将两开关出水口分别接到热水器和浴缸冷热水管上。

(4) 浴缸裙边的安装。将裙边先插入浴缸上边夹内，然后对准浴缸架上的圆头螺栓轻压入塑料套内。

(5) 用水泥固定浴缸，并待水泥浆风干后，进行浴缸周边修饰，贴瓷砖及防水处理等。

29. 烘手机一般安装于哪些部位？

烘手机一般装于宾馆、餐馆、科研机构、医院、公共娱乐场所的卫生间等用于干手。其型号、规格多种多样，应根据实际选用。

30. 洗涤盆(洗菜盆)一般安装于哪些部位？

洗涤盆主要装于住宅或食堂的厨房内，洗涤各种餐具等使用。洗涤盆的上方接有各式水嘴。

31. 洗涤盆有哪些常用的规格？

洗涤盆多为陶瓷制品，其常用规格有 8 种，具体尺寸见表 8-7。

表 8-7　　　　　　　　　　洗涤盆尺寸表　　　　　　　　　　mm

尺寸部位	1号	2号	3号	4号	5号	6号	7号	8号
长	610	610	510	610	410	610	510	410
宽	460	410	360	410	310	460	360	310
高	200	200	200	150	200	150	150	150

32. 大便器分为哪几类？

大便器主要分坐式和蹲式两种形式，坐式大便器又分为后出水和下出水两种形式。

其中坐式大便器多设于住宅、宾馆类建筑，蹲式大便器多设于公共建筑。大便器冲洗有直接冲水式、虹吸式、虹吸联合式、冲洗喷射虹吸式和漩涡虹吸式等多种，其中直接冲水式因粪便不易被冲洗净，且臭气向外逸出，家用已逐渐淘汰，当前广泛采用虹吸式冲洗方式。

33. 坐式大便器有哪些规格？

坐式大便器(带低位水箱冲洗设备)(图 8-8)规格见表 8-8。

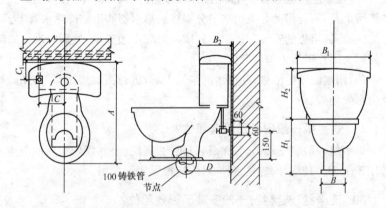

图 8-8　坐式大便器(带低位水箱)

表 8-8　　　　　　坐式大便器(带低位水箱)规格表　　　　　　mm

尺寸\型号	外形尺寸						上水配管		下水配管
	A	B	B_1	B_2	H_1	H_2	C	C_1	D
601	711	210	534	222	375	360	165	81	340
602	701	210	534	222	380	360	165	81	340
6201	725	190	480	225	360	335	165	72	470
6202	715	170	450	215	360	350	160	175	460
120	660	160	540	220	359	390	170	50	420
7201	720	186	465	213	370	375	137	90	510
7205	700	180	475	218	380	380	132	109	480

34. 蹲式大便器安装定额工程量计算应注意什么问题？

蹲式大便器安装，已包括了固定大便器的垫砖，但不包括大便器蹲台砌筑。

35. 什么是大便槽？

大便槽是个狭长开口的槽，用水磨石或瓷砖建造。从卫生观点评价，大便槽并不好，受污面积大，有恶臭，而且耗水量大，不够经济。但设备简单，建造费用低，因此可在建筑标准不高的公共建筑或公共厕所内采用。

大便槽的槽宽一般 200～250mm，底宽 150mm，起端深度 350～400mm，槽底坡度不小于 0.015，大便槽底的末端做有存水门坎，存水深 10～50mm，存水弯及排出管管径一般为 150mm。

在使用频繁的建筑中，大便槽的冲洗设备宜采用自动冲洗水箱进行定时冲洗。

36. 大便器与铸铁排水管如何连接？

大便器、小便器的排水出口承插接头应用油灰填充，不得用水泥砂浆填充。大便器与铸铁排水管连接如图 8-9 所示。

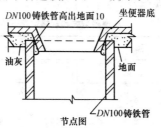

图 8-9　大便器与铸铁排水管连接

37. 小便器分为哪几种形式？其冲洗方式有哪些？

小便器有挂式和立式两种形式，冲洗方式有角型阀、直型阀及自动水箱冲洗，用于单身宿舍、办公楼、旅馆等处的厕所中。

38. 小便器的主要配套材料有哪些？

一个自动冲洗挂式小便器的主要配套材料见表 8-9。

表 8-9　　　　一个自动冲洗挂式小便器主要材料表

编号	名称	规格	材质	单位	数量
1	水箱进水阀	DN15	铜	个	1
2	高水箱	1号或2号	陶瓷	个	1
3	自动冲洗阀	DN32	铸铜或铸铁	个	1
4	冲洗管及配件	DN32	铜管配件镀铬	套	1
5	挂式小便器	3号	陶瓷	个	1
6	连接管及配件	DN15	铜管配件镀铬	套	1
7	存水弯	DN32	铜、塑料、陶瓷	个	1
8	压盖	DN32	铜	个	1
9	角式截止阀	DN15	铜	个	1
10	弯头	DN15	锻铁	个	1

39. 小便器有哪些形式和规格？

小便器形式和规格见表 8-10。

表 8-10　　　　小便器型式和规格　　　　mm

形式	主要尺寸		
	宽	深	高
斗式	340	270	490
壁挂式	300	310	615
立式	410	360	850 或 1000

40. 怎样计算小便槽冲洗管制作与安装定额工程量？

小便槽冲洗管制作与安装，以"m"为计量单位，不包括阀门安装，其工程量可按相应定额另行计算。

41. 怎样计算大便槽、小便槽自动冲洗箱安装定额工程量？

大便槽、小便槽自动冲洗水箱安装，以"套"为计量单位，已包括了水箱托架的制作安装，不得另行计算。

42. 小便槽冲洗管制作安装有哪些要求？

小便槽可用普通阀门控制多孔冲洗管进行冲洗，应尽量采用自动冲洗水箱冲洗。多孔冲洗管安装于距地面1.1m高度处。多孔冲洗管管径≥15mm，管壁上开有2mm小孔，孔间距为10~12mm，安装时应注意使1排小孔与墙面成45°角。

小便槽安装如图8-10所示。

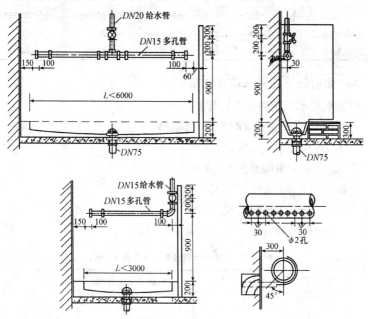

图8-10 小便槽

43. 膨胀水箱的构造是怎样的？

安装在不采暖房间的膨胀水箱及配管，应按设计要求保温。通过膨胀水箱补充系统漏水时，应配补给水箱或配上水管及浮球阀。目前已有闭式膨胀水箱问世，可安装于锅炉房内，以代替高位开式膨胀水箱。

膨胀水箱是用钢板焊接而成，有圆形和矩形两种。膨胀管与系统连接，自然循环系统接在主立管上部，机械循环一般接在水泵吸入口处的回水干管上。检查管或称信号管，通常引到锅炉房内，末端装阀门，以便司炉人员检查系统充水情况。循环管与系统回水干管的连接，在水泵与膨胀管之间距膨胀管 2m 左右处。膨胀管、循环管与溢流管上不得装设阀门。连接管管径见表 8-11。

表 8-11　　　　　　　　膨胀水箱连接管直径

膨胀水箱容积/L	管　径/mm			
	膨胀管	检查管	循环管	溢流管
150 以下	25	20	20	32
150～400	25	20	20	40
400 以上	32	20	25	50

44. 如何计算膨胀水箱水容积？

膨胀水箱水容积应按下式计算：

当 95～70℃采暖系统时　$V=0.034V_c$

当 110～70℃采暖系统时　$V=0.038V_c$

当 130～70℃采暖系统时　$V=0.043V_c$

空调冷冻水系统时　　　$V=0.014V_c$

式中　V——膨胀水箱的有效容积(L)；

V_c——系统内的水容积(L)，见表 8-12。

表 8-12　　　供给每 1kW 热量所需设备的水容量 V_c 值　　　　L

供暖系统设备和附件	V_c	供暖系统设备和附件	V_c
锅炉设备			
KZG1-8	4.7	KZG1.5-8	4.1
SHZ2-13A	4.0	KZG-13	3.7

续表

供暖系统设备和附件	V_c	供暖系统设备和附件	V_c
KZL4-13	3.0	钢串片	3.6
SZP6.5-13	2.0	扁 管	4.8
SZP10-13	1.6	四柱760型	8.3
RSG120-8/130	1.4	四柱460型	8.88
KZFH2-8-1	4.0	四细柱600型	5.2
KZZ4-13	3.0	六细柱700型	5.2
RSG60-8/130-1	1.4	辐射对流型(TFD$_2$)	5.24
散热器		钢 柱	14.5
M-132型	9.49	板 式	4.1
四柱640型	8.37	管道系统	
四细柱500型	5.1	室内机械循环管路	7.8
四细柱700型	5.2	室内自然循环管路	15.6
弯肋型	7.03	室外机械循环管路	5.9

45. 膨胀水箱有哪些型号和规格?

膨胀水箱型号、规格和质量见表8-13。

表8-13　　　　　膨胀水箱型号、规格和质量　　　　　　　mm

型号	容积/L	直径	高	循环管	膨胀管	溢流管	质量/(kg/个)
1	100		500				285
2	200	800	700				409
3	300			20	40	40	533
4	400	940	900				720
5	500	1050					879

续表

型号	容积/L	直径	高	循环管	膨胀管	溢流管	质量/(kg/个)
6	600	930	1200	25	50	50	951
7	800	1080					1245
8	1000	1200					1529
9	1200	1300					1759
10	1500	1480					2235
11	2000	1700					2904
12	2500	1900					3580
13	3000	2050					4156
14	3500	2220					5378
15	4000	2380					5533

46. 圆形钢板水箱有哪些型号和规格？

圆形钢板水箱的型号、规格和质量见表 8-14。

表 8-14　　　1～50m³ 圆形钢板水箱型号、规格和质量　　　mm

型号	直径	高	有效容积/L	壁厚	底厚	质量/(kg/个)
1	1250	1200	1.23	4	5	300
2	1750	1200	2.40			425
3	2000	1700	4.70			508
4	2500	1700	7.35			821
5	2750	1950	10.40	4	6	1140
6	3000	2200	14.10			1278
7	3500	2200	19.20			1700
8	4000	2200	25.00			1925
9	4400	2200	30.40			2197
10	4750	2200	35.50			2520
11	5000	2200	39.20			2690
12	5000	2700	49.20			2940

47. 矩形钢板水箱有哪些型号和规格？

矩形钢板水箱的型号、规格及质量见表 8-15。

表 8-15　　1～50m³ 矩形钢板水箱型号、规格和质量　　　　mm

型号	长	宽	高	有效容积/L	壁厚	底厚	质量/(kg/个)	所需角钢规格 箱壁	箱底	箱顶	边箍	扁钢
1	1400	750	1200	1.10	4	6	254	60×40×6	60×40×6	50×6	60×6	-40×5
2	2000	1000	1200	2.10			400					
3	2500	1200	1450	3.90			510	60×40×8				
4	2500	1500	1800	6.20			826	80×55×8			80×6	
5	3000	1800	2000	10.00			1150					
6	3500	2200	2200	15.80			1650					
7	4000	2500	2200	20.50			1994			60×6		
8	4500	2800	2200	25.80			2294					
9	5000	3000	2200	30.80			2646	90×55×8	80×60×8		90×6	
10	5000	3500	2200	35.90			2936					
11	5500	3600	2200	40.60			3210			75×6		
12	6000	4000	2200	49.20			3581					

48. 冲洗水箱分为哪几类？

冲洗水箱按冲洗水力原理分为冲洗式和虹吸式两类；按启动方式分为手动和自动两种；按安装位置分为高水箱和低水箱。新型冲洗水箱多为虹吸式，它具有冲洗能力强，构造简单，工作可靠、自动作用可以控制的优点。

49. 什么是排水栓？

排水栓用于洗涤盆与管子的连接。通常在洗脸盆用的方向落水，就是一种排水栓。

50. 水龙头的安装应符合哪些规定？

(1)上下平行安装，热水管应在冷水管上方。
(2)垂直安装时，热水管应在冷水管的左侧。

(3)在卫生器具上安装冷热水龙头,热水龙头应安装在左侧。

51. 水龙头的支管安装应注意哪些事项?

(1)支架位置应正确,木针不得凸出墙面;木楔孔洞不宜过大,特别是在装有瓷砖或其他饰面的墙壁上打洞,更应小心轻敲,尽可能避免破坏饰面。

(2)支管口在同一方向开出的配水点管头,应在同一轴线上,以保证配水管件安装美观、整齐划一。

(3)支管安装后,应最后检查所有的支架和管头,清除残丝及污物,并应随即用墙头或管帽将各管口堵好,以防污物进入并为充水试压作好准备。

52. 地漏设置应符合哪些要求?

地漏设在厕所、盥洗室、浴室及其他需要排除污水的房间内。地漏一般用生铁或塑料制成,在排水口处盖有箅子,用以阻止杂物落入管道。地漏装在地面最低处,地面应有不小于 0.01 的坡度坡向地漏,箅子顶面应比地面低 5~10mm。

53. 地面扫除口设置有哪些要求?

地面扫除口是一种铜或铅制品,用于清扫排水管,一般设在管道上,上口与地面齐平。

54. 热水器材料应符合哪些要求?

(1)热水器的类型应符合设计要求,成品应有出产合格证。

(2)集热器材料要求。

1)透明罩要求对短波太阳辐射的透过率高,对长波热辐射的反射和吸收率高,耐气候性、耐久、耐热性好,质轻并有一定强度。宜采用 3~5mm 厚的含铁量少的钢化玻璃。

2)集热板和集热管表面应为黑色涂料,应具有耐气候性,附着力大,强度高。

3)集热管要求导热系数高,内壁光滑,水流摩阻小,不易锈蚀,不污染水质,强度高,耐久性好,易加工的材料,宜采用铜管和不锈钢管;一般采用镀锌碳素钢管或合金铝管。筒式集热器可采用厚度 2～3mm 的塑料管(硬聚氯乙烯)等。

4)集热板应有良好的导热性和耐久性,不易锈蚀,宜采用铝合金板、铝板、不锈钢板或经防腐处理的钢板。

5)集热器应有保温层和外壳,保温层可采用矿棉、玻璃棉、泡沫塑料等,外壳可采用木材、钢板、玻璃钢等。

55. 热水器安装工艺流程是怎样的?

热水器安装工艺流程:安装准备→支座架安装→热水器设备组装→配水管路安装→管路系统试压→管路系统冲洗或吹洗→温控仪表安装→管道防腐→系统调试运行。

56. 开水炉设置有哪些要求?

开水炉用于工业企业及民用建筑的开水供应。开水炉宜设置在专用的开水间内,开水间应有良好的通风设施。

57. 怎样计算电热水器、电开水炉安装定额工程量?

电热水器、电开水炉安装以"台"为计量单位,只考虑本体安装,连接管、连接件等工程量可按相应定额另行计算。

58. 容积式热交换器分为哪几种?

容积式热交换器包括卧式容积式热交换器和立式容积式热交换器两种。

(1)卧式容积式热交换器用砖支座或鞍形钢支座安装,钢支座与混凝土基础之间用地脚螺栓固定,基础施工时需预埋地脚螺栓并使预埋位置准确。地脚螺栓为 $\phi 20$ 并由设备带来。

(2)立式容积式热交换器由三只预埋的地脚螺栓($\phi 20$)与基础混凝土连接稳固。

59. 怎样计算容积式水加热器安装定额工程量？

容积式水加热器安装以"台"为计量单位，不包括安全阀安装、保温与基础砌筑，可按相应定额另行计算。

60. 什么是蒸汽-水加热器？

蒸汽-水加热器是蒸汽喷射器与汽水混合加热器的有机结合体，是以蒸汽来加热及加压，不需要循环水泵与汽水换热器就可实现热水供暖的联合设备。

61. 蒸汽-水加热器应具备哪些功能？

(1)快速被加热水加热。

(2)浮动盘管自动除垢。

(3)在预测管、积分预测器、热媒调节阀控制下的热水出水温度不得超出设定温度±3℃。

(4)凝结水自动过冷却。

62. 怎样计算蒸汽-水加热器安装定额工程量？

蒸汽-水加热器安装，以"台"为计量单位，包括莲蓬头安装，不包括支架制作安装及阀门、疏水器安装，其工程量可按相应定额另行计算。

63. 消毒器外观应符合哪些要求？

(1)设备表面应喷涂均匀，颜色一致，表面应无流痕、起沟、漏漆、剥落现象。

(2)设备外表整齐美观，无明显的锤痕和不平，盘面仪表、开关、指示灯、标牌应安装牢固端正。

(3)设备外壳及骨架的焊接应牢固，无明显变形或烧穿缺陷。

64. 冷热水混合器的类型有哪些？其构造及参数应符合哪些规定？

冷热水混合器的类型及构造参数要求见表8-16。

表 8-16　　　　　　　　　冷热水混合器构造及参数

名　称	构　造　及　参　数
蒸汽喷射淋浴器	主要部件为热水器。热水器有蒸汽和冷水进口。蒸汽由喷嘴喷出与冷水混合,加热后的水再经管道引至用水设备。热水器主要靠膨胀盒的灵敏胀缩,带动下方实心铜锥体上下移动,控制蒸汽喷嘴的出汽量,以保证所供热水温度。阀瓣可在阀座上口和铜销向控制的位置内上下移动,起止回阀作用。 主要性能: (1)试验压力 0.5MPa。 (2)蒸汽最高工作压力 0.3MPa。 (3)蒸汽最低工作压力 0.05MPa。 (4)冷水压力>0.05MPa。 (5)最高出水温度 80℃。 (6)最大热水供应量 600kg/h。 (7)蒸汽耗量 40kg/h($P=0.2$MPa)
挡板三通汽水混合器	用铜铸挡板三通制成。使用时,每个淋浴器上装一个。 要求蒸汽压力不高于冷水压力,一般蒸汽压力为<0.2MPa。 从挡板三通到用水器具的出口管段长度不能太短,一般为>1m,以便于汽水混合
冷热水混合器	用于单管供水系统。达到混合均匀的条件是: (1)冷、热水在混合器中须形成紊流,避免层流。 (2)水流速不能过大,避免形成短路

65. 怎样计算冷热水混合器安装定额工程量?

冷热水混合器安装以"套"为计量单位,不包括支架制作安装及阀门安装,其工程量可按相应定额另行计算。

66. 什么是饮水器?

饮水器是居住区街道及公共场所为满足人的生理卫生要求经常设置的供水设施。

67. 怎样计算饮水器安装定额工程量？

饮水器安装以"台"为计量单位，阀门和脚踏开关工程量可按相应定额另行计算。

68. 饮水器的设置有哪些要求？

饮水器的高度宜在 800mm 左右，供儿童使用的饮水器高度宜在 650mm 左右，并应安装在高度 100~200mm 左右的踏台上。

饮水器的结构和高度还应考虑轮椅使用者的方便。

69. 脚踏开关安装定额工程量计算应注意什么问题？

脚踏开关安装包括弯管和喷头的安装人工和材料。

第九章 供暖器具安装工程计量与计价

1. 供暖器具安装由哪几个分项工程组成？各包括哪些定额工作内容？

供暖器具安装分部共分 8 个分项工程。

(1)铸铁散热器的组成与安装。工作内容包括制垫，加垫，组成，打眼栽钩，稳固，水压试验等。

(2)光排管散热器的制作与安装。工作内容包括切管，焊接，组成，打眼栽钩，稳固及水压试验等。

(3)钢制闭式散热器、钢制板式散热器、钢柱式散热器的安装。工作内容包括打堵墙眼，栽钩，安装，稳固。

(4)钢制壁式散热器的安装。工作内容包括预埋螺栓，安装汽包及钩架，稳固。

(5)暖风机安装。工作内容包括吊装，稳固，试运转。

(6)热空气带安装。工作内容包括安装，稳固，试运转。

2. 供暖器具安装工程定额说明包括哪些要点？

(1)本定额系参照 1993 年《全国通用暖通空调标准图集·采暖系统及散热器安装》(T9N112)编制。

(2)各类型散热器不分明装或暗装，均按类型分别编制。柱型散热器为挂装时，可执行 M132 项目。

(3)柱型和 M132 型铸铁散热器安装用拉条时，拉条另行计算。

(4)定额中列出的接口密封材料，除圆翼汽包垫采用橡胶石棉板外，其余均采用成品汽包垫。如采用其他材料，不作换算。

(5)光排管散热器制作、安装项目，单位每 10m 系指光排管长度。联管作为材料已列入定额，不得重复计算。

(6)板式、壁板式，已计算了托钩的安装人工和材料；闭式散热器，如主材价不包括托钩者,托钩价格另行计算。

3. 散热器按材料的不同可分为哪几种?

根据材料的不同,可分为铸铁散热器、钢制散热器及铝合金散热器三种。

4. 什么是铸铁散热器?

铸铁散热器是一种老式的长期被广泛应用的散热器,具有耐腐蚀的优点,但承受压力一般不宜超过 0.4MPa,且重量大,组对时劳动强度大,适用于工作压力小于 0.4MPa 的采暖系统,或不超过 40m 高的建筑物内。目前已有一种掺有稀土材料的高压铸铁散热器,工作压力可达 8×10^5 Pa。

5. 铸铁散热器分为哪几种?

根据散热器的形状,铸铁散热器可分为柱型和翼型两种,其中翼型又可分为圆翼型和长翼型。长翼型散热器也称大 60 和小 60,以一组为组装单位,用 ϕ10 螺纹左右丝拧紧组对,使用不够灵活,也容易粘附灰土。翼型散热器则多用于工厂车间内;柱型多用于民用建筑。

6. 常见铸铁散热器的构造尺寸是怎样的?

图 9-1 为常见铸铁散热器的构造尺寸。

7. 常见铸铁散热器的性能参数有哪些?

常见铸铁散热器的性能参数见表 9-1。

表 9-1 铸铁散热器性能参数

序号	类型	散热面积/(m²/片)	水容量/(L/片)	质量/(kg/片)	工作压力/MPa	散热量 W/片	计算式
1	长翼型(大 60)	1.16	8	26	0.4 0.6	480	$Q=5.307\Delta T^{1.345}$(3 片)
2	长翼型(40 型)	0.88	5.7	16	0.4	376	$Q=5.333\Delta T^{1.285}$(3 片)
3	方翼型(TF 系列)	0.56	0.78	7	0.6	196	$Q=3.233\Delta T^{1.249}$(3 片)
4	圆翼型(D75)	1.592	4.42	30	0.5	582	$Q=6.161\Delta T^{1.258}$(2 片)
5	M—132 型	0.24	1.32	7	0.5 0.8	139	$Q=6.538\Delta T^{1.286}$(10 片)
6	四柱 813 型	0.28	1.4	8	0.5 0.8	159	$Q=6.887\Delta T^{1.306}$(10 片)
7	四柱 760 型	0.237	1.16	6.6	0.5 0.8	139	$Q=6.495\Delta T^{1.287}$(10 片)

续表

序号	类型	散热面积 /(m²/片)	水容量 /(L/片)	质量 /(kg/片)	工作压力 /MPa		散热量 W/片	散热量 计算式
8	四柱640型	0.205	1.03	5.7	0.5	0.8	123	$Q=5.006\Delta T^{1.321}$(10片)
9	四柱460型	0.128	0.72	3.5	0.5	0.8	81	$Q=4.562\Delta T^{1.244}$(10片)
10	四细柱500型	0.126	0.4	3.08	0.5	0.8	79	$Q=3.922\Delta T^{1.272}$(10片)
11	四细柱600型	0.155	0.48	3.62	0.5	0.8	92	$Q=4.744\Delta T^{1.265}$(10片)
12	四细柱700型	0.183	0.57	4.37	0.5	0.8	109	$Q=5.304\Delta T^{1.279}$(10片)
13	六细柱700型	0.273	0.8	6.53	0.5	0.8	153	$Q=6.750\Delta T^{1.302}$(10片)
14	弯肋型	0.24	0.64	6.0	0.5	0.8	91	$Q=6.254\Delta T^{1.196}$(10片)
15	辐射对流型(TFD)	0.34	0.75	6.5	0.5	0.8	162	$Q=7.902\Delta T^{1.277}$(10片)

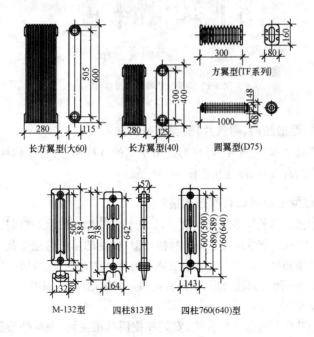

图9-1 铸铁散热器构造尺寸

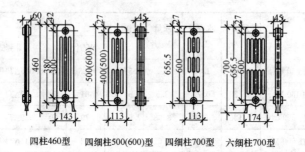

图 9-1 铸铁散热器构造尺寸(续)

8. 柱型散热器(暖气片)的类型有哪些?

柱型散热器(暖气片)每片为几个中空的立柱相连通,故称柱型散热器。常用的有五柱、四柱和二柱 M132 型。

9. 柱型散热器具有哪些规格?

柱型散热器的规格用高度表示,如四柱 813 型,即表示该四柱散热器高度为 813mm;分带足与不带足两种片型,带足的用于落地安装,不带足的用于挂墙安装。二柱 M132 型散热器的规格用宽度表示,M132 即表示宽度 132mm,两边为柱管形,中间有波浪形的纵向肋片,每组 8~24 片,采用挂墙安装。

柱型散热器可以单片拆装,安装和使用都很灵活,而且外形美观,多用于民用建筑及公共场所。其规格见表 9-2。

表 9-2　　　　　　　　柱型散热器规格表

名称	高度 H/mm 带腿片	高度 H/mm 中间片	上下孔中心距 /mm	每片厚度 /mm	每片宽度 /mm	每片容量 /L	每片放热面积 /m²	每片质量 /kg	每片实际放热量/W	最大工作压力 /MPa	接口直径 DN /mm
四柱 760	760	696	614	51	166	0.80	0.235	8(7.3)	207	4	32
四柱 813	813	732	642	57	164	1.37	0.28	7.99(7.55)	—	4	32
五柱 700	700	626	544	50	215	1.22	0.28	1.01(9.2)	208	4	32
五柱 800	800	766	644	50	215	1.34	0.33	11.1(10.2)	251.2	4	32
二柱波利扎 3	—	590	500	80	184	2.8	0.24	7.5	202.4	4	40
二柱洛尔 150	—	390	300	60	150		0.13	4.92	—	4	40
二柱波利扎 6	—	1090	1000	80	184	4.9	0.46	15	329.13	4	40
二柱莫斯科 150	—	583	500	82	150	1.25	0.25	7.5	211.67	4	40
二柱莫斯科 132	—	583	500	82	132	1.1	0.25	7	198.87	4	40
二柱伽马—1	—	585					0.25	10	—	4	40
二柱伽马—3	—	1185	1100	80	185		0.49	19.8	—	4	40

注：括号内数字为无足暖气片质量。

10. 钢制壁板式散热器安装应符合哪些要求？

（1）按设计图要求，将组对好并试压完毕的散热器运到各房间，根据安装位置及高度在墙上画出安装中心线。

（2）托钩及固定卡的安装应符合相关要求。

（3）散热器与墙的距离应符合相关规定，支管安装时应在散热器与立管安装完进行，也可与立管同时进行安装。

（4）散热器冷风门的安装应符合设计要求及相关规定。

11. 钢制柱式散热器的构造形式如何？

钢制柱式散热器构造与铸铁散热器相似，每片也有几个中空的立柱，用 1.25～1.5mm 厚冷轧钢板压制成单片然后焊接而成，如图 9-2 所示。

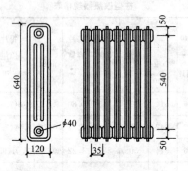

图 9-2 钢制柱式散热器

12. 长翼型散热器组对如何操作?

长翼型散热器组对时,一般两人一组;若采用波里索夫工作台,则四人一组。其具体操作如下:

(1)将散热器平放在操作台(架)上,使相邻两片散热器之间正丝口与反丝口相对着,中间放着上下两个经试装选出的对丝,将其拧 1~2 扣在第一片的正丝口内。

(2)套上垫片,将第二片反丝口瞄准对丝。找正后,两人各用一手扶住散热器,另一手将对丝钥匙插入第二片的正丝口里。首先将钥匙稍微反拧一点,当听到"咔嚓"声,对丝两端已入扣,见图 9-3 及图 9-4。

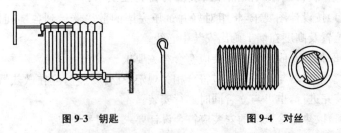

图 9-3 钥匙　　　　　　图 9-4 对丝

(3)缓缓均衡地交替拧紧上下的对丝,以垫片挤紧为宜,但垫片不得露出径外。

(4)按上述程序逐片组对,待达到设计片数为止。散热器应以平直且紧密为好。

(5)将组对后的散热器慢慢立起,用人抬或运输小车送至打压处集中。

13. 长翼型散热器的规格有哪些?

长翼型散热器规格见表 9-3。

表 9-3　　　　　　　　长翼型散热器规格表

名 称	高度 H/mm	上下孔中心距 h/mm	宽度 B/mm	翼数	长度 /mm	每片放热面积/m²	每片容量 /L
60 大	600	505	115	14	280	1.175	3
60 小	600	505	115	10	200	0.860	5.4
46 大	460	365	115	12	240	—	4.9
46 小	460	365	115	9	180	—	3.8
38 大	380	285	115	15	300	1.000	4.9
38 小	380	285	115	12	240	0.750	3.8

14. 圆翼型散热器组对应注意哪些事项?

圆翼型散热器组装前,须清除内部污物、刷净法兰对口的铁锈,除净灰垢。

圆翼型散热器组对时,可将法兰螺栓上好,试装配找直,再松开法兰螺栓,卸下一根,把抹好铅油的石棉垫或石棉橡胶垫放进法兰盘中间,再穿好全部螺栓,安上垫圈,用扳子对称均匀地拧紧螺母。

15. 圆翼型散热器的连接方式有哪几种?

圆翼型散热器的连接方式,一般有串联和并联两种,见图9-5、图 9-6。根据设计图的要求进行加工草图的测绘,然后加工组装件。

(1)按设计连接形式,进行散热器支管连接的加工草图测绘。

(2)计算出散热器的片数、组数,进行短管切割加工。加工后,应对连接短管的一头进行丝扣加工预制。

(3)将短管丝头的另一端分别按规格尺寸与正心法兰盘、偏心法兰盘焊接成型。

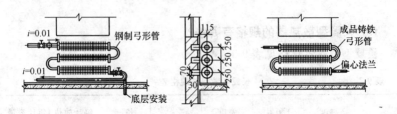

图 9-5 圆翼型散热器串联组合安装图

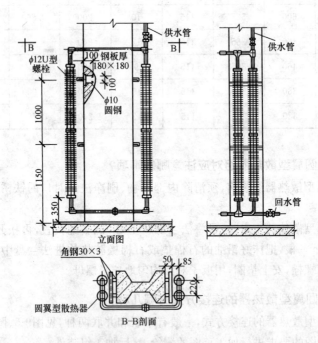

图 9-6 圆翼型散热器并联组合安装图

16. 圆翼型散热器特性有哪些？

圆翼型暖气片是以"根"为组装单位，能耐高压，可以水平或垂直安装,也可以将两根连接合成。

圆翼型暖气片技术数据如下：
(1)散热面积 $2m^2/$片。
(2)重量 38.23kg/片。
(3)散热面积重叠 $19.12kg/m^2$。
(4)水容量 4.42L/片。
(5)工作压力 0.4MPa。
(6)试验压力 0.6MPa。

17. 柱型散热器组对如何操作？

柱型散热器应根据设计组数进行组对。组对时,应根据片数定人分组,一般由两人持钥匙(专用扳手)同时进行。其具体操作如下：

(1)将散热器平放在专用组装台上,散热器的正丝口朝上,如图9-7所示。

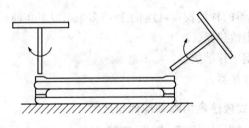

图 9-7 散热器组装示意图

(2)把经过试扣选好的对丝,将其正丝与散热器的正丝口对正,拧上一至二扣。

(3)套上垫片,然后将另一片散热器的反丝口朝下,对准后轻轻落在对丝上,两人同时用钥匙(专用扳手)向顺时针(右旋)方向交替地拧紧上下的对丝,以垫片挤出油为宜。如此循环,待达到需要数量为止。垫片不得露出颈外。

(4)将组对好的散热器用运输小车送至打压地点集中。

18. 翼型散热器（暖气片）如何连接？其类型包括哪些？

翼型散热器较重，采用法兰连接，一般多用于无大量灰尘的工业厂房和库房中。翼型散热器包括长翼型和圆翼型两种。

19. 怎样计算铸铁散热器组成安装工程定额工程量？

长翼、柱型铸铁散热器组成安装，以"片"为计量单位，其汽包垫不得换算。圆翼型铸铁散热器组成安装，以"节"为计量单位。

20. 钢制散热器的特性有哪些？

钢制散热器与铸铁散热器相比具有金属耗量少、耐压强度高、外形美观整洁、体积小、占地少、易于布置等优点，但宜受腐蚀、使用寿命短，多用于高层建筑和高温水采暖系统中，不能用于蒸汽采暖系统中，也不宜用于湿度较大的采暖房间内。

21. 钢制散热器分为哪几种？

钢制散热器的种类较多，目前工程中多采用以下几种：
(1) 光管型散热器。
(2) 闭式钢串片散热器。
(3) 板式散热器。

22. 钢闭式散热器由哪些部件组成？

钢闭式散热器是由钢管、钢片、联箱、放气阀及管接头组成，其结构如图 9-8 所示。其散热量随热媒参数、流量和其构造特征（如串片竖放、平放、长度、片距等参数）的改变而改变。

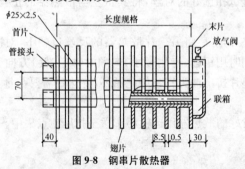

图 9-8　钢串片散热器

23. 钢制板式散热器由哪些部件组成？有哪些规格？

钢制板式散热器由面板、背板、对流片和水管接头及支架等部件组成，其构造如图 9-9 所示。高度有 480mm、600mm、160mm 等数种，长度由 400mm 开始进位至 1800mm 共 8 种规格。这种散热器结构简单，占用空间小，造型新颖美观，传热效率高，安装方便。

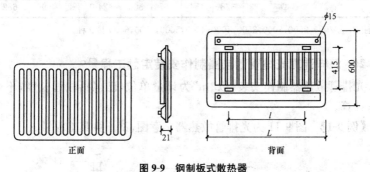

图 9-9 钢制板式散热器

24. 光排管散热器分为哪几种？

光排管散热器一般分为两种，即 A 型(用于蒸汽)与 B 型(用于热水)，其构造如图 9-10 所示。

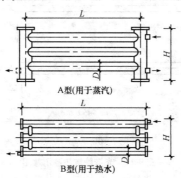

图 9-10 光排管散热器的构造

25. 光排管散热器的外形尺寸是怎样的？

光排管散热器的外形尺寸见表 9-4。

表 9-4　　　　　　　　光排管散热器的外形尺寸　　　　　　　　　mm

型式	管径 排数	$D76\times3.5$		$D89\times3.5$		$D108\times4$		$D133\times4$	
		三排	四排	三排	四排	三排	四排	三排	四排
H	A型	452	578	498	637	556	714	625	809
	B型	328	454	367	506	424	582	499	682

注：L 为 2000,2500,3000,3500,4000,4500,5000,5500,6000 共 9 种。

26. 怎样计算光排管散热器制作安装定额工程量？

光排管散热器制作安装，以"m"为计量单位，已包括联管长度，不得另行计算。

【例 9-1】 图 9-11 为光排管散热器示意图，试计算其工程量。

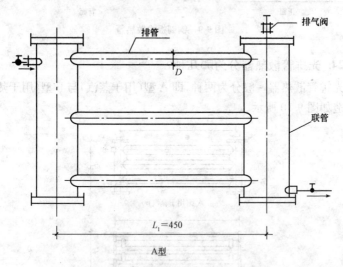

图 9-11　光排管散热器示意图

【解】 根据题意，查定额 8-503，可知
光排管散热器制作安装工程量＝450mm＝0.45m

27. 如何计算散热器的面积？

(1)散热面积的计算。散热器散热面积 $F(\mathrm{m}^2)$ 按下式计算：

$$F = \frac{Q}{K(t_{pj} - t_n)}\beta_1\beta_2\beta_3$$

式中 Q——散热器的散热量(W)；

       t_{pj}——散热器内热媒平均温度(℃)；

       t_n——采暖室内计算温度(℃)；

       K——散热器的传热系数[W/(m²·℃)]；

       β_1——散热器组装片数修正系数；

       β_2——散热器连接形式修正系数；

       β_3——散热器安装形式修正系数。

(2)修正系数。β_1、β_2、β_3 由于实际工程中每组散热器组装片数的不同、与散热器连接方式的不同和安装形式的不同，应按表 9-5～表 9-7 修正。

表 9-5   散热器组装片数修正系数 β_1

组装片数	≤5	6～8	9～10	11～15	16～20	≥21
修正系数	0.94	0.98	1.00	1.02	1.03	1.04

注：1. 因测试时是以 10 片为一组进行的，故大于、小于 10 片时需进行修正。
    2. 本表仅适用片式散热器，翼型散热器不修正。

表 9-6   散热器连接方式修正系数 β_2

散热器类型 \ 连接形式	同侧上进下出	同侧下进上出	异侧上进下出	异侧下进上出
铸铁柱型	1.00	1.42	1.00	1.20
铸铁长翼型	1.00	1.40	0.99	1.29
钢制柱型	1.00	1.19	0.99	1.18
钢制板型	1.00	1.69	1.00	2.17
闭式串片型	1.00	1.14	—	—

注：表中未列出的散热器类型，可按近似散热器类型套用。

表9-7　散热器安装形式修正系数 β_3

安 装 形 式	修正系数
装在墙的凹槽内(半暗装)散热器上部距离为100mm	1.06
明装但在散热器上部有窗台板覆盖,散热器距离台板高度为150mm	1.02
装在罩内、上部敞开,下部距地150mm	0.95
装在罩内、上部下部开口,开口高度均为150mm	1.04

28. 如何确定散热器的片数?

散热器的片数计算公式如下:

$$n = \frac{F}{f}$$

式中　n——散热器的片数或长度(片或 m);
　　　F——所需散热器的散热面积(m^2);
　　　f——每片或每米散热器的散热面积(m^2)。

实际设置时,散热器每组片数或长度只能取整数。柱型散热面积可比计算值小 $0.1m^2$,翼型或其他散热器的散热面积可比计算值小 5%。另外,铸铁散热器的组装片数,不宜超过下列数值:柱型(M-132)—20 片;柱型(细柱)—25 片;长翼型—7 片。

29. 扁管式散热器结构是怎样的? 有几种形式?

扁管式散热器是由数根扁管焊接而成,扁管规格为 52mm×11mm×1.5mm(宽×高×厚),两端为35mm×40mm断面的联箱,如图9-12所示。分单板、双板、带与不带对流片四种结构形式,其高度有 416(8 根)mm、520(10 根)mm、624(12 根)mm 等三种,长度为 600mm、800mm、1000mm、1200mm、1400mm、1600mm、1800mm、2000mm 等八种。

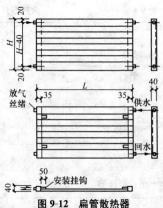

图 9-12　扁管散热器

30. 铝合金散热器的特性有哪些？

铝合金散热器具有较强的装饰性和观赏性,且体积小、重量轻、结构简单,便于运输和安装。其耐压、传热性能明显优于传统的铸铁散热器,已成为散热器更新换代的理想选择。

铝合金散热器的形式有多种,主要有翼型和闭合式等,可根据要求进行选择。

31. 散热器组对有哪些要求？

(1)片式散热器组对数量,一般不宜超过下列数值:

1)细柱形散热器(每片长度 50~60mm)   25 片;

2)粗柱形散热器(M132 型每片长度 82mm)   20 片;

3)长翼形散热器(大 60 每片长度 280mm)   6 片;

4)其他片式散热器每组的连接长度不宜超过 1.6m。

(2)组对铸铁暖气片时,应使用以高碳钢制成的专用钥匙(图9-13)。专用钥匙应准备三把,两把短的用作组对,长度不宜大于 450mm;一把长的用作修理,其长度应与片数最多的一组散热器等长。

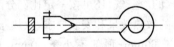

图 9-13　组对暖气片用钥匙

(3)组对时,应将第一片平放在组架上,且应正扣朝上,先将两个对丝的正扣分别扭入暖气片上下接口内 1~2 扣,再将环形密封垫套在对丝上,然后将另一片的反扣分别对准上、下对丝的反扣,然后用两把钥匙将它们锁紧。

(4)组对带腿散热器(如柱型散热器)在 15 片以下时,应有两片带腿片;如为 15~25 片时,中间再加上一片带腿的散热片。

(5)有放气阀的散热器,热水采暖和高压蒸汽采暖应安装在散热器顶部;低压蒸汽采暖应安装在散热器下部 1/3~1/4 高度上。

(6)锁紧暖气片应由两人同时操作。钥匙的方头应正好卡在对丝内部的突缘处,转动钥匙要步调一致地进行,不得造成旋入深度不一致。当两个散热片的密封面相接触后,应减慢转动速度,直至垫片被挤出油为止。

32. 散热器的安装形式有哪几种?

散热器的安装形式有明装和暗装两种。明装为散热器裸露在室内;暗装则有半暗装(散热器的一半宽度置于墙槽内)、全暗装(散热器宽度方向完全置于墙槽内,加罩后与墙面平齐)及半暗装加罩等形式。

33. 散热器的布置应遵循哪些原则?

散热器布置的基本原则是力求使室温均匀,使室外渗入的冷空气能较迅速地被加热,工作区(或呼吸区)温度适宜,尽量少占用有效空间和使用面积。

(1)散热器一般明装,即敞开装置或装于深度不大于 130mm 的墙槽内。当房间装修和卫生要求较高或因热媒温度高容易烫伤人时(例如宾馆、幼儿园、托儿所等),才隐蔽装置,并采用在散热器外加网罩、设置格栅、挡板等措施。

(2)散热器一般布置在房间外墙一侧,有外窗时应装在窗台下,这样可直接加热由窗缝渗入的冷空气,还可按一定比例分配在下部各层。

(3)为保证散热器的散热效果和安装要求,散热器底部距地面高度通常为 150mm,不得小于 60mm;顶部不小于 50mm,与墙面净距不得小于 25mm。

(4)为防止散热器冻裂,在两道外门之间,门斗及紧靠开启频繁的外门处不宜设置散热器。

(5)在建筑物内一般是将散热器布置在房间外窗的窗台下,如图 9-14(a)所示,如此,可使从窗缝渗入的室外冷空气迅速加热后沿外窗上升,造成室内冷、暖气流的自然对流条件,令人感到舒适。

但当房间进深小于 4m,且外窗台下无法装置散热器时,散热器可靠内墙放置,如图 9-14(b)所示。这样布置有利于室内空气形成环流,改善散热器对流换热。但工作区的气温较低;给人以不舒适的感觉。

(6)楼梯间的散热器应尽量布置在底层,被散热器加热的空气流能够自由上升补偿楼梯间上部空间的耗热量。

若底层楼梯间的空间不具备安装散热器的条件时,应把散热器尽可能地布置在楼梯间下部的其他层。

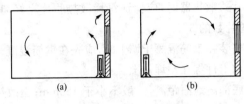

图 9-14 散热器布置

34. 散热器的质量应符合哪些要求？

（1）散热器的型号、规格、使用压力必须符合设计要求，并有出厂合格证。

（2）铸铁散热片不得有裂纹和砂眼，接口面光洁平整，上下接口应在同一平面上，接口的内螺纹应完整无损。

（3）铸铁长翼型和圆翼型散热器除不得有裂纹和砂眼外，翼片应保持完好。钢串片翼片不得松动、卷曲、碰损。钢制散热器应造型美观，丝扣端正，松紧适宜，油漆完好，整组片不翘棱。

（4）组对散热器热片应使用成品，组对后垫片外露不应大于1mm。

（5）散热器垫片材质应符合设计要求。当设计无要求时，应采用耐热橡胶。

35. 散热器安装应注意哪些事项？

（1）散热器应平行于墙面安装，与墙表面的距离应符合表 9-8 规定。

表 9-8　　　　　　　　散热器中心与墙表面的距离　　　　　　　　mm

散热器型号	60型	M132 M150型	四柱型	圆翼型	扁管板式（外沿）	串片式	
						平放	竖放
中心距墙表面距离	115	115	130	115	80	95	60

（2）散热器与管道的连接处，应设置可供拆卸的活接头。

（3）水平安装圆翼型散热器时，对热水采暖系统，其两端应使用偏心法兰与管道连接；若为蒸汽采暖时，则圆翼散热器与回水管道的连接也应用偏心法兰。

(4)安装串片式散热器时,应保证每片散热肋片完好,其中松动肋片片数不得超过总片数的3%。

(5)散热器安装在钢筋混凝土墙上时,应先在钢筋混凝土墙上预埋铁件,然后将托钩和卡件焊在预埋件上。

(6)散热器底部离地面距离,一般不小于150mm;当散热器底部有管道通过时,其底部离地面净距一般不小于250mm;当地面标高一致时,散热器的安装高度也应该一致,尤其是同一房间内的散热器。

(7)除圆翼型散热器应水平安装外,一般散热器应垂直安装。安装钢串片式散热器时,应尽可能平放,减少竖放。

36. 散热器支管安装应注意哪些事项?

(1)散热器支管安装,应在散热器与立管安装完毕之后进行,也可与立管同时进行安装。

(2)安装时一定要把钢管调整合适后再进行碰头,以免弄歪支、立管。

(3)散热器支管过墙时,除应该加设套管外,还应注意支管不准在墙内有接头。

(4)散热器支管长度超过1.5m时,该支管中间应设托钩。墙间距应和立管一致,直管段不许有弯,接头要严密,不漏水。

(5)支管上安装阀门时,在靠近散热器一侧应该与可拆卸件连接。

37. 连接散热器管道的坡度应符合哪些规定?

(1)当支管全长小于和等于500mm时为5mm。

(2)当支管长大于500mm时为10mm。

(3)当一根立管在同一节点上接有两根支管时,任其一根长度超过500mm时,两根均按10mm进行安装。

38. 散热器冷风门安装有哪些要求?

(1)按设计要求,将需要打冷风门眼的炉堵放在台钻上打 $\phi 8.4$ 的孔,在台虎钳上用1/8″丝锥攻丝。

(2)将炉堵抹好铅油,加好石棉橡胶垫,在散热器上用管钳子上紧。在冷风门丝扣上抹铅油,缠少许麻丝,拧在炉堵上,用扳子上到松紧适度,放风孔向外斜 45°(宜在综合试压前安装)。

(3)钢制串片式散热器、扁管板式散热器按设计要求统计需打冷风门的散热器数量,在加工订货时提出要求,由厂家负责作好。

(4)钢板板式散热器的放风门采用专用放风门水口堵头,订货时提出要求。

(5)圆翼型散热器放风门安装,按设计要求在法兰上打冷风门眼,作法同炉堵上装冷风门。

39. 散热器水压试验时如何确定试验压力?

散热器组装完成后,必须进行水压试验。只有在水压试验合格后,才能涂刷防锈漆和进行安装。散热器进行水压试验时,其试验压力应符合表 9-9 的规定。

表 9-9　　　　　　　　　散热器试验压力

散热器型号	60 型、M $\frac{132}{150}$ 型 柱型、圆翼型		扁管型		板 式	串片式	
工作压力/MPa	≤0.25	>0.25	≤0.25	>0.25	—	≤0.25	>0.25
试验压力/MPa	0.4	0.6	0.6	0.8	0.75	0.4	1.4
要　求	试验时间为 2~3min,不渗不漏为合格						

40. 散热器水压试验的具体步骤是怎样的?

(1)将组对好的散热器安放在试压台上,用管钳子上好临时堵和补芯,安上放气阀后,连接好试压泵和临时管路。

单组或多组散热器试验方法如图 9-15、图 9-16 所示。

(2)试压管路接好后,先打开进水阀门向散热器内充水,同时打开放气阀,排净散热器内的空气,待水灌满后,关上放气阀。

(3)当加压到规定压力值时,关闭进水阀门,稳压 2~3min,再观察接口是否渗漏。

(4)如有渗漏处用石笔作上记号,将水放尽,卸下丝堵或补芯,用组对钥匙从散热器的外部比试一个渗漏位置,在钥匙杆上做出标记。再将钥匙伸进至标记位置。按对丝旋紧方向转动钥匙使接口上紧或卸下换垫。返修好后再进行水压试验,直至合格。

(5)打开泄水阀门,拆掉临时堵和补芯,将水泄尽后将散热器安放稳妥,集中保管。根据设计要求刷上防锈漆和银粉。将成组散热器的四个丝口安上丝堵和补芯。

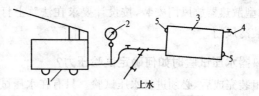

图 9-15　单组散热器试验
1—手压泵;2—压力表;3—散热器;4—放气阀;5—汽包堵头

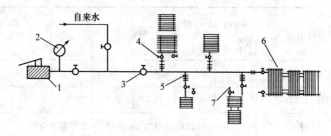

图 9-16　散热器多组试压法
1—水压泵;2—压力表;3—阀;4—开关;
5—活接头;6—组合后的长翼形散热器;7—放水管

41. 什么是暖风机?其特点有哪些?

暖风机是由通风机、电动机及空气加热器组合而成的联合机组,在主机的作用下,空气由吸风口进入机组,经空气加热器加热后,从送风口送至室内,以维持室内要求的温度。暖风机分为轴流式与离心式两种,常称为小型暖风机和大型暖风机。根据其结构特点及适用的热媒不同,又可分为蒸汽暖风机、热水暖风机、蒸汽和热水两用暖风机以及冷热水两用暖风机等。暖风机是热风供暖系统的备热和送热设备。热风供暖是比较经济的供暖方式之一,对流散热几乎占100%,因而具有热惰性小,升温快的特点。暖风机的外形构造如图 9-17、图 9-18 所示。

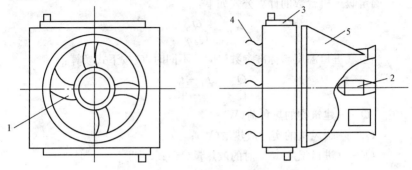

图 9-17　NC 型暖风机示意图
1—轴流式风机;2—电动机;
3—加热器;4—百叶板;5—支架

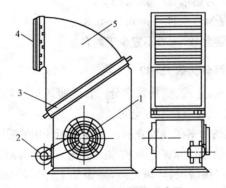

图 9-18　NBL 型暖风机示意图
1—离心式风机;2—电动机;
3—加热器;4—导流叶片;5—外壳

离心式暖风机具有体积大,送风量大,风压高,风流射程长等特点。多用于集中热风供暖系统。轴流式暖风机体积小,送风量和风压较小,结构简单,安装方便,用途多样;但它的出口风速小,气流射程短,一般可悬挂支吊在墙、柱上。出风口处用百叶板调节,直接吹向工作区。

42. 如何确定暖风机台数？

确定暖风机台数的计算公式如下：

$$n = \frac{Q}{Q_d \eta}$$

当空气进口温度与标准参数（15℃）不同时，应按下式换算：

$$\frac{Q_d}{Q_o} = \frac{t_{pj} - t_n}{t_{pj} - 15}$$

式中　Q——建筑物的热负荷(W)；

　　　Q_d——暖风机的实际散热量(W)；

　　　Q_o——进口温度15℃时的散热量(W)；

　　　t_n——设计条件下的进风温度(℃)；

　　　t_{pj}——热媒平均温度(℃)；

　　　η——有效散热系数：

　　　　　热媒为热水时　$\eta = 0.8$；

　　　　　热媒为蒸汽时　$\eta = 0.7 \sim 0.8$。

暖风机的安装台数，一般不宜少于两台。

43. 暖风机可分为哪几种？

暖风机有台式、立式、壁挂式之分。台式暖风机小巧玲珑；立式暖风机线条流畅；壁挂式暖风机节省空间。

通常，暖风机的功率在1kW左右，一般家庭所使用的暖风机电表宜在5A以上，而功率更大的（如20kW）暖风机，需考虑电路负荷限制的因素。

暖风机除了提供暖风、热风之外，还添加了许多新功能，比如有的壁挂式浴室暖风机，设计有旋转式毛巾架，可随时烘干毛巾等轻便物品；新型浴室暖风机，能对室内温度进行预设，而后机器会进行自动恒温控制；加湿暖风机，具有活性炭灭菌滤网，能清烟、除尘、灭菌，同时备有加湿功能，使室内空气干湿宜人。

44. 空气幕按结构可分为哪几种？具有哪些特点？

空气幕又称风幕机、风帘机、风闸。空气幕按结构分为贯流式、轴流式、离心式；按功能分为自然风、热风幕、水热、电热空气幕。空气幕应用特制的高转速电机，带动贯流式、离心式或轴流式风轮运转产生一道强大的气流屏障,有效地保持了室内外的空气环境,能有效保持室内空气清洁,阻止冷热空气对流,减少空调能耗,防止灰尘、昆虫及有害气体的侵入,提供一个舒适的工作、购物、休闲环境。

45. 怎样计算热空气幕安装定额工程量?

热空气幕安装,以"台"为计量单位,其支架制作安装可按相应定额另行计算。

46. 怎样计算供暖器具安装清单工程量?

供暖器具安装工程清单工程量按设计图示数量计算。

【例 9-2】 钢制闭式散热器如图 9-19 所示,试计算其清单工程量。

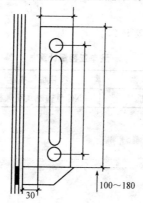

图 9-19 钢制闭式散热器示意图

【解】 钢制闭式散热器工程量=1 片

清单工程量计算见表 9-10。

表 9-10　　　　　　　清单工程量计算

项目编码	项目名称	项目特征描述	计量单位	工程量
030805002001	钢制闭式散热器	钢制闭式散热器,长翼	片	1

【例 9-3】 NC 型轴流式暖风机如图 9-20 所示,试计算其清单工程量。

【解】 NC 型轴流式暖风机工程量=1 台

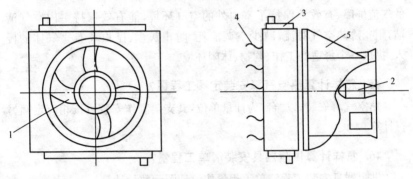

图 9-20 NC 型轴流式暖风机
1—轴流式风机；2—电动机；3—加热器；4—百叶片；5—支架

清单工程量计算见表 9-11。

表 9-11　　　　　　　　　清单工程量计算

项目编码	项目名称	项目特征描述	计量单位	工程量
030805007001	暖风机	NC 型轴流式暖风机	台	1

第十章
燃气器具安装工程计量与计价

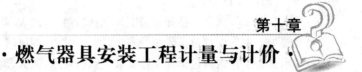

1. 燃气器具安装由哪几个分项工程组成？各包括哪些定额工作内容？

燃气管道、附件、器具安装分部共分8个分项工程。

(1)室外管道安装。

1)镀锌钢管(螺纹连接)。工作内容包括切管,套丝,上零件,调直,管道及管件安装,气压试验。

2)钢管(焊接)。工作内容包括切管,坡口,调直,弯管制作,对口,焊接,磨口,管道安装,气压试验。

3)承插煤气铸铁管(柔性机械接口)。工作内容包括切管,管道及管件安装,挖工作坑,接口,气压试验。

(2)室内镀锌钢管(螺纹连接)安装。工作内容包括打墙洞眼,切管,套丝,上零件,调直,栽管卡及钩钉,管道及管件安装,气压试验。

(3)附件安装。

1)铸铁抽水缸(0.005MPa以内)安装(机械接口)。工作内容包括缸体外观检查,抽水管及抽水立管安装,抽水缸与管道连接。

2)碳钢抽水缸(0.005MPa以内)安装。工作内容包括下料,焊接,缸体与抽水立管组装。

3)调长器安装。工作内容包括灌沥青,焊法兰,加垫,找平,安装,紧固螺栓。

4)调长器与阀门连接。工作内容包括连接阀门,灌沥青,焊法兰,加垫,找平安装,紧固螺栓。

(4)燃气表。

1)民用燃气表。工作内容包括连接接表材料,燃气表安装。

2)公商用燃气表。工作内容包括连接接表材料,燃气表安装。

3)工业用罗茨表。工作内容包括下料,法兰焊接,燃气表安装,紧固螺栓。

(5)燃气加热设备安装。
1)开水炉。工作内容包括开水炉安装,通气,通水,试火,调试风门。
2)采暖炉。工作内容包括采暖炉安装,通气,试火,调风门。
3)沸水器。工作内容包括沸水器安装,通气,通水,试火,调试风门。
4)快速热水器。工作内容包括快速热水器安装,通气,通水,试火,调试风门。
(6)民用灶具。
1)人工煤气灶具。工作内容包括灶具安装,通气,试火,调试风门。
2)液化石油气灶具。工作内容包括灶具安装,通气,试火,调试风门。
3)天然气灶具。工作内容包括灶具安装,通气,试火,调试风门。
(7)公用事业灶具。
1)人工煤气灶具。工作内容包括灶具安装,通气,试火,调试风门。
2)液化石油气灶具。工作内容包括灶具安装,通气,试火,调试风门。
3)天然气灶具。工作内容包括灶具安装,通气,试火,调试风门。
(8)单双气嘴。工作内容包括气嘴研磨,上气嘴。

2. 燃气器具安装工程定额说明包括哪些要点?
(1)定额包括低压镀锌钢管、铸铁管、管道附件、器具安装。
(2)室内外管道分界。
1)地下引入室内的管道,以室内第一个阀门为界。
2)地上引入室内的管道,以墙外三通为界。
(3)室外管道与市政管道,以两者的碰头点为界。
(4)各种管道安装定额包括下列工作内容:
1)场内搬运,检查清扫,分段试压。
2)管件制作(包括机械煨弯、三通)。
3)室内托钩角钢卡制作与安装。
(5)钢管焊接安装项目适用于无缝钢管和焊接钢管。
(6)编制预算时,下列项目应另行计算:
1)阀门安装,按《给排水、采暖、燃气工程》定额相应项目另行计算。
2)法兰安装,按《给排水、采暖、燃气工程》定额相应项目另行计算(调长器安装、调长器与阀门联装、燃气计量表安装除外)。

3)穿墙套管:铁皮管按《给排水、采暖、燃气工程》定额相应项目计算,内墙用钢套管按《给排水、采暖、燃气工程》定额室外钢管焊接定额相应项目计算,外墙钢套管按《工业管道工程》定额相应项目计算。

4)埋地管道的土方工程及排水工程,执行相应预算定额。

5)非同步施工的室内管道安装的打、堵洞眼,执行《全国统一建筑工程基础定额》。

6)室外管道所有带气碰头。

7)燃气计量表安装,不包括表托、支架、表底基础。

8)燃气加热器具只包括器具与燃气管终端阀门连接,其他执行相应定额。

9)铸铁管安装,定额内未包括接头零件,可按设计数量另行计算,但人工、机械不变。

(7)承插煤气铸铁管,以 N1 和 X 型接口形式编制的;如果采用 N 型和 SMJ 型接口时,其人工乘系数 1.05;当安装 X 型、$\phi 400$ 铸铁管接口时,每个口增加螺栓 2.06 套,人工乘以系数 1.08。

(8)燃气输送压力大于 0.2MPa 时,承插煤气铸铁管安装定额中人工乘以系数 1.3。燃气输送压力的分级见表 10-1。

表 10-1　　　　　燃气输送压力(表压)分级

名 称	低压燃气管道	中压燃气管道		高压燃气管道	
		B	A	B	A
压力/MPa	$P \leqslant 0.005$	$0.005 < P \leqslant 0.2$	$0.2 < P \leqslant 0.4$	$0.4 < P \leqslant 0.8$	$0.8 < P \leqslant 1.6$

3. 燃气开水炉的特性有哪些?

燃气开水炉使用专用高位不锈钢燃烧器,特制管道吸热方式,热利用率高,产开水量大,全不锈钢制作,干净卫生。

4. 燃气开水炉安装应遵循哪些原则?

(1)燃气开水炉必须安装在空气流通的地方,烟囱处接驳排烟管道高度不超过 2m,且无异物覆盖,开水器上方安装排气扇。

(2)开水炉的水源必须有 100Pa 压力的自来水。

(3)开水炉安装在水平的台面上远离易燃、易爆、腐蚀性的危险物品，烟囱处温度比较高，距离其他物品必须有 50cm 以上才能确保安全。

5. 什么是燃气采暖炉？

燃气采暖炉是指通过消耗燃气使其转化为热能而用来采暖的一种设备。常见的燃气采暖炉包括燃气室外采暖器和燃气壁挂式采暖炉等。

6. 燃气室外采暖器适用于哪些场所？其特性有哪些？

燃气室外采暖器可广泛应用于庭院、阳台、酒吧、野营等各种室外取暖场所。该类产品属新型采暖设备；具有热量大、热范围广、安全性能好、能耗小等特点。

7. 燃气壁挂式采暖炉的特性有哪些？

燃气壁挂式采暖炉是风行欧洲几十年的成熟产品。我国的标准叫法为"燃气壁挂式快速采暖热水器"，但它却不是传统意义上的燃气热水器，与热水器有着本质的区别。具有防冻保护、防干烧保护、意外熄火保护、温度过高保护、水泵防卡死保护等多种安全保护措施。可以外接室内温度控制器，以实现个性化温度调节和达到节能的目的。

8. 什么是沸水器？

沸水器是一种利用煤气、液化气为热源的能连续不断提供热水或沸水的设备。它由壳体和壳体内的预热器、贮水管、燃烧器、点火器等构成。冷水经预热器预热进入螺旋形的贮水管得到燃烧器直接而又充分的燃烧，水温逐步上升到沸点。具有加热速度快、热效率高、节能、可调温等特点，可广泛应用于家庭、茶馆、饮食店等行业。

9. 如何计算燃气表安装定额工程量？

燃气表安装按不同规格、型号分别以"块"为计量单位，不包括表托、支架、表底垫层基础，其工程量可根据设计要求另行计算。

10. 什么是燃气？

燃气就是作燃料的气体，它具有清洁无烟，发热量大，燃烧温度高，容易点燃和调节等优点，正迅速成为居民生活、公共建筑和工业企业生产所需燃料的主要来源。

燃气是由多种气体混合而成，它由可燃气体、不可燃气体和混杂气体组成。可燃成分有甲烷、氢气、一氧化碳、硫化氢和其他碳氢化合物等；不可燃气体有氮气及其他不活泼气体。混杂气体有二氧化碳、水蒸气、氨气和硫化氢等。

11. 燃气分为哪几类？

燃气的种类很多，主要有天然气、人工燃气、液化石油气等。燃气具有易燃、易爆、有毒等性质。

我们日常生活使用的燃气，无论是人工煤气还是天然气，均直接或间接来源于天然气、石油、煤炭等这些不可再生资源。

12. 什么是天然气？

天然气是由古生物的遗骸长期沉积地下，经过漫长岁月的转化、变质裂解而形成的气态碳氢化合物。它的主要成分是甲烷，燃烧时基本不会产生二氧化硫、氮化物等污染空气的气体，因此不会造成管道表具、灶具等的腐蚀、阻塞，是一种高效、优质的能源。

13. 什么是人工燃气？如何分类？

人工燃气是指由固体或液体燃料加工所得的可燃气体。按制取方法不同分为：干馏燃气、气化煤气、油制气、高炉煤气。

(1)干馏燃气。利用焦炉、连续式直立炭化炉和立箱炉等将固体燃料在隔绝空气(氧)的条件下加热干馏所得的气体称为干馏燃气。

(2)气化煤气。将固体燃料放在燃气发生炉内进行气化所得到的燃气，一般用于工业企业，而不能成为城市燃气的气源。

(3)油制气。油制气也称为裂化煤气，是利用重油裂解制取的燃气。生产油制气的装置简单，投资省，占地少，建设速度快，管理人员少，启动、停炉灵活。按制取方法的不同可分为重油蓄热热裂解气和重油蓄热催化裂解气两种；前者的主要成分为甲烷、乙烯和丙烯等；后者的主要成分为氢、甲烷和一氧化碳等，热值较高，既可用作化工原料，又可用作城市燃气。

(4)高炉煤气。高炉煤气是冶金工厂炼铁时的副产气，主要成分是一氧化碳和氮气。

14. 燃气快速热水器按燃气种类分为哪些种类？

按使用燃气的种类可分为人工煤气热水器、天然气热水器和液化石油气热水器三种。各种燃气的分类代号和额定供气压力见表 10-2。

表 10-2　　　　　　　　　　燃气分类

燃 气 种 类	代　　　号	燃气额定供气压力/Pa
人工煤气	5R、6R、7R	1000
天然气	4T、6T	1000
	10T、12T、13T	2000
液化石油气	19Y、20Y、22Y	2800

15. 燃气快速热水器按安装位置或给排气方式分为哪些种类？

燃气快速热水器按安装位置或给排气方式分类，见表 10-3。

表 10-3　　　　　　按安装位置或给排气方式分类

名　　称		分 类 内 容	简　　称
室内型	自然排气式	燃烧时所需空气取自室内，用排气管在自然抽力作用下将烟气排至室外	烟道式
	强制排气式	燃烧时所需空气取自室内，用排气管在风机作用下强制将烟气排至室外	强排式
	自然给排气式	将给排气管接至室外，利用自然抽力进行给排气	平衡式
	强制给排气式	将给排气管接至室外，利用风机强制进行给排气	强制平衡式
室　外　型		只可以安装在室外的热水器	室外形其他

16. 燃气快速热水器按用途分为哪些种类？

燃气快速热水器按用途分类，见表 10-4。

表 10-4　　　　　　　　　　　按用途分类

类　　别	供热水型	供暖型	两用型
用　　途	仅用于供热水	仅用于供暖	供热水和供暖两用

17. 燃气快速热水器按供暖热水系统结构形式分为哪些种类？

燃气快速热水器按供暖热水系统结构形式分类，见表10-5。

表 10-5　　　　　　　按供暖热水系统结构形式分类

循　环　方　式	分　类　内　容
开放式	热水器供暖循环通路与大气相通
密闭式	热水器供暖循环通路与大气隔绝

18. 燃气灶具如何分类？

(1)按燃气类别不同，可分为人工燃气灶具、天然气灶具和液化石油气灶具。

(2)按灶眼数不同，可分为单眼灶、双眼灶和多眼灶。

(3)按功能不同，可分为灶、烤箱灶、烘烤灶、烤箱、烘烤器、饭锅和气电两用灶具。

(4)按结构形式，可分为台式、嵌入式、落地式、组合式、其他形式。

(5)按加热方式，可分为直接式、半直接式、间接式。

19. 如何计算燃气加热设备、灶具定额工程量？

燃气加热设备、灶具等按不同用途规定型号，分别以"台"为计量单位。

【例 10-1】 如图10-1所示为液化石油气单瓶供应系统示意图，试计算其工程量。

【解】 根据图可知为双眼灶，查定额8-648，则

气灶具　　单位：台　　数量：1

钢瓶　　　单位：个　　数量：1

阀门　　　单位：个　　数量：1

调压器　　单位：个　　数量：1

耐油胶管　单位:m　　数量:假定 N

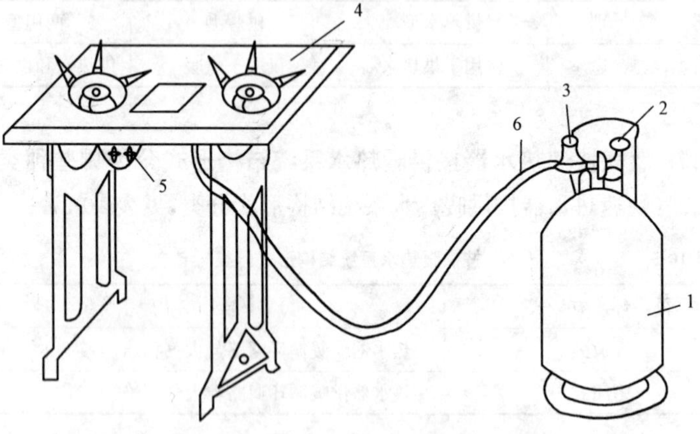

图 10-1　液化石油气单瓶供应系统示意图
1—钢瓶；2—钢瓶角阀；3—调压器；4—燃具；5—燃具开关；6—耐油胶管

20. 如何计算燃气器具安装清单工程量?

燃气具器清单工程量按设计图示数量计算。

【例 10-2】　如图 10-2 所示为燃气采暖炉，试计算其清单工程量。

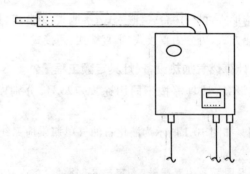

图 10-2　燃气采暖炉

【解】　燃气采暖炉工程量=1 台
清单工程量计算见表 10-6。

表 10-6　　　　　　　清单工程量计算

项目编码	项目名称	项目特征描述	计量单位	工程量
030806002001	燃气采暖炉	按实际需求	台	1

21. 燃气灶具的类型代号如何表示？

燃气灶具类型代号按功能不同用大写汉语拼音字母表示为：

(1)JZ——表示燃气灶；

(2)JKZ——表示烤箱灶；

(3)JHZ——表示烘烤灶；

(4)JH——表示烘烤器；

(5)JK——表示烤箱；

(6)JF——表示饭锅。

22. 气电两用灶具的类型代号如何表示？

气电两用灶具类型代号由燃气灶具类型代号和带电能加热的灶具代号组成，用大写汉语拼音字母表示为：

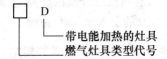

23. 灶具的型号如何表示？

灶具的型号由灶具的类型代号、燃气类别代号和企业自编号组成，表示为：

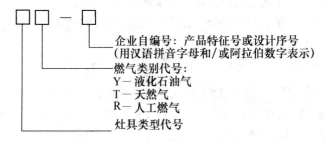

24. 气嘴的特性有哪些？

在燃气管道中，气嘴是用于连接金属管与胶管，并与旋塞阀作用的附件。

(1)气嘴与金属管连接，有内螺纹、外螺纹之分。

(2)气嘴与胶管连接，有单嘴、双嘴之分。

25. 如何计算气嘴安装定额工程量？

气嘴安装按规格型号连接方式，分别以"个"为计量单位。

26. 用户引入管的作用有哪些？

用户引入管与城市或庭院低压分配管道连接，在分支管处设阀门。输送湿燃气的引入管一般由地下引入室内，当采取防冻措施时也可由地上引入。在非采暖地区输送干燃气时，且管径不大于75mm的，则可由地上引入室内。输送湿燃气的引入管应有不小于0.01的坡度，坡向城市分配管道。

引入管最好直接引入用气房间（如厨房）内，不得敷设在卧室、浴室、厕所、易燃与易爆物仓库、有腐蚀性介质的房间、变配电间、电缆沟及烟风道内。公称直径 $DN \leqslant 50$ 的引入管，一般由地上引入室内。

27. 引入管采用地下引入时应符合哪些规定？

(1)穿越建筑物基础或管沟时，敷设在套管中的燃气管道应与套管同轴，套管与引入管之间、套管与建筑物基础或管沟之间的间隙应采用密封性能良好的柔性防腐、防水材料填实。

(2)引入管室内竖管部分宜靠实体墙固定。

(3)引入管的管材应符合设计文件的规定，当设计文件无规定时，宜采用无缝钢管。

(4)湿燃气引入管应坡向室外，其坡度应大于或等于0.01。

28. 引入管采用室外地上引入时应符合哪些规定？

(1)套管内的燃气管道不应有焊口及连接接头，伸向地面的弯管应符合相关规定，引入管的防护罩应按设计文件的要求制作和安装。

(2)地上引入管与建筑物外墙之间净距宜为100～120mm。

(3)引入管保温层厚度应符合设计文件的规定,保温层表面应平整,凹凸偏差不宜超过±2mm。

29. 引入管穿过承重墙或基础时应符合哪些规定？

引入管穿过承重墙或基础时,应预留孔洞,其尺寸见表10-7。管顶上部净空不得小于建筑物的沉降量,一般不小于0.1m;当沉降量较大时,应由结构设计人员提交资料决定。图10-3为引入管穿过带形基础剖面图。

表10-7　　　　引入管穿过承重墙基础预留孔洞尺寸规格　　　　mm

管　径	≤50	50～100	125～150
孔洞尺寸	200×200	300×300	400×400

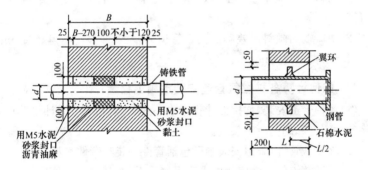

图10-3　引入管穿过带形基础剖面图(mm)

30. 什么是燃气立管？其安装应符合哪些要求？

燃气立管是将煤气由水平干管(或引入管)分送到各层的管道。立管一般敷设在厨房、走廊或楼梯间内。每一立管的顶端和底端设丝堵三通,作清洗用,其直径不小于25mm。当由地下室引入时,立管在第一层应设阀门。阀门应设于室内,对重要用户应在室外另设阀门。当立管管径不大于50mm时,一般每隔一层楼装设一个活接头。

燃气立管通过各层楼板处应设套管。套管高出地面至少50mm,套管与立管之间的间隙用油麻填堵,沥青封口。

燃气立管在一幢建筑中一般不改变管径,直通上面各层。

31. 什么是燃气用户支管？其安装应符合哪些要求？

由立管引向各单独用户计量表及煤气用具的管道为用户支管。用户支管在厨房内的高度不低于 1.7m，敷设坡度应不小于 0.002，并由煤气计量表分别坡向立管和煤气用具。支管穿墙时也应有套管保护。

32. 燃气管道的切割应符合哪些要求？

(1) 镀锌钢管。镀锌钢管宜用钢锯或机械方法切割。

(2) 不锈钢管应采用机械或等离子方法切割；不锈钢管采用砂轮切割或修磨时应使用专用砂轮片；铜管可采用机械或手工方法切割。

33. 管道切口质量应符合哪些要求？

(1) 切口表面应平整，无裂纹、重皮、毛刺、凸凹、缩口、熔渣、氧化物、铁屑等。

(2) 切口端面倾斜偏差不应大于管道外径的 1‰，且不得超过 3mm；凹凸误差不得超过 1mm。

34. 如何计算各种燃气管道安装定额工程量？

(1) 各种管道安装，均按设计管道中心线长度，以"m"为计量单位，不扣除各种管件和阀门所占长度。

(2) 除铸铁管外，管道安装中已包括管件安装和管件本身价值。

(3) 承插铸铁管安装定额中未列出接头零件，其本身价值应按设计用量另行计算，其余不变。

(4) 钢管焊接挖眼接管工作，均在定额中综合取定，不得另行计算。

(5) 调长器及调长器与阀门连接，包括一副法兰安装，螺栓规格和数量以压力为 0.6MPa 的法兰装配；如压力不同可按设计要求的数量、规格进行调整，其他不变。

第十一章
采暖工程系统调整计量与计价

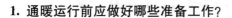

1. 通暖运行前应做好哪些准备工作?

(1)对采暖系统(包括锅炉房或换热站、室外管网、室内采暖系统)进行全面检查,如工程项目是否全部完成,且工程质量是否达到合格;在试运行时各组成部分的设备、管道及其附件、热工测量仪表等是否完整无缺;各组成部分是否处于运行状态(有无敞口处,阀件该关的是否都关闭严密,该开的是否开启,开度是否合适,锅炉的试运行是否正常,热介质是否达到系统运行参数等)。

(2)系统试运行前,应制定可行性试运行方案,且要有统一指挥,明确分工,并对参与试运行人员进行技术交底。

(3)根据试运行方案,做好试运行前的材料、机具和人员的准备工作。水源、电源应能保证运行。通暖一般在冬期进行,对气温突变影响,要有充分的估计,加之系统在不断升压、升温条件下,可能发生的突然事故,均应有可行的应急措施。

(4)冬期气温低于−3℃时,系统通暖应采取必要的防冻措施,如封闭门窗及洞口;设置临时性取暖措施,使室温保持在5℃左右;提高供、回水温度等。如室内采暖系统较大(如高层建筑),则通暖过程中,应严密监视阀门、散热器以致管道的通暖运行工况,必要时采取局部辅助升温(如喷灯烘烤)的措施,以严防冻裂事故发生;监视各手动排汽装置,一旦满水,应有专人负责关闭。

(5)试运行的组织工作。在通暖试运行时,锅炉房内、各用户入口处应有专人负责操作与监控;室内采暖系统应分环路或分片包干负责。在试运行进入正常状态前,工作人员不得擅离岗位,且应不断巡视,发现问题应及时报告并迅速抢修。

为加强联系,便于统一指挥,在高层建筑通暖时,应配置必要的通信设备。

2. 通暖运行应注意哪些事项？

(1)对于系统较大、分支路较多并且管道复杂的采暖系统,应分系统通暖,通暖时应将其他支路的控制阀门关闭,打开放气阀。

(2)检查通暖支路或系统的阀门是否打开,如试暖人员少可分立管试暖。

(3)打开总入口处的回水管阀门,将外网的回水进入系统,这样便于系统的排汽,待排气阀满水后,关闭放气阀,打开总入口的供水管阀门,使热水在系统内形成循环,检查有无漏水处。

(4)冬期通暖时,刚开始应将阀门开小些,进水速度慢些,防止管子骤热而产生裂纹,管子预热后再开大阀门。

(5)如果散热器接头处漏水,可关闭立管阀门,待通暖后再行修理。

3. 通暖调试的目的是什么？

通暖后调试的主要目的是使每个房间达到设计温度,对系统远近的各个环路应达到阻力平衡,即每个小环冷热度均匀,如最近的环路过热,末端环路不热,可用立管阀门进行调整。对单管顺序式的采暖系统,如顶层过热,底层不热或达不到设计温度,可调整顶层闭合管的阀门；如各支路冷热不均匀,可用控制分支路的回水阀门进行调整,最终达到设计要求温度。在调试过程中,应测试热力入口处热媒的温度及压力是否符合设计要求。

4. 管道冲洗应做好哪些准备工作？

(1)对照图纸,根据管道系统情况,确定管道分段吹洗方案,对暂不吹洗管段,通过分支管线阀门将之关闭。

(2)不允许吹扫的附件,如孔板、调节阀、过滤器等,应暂时拆下以短管代替；对减压阀、疏水器等,应关闭进水阀,打开旁通阀,使其不参与清洗,以防污物堵塞。

(3)不允许吹扫的设备和管道,应暂时用盲板隔开。

(4)吹出口的设置。气体吹扫时,吹出口一般设置在阀门前,以保证污物不进入关闭的阀体内。水清洗时,清洗口设于系统各低点泄水阀处。

5. 管道冲洗的顺序是什么?

管道清洗一般按总管→干管→立管→支管的顺序依次进行。当支管数量较多时,可视具体情况,关断某些支管逐根进行清洗,也可数根支管同时清洗。

确定管道清洗方案时,应考虑所有需清洗的管道都能清洗到,不留死角。清洗介质应具有足够的流量和压力,以保证冲洗速度;管道固定应牢固;排放应安全可靠。为增加清洗效果,可用小锤敲击管子,特别是焊口和转角处。

清(吹)洗合格后,应及时填写清洗记录,封闭排放口,并将拆卸的仪表及阀件复位。

6. 管道清洗的方法有哪些?

管道清洗可采用水清洗和蒸汽吹洗,见表11-1。

表11-1　　　　　　　　管道清洗方法

序号	清洗方法	内容说明
1	水清洗	(1)采暖系统在使用前,应用水进行冲洗。 (2)冲洗水选用饮用水或工业用水。 (3)冲洗前,应将管道系统内的流量孔板、温度计、压力表、调节阀芯、止回阀芯等拆除,待清洗后再重新装上。 (4)冲洗时,以系统可能达到的最大压力和流量进行,并保证冲洗水的流速不小于1.5m/s。冲洗应连续进行,直到排出口处水的色度和透明度与入口处相同且无粒状物为合格

续表

序号	清洗方法	内容说明
2	蒸汽吹洗	(1)蒸汽吹洗应先进行管道预热。预热时应开小阀门用小量蒸汽缓慢预热管道，同时检查管道的固定支架是否牢固，管道伸缩是否自如，待管道末端与首端温度相等或接近时，预热结束，即可开大阀门增大蒸汽流量进行吹洗。 (2)蒸汽吹洗应从总汽阀开始，沿蒸汽管道中蒸汽的流向逐段进行。一般每一吹洗管段只设一个排汽口。排汽口附近管道固定应牢固，排气管应接至室外安全的地方，管口朝上倾斜，并设置明显标记，严禁无关人员接近。排气管的截面积应不小于被吹洗管截面积的75%。 (3)蒸汽管道吹洗时，应关闭减压阀、疏水器的进口阀，打开阀前的排泄阀，以排泄管做排出口，打开旁通管阀门，使蒸汽进入管道系统进行吹洗。用总阀控制吹洗蒸汽流量，用各分支管上阀门控制各分支管道吹洗流量。蒸汽吹洗压力应尽量控制在管道设计工作压力的75%左右，最低不能低于工作压力的25%。吹洗流量为设计流量的40%~60%。每一排汽口的吹洗次数不应少于2次，每次吹洗15~20min，按升温→暖管→恒温→吹洗的顺序反复进行。蒸汽阀的开启和关闭都应缓慢，不应过急，以免引起水击而损伤阀件

7. 怎样计算采暖工程系统调整清单工程量？

按由采暖管道、管件、阀门、法兰、供暖器具组成采暖工程系统计算。

第十二章
·热力设备安装工程计量与计价·

1. 什么是锅炉？分为哪几类？

锅炉是利用燃料燃烧释放的热能或其他热能，将工质加热到一定参数（温度和压力）的设备。

锅炉按其用途不同通常可以分为动力锅炉和工业锅炉两类。动力锅炉是用于发电和动力方面的锅炉。用于为工农业生产和采暖及生活提供蒸汽或热水的锅炉称为工业锅炉，又称供热锅炉，其工质出口压力一般不超过 2.5MPa。

对于工业锅炉，按输出工质不同，可分为蒸汽锅炉、热水锅炉和导热锅炉；按燃料和能源不同，可分为燃煤锅炉、燃气锅炉、燃油锅炉和余热锅炉；燃煤锅炉按燃烧方式不同，又可以分为层燃炉、悬燃炉、沸腾炉和流化床炉；按锅炉本体结构不同，可分为火管锅炉和水管锅炉；按锅筒放置方式不同，可分为立式或卧式锅炉；按其出厂形式不同，可分为整装(快装)锅炉、组装锅炉和散装锅炉。

2. 锅炉本体结构由哪几部分组成？

锅炉本体结构有锅筒、水冷壁、省煤器、下降管、过热器及再热器等组成。

3. 什么是锅筒？其作用是什么？

锅筒是由一个钢板制成的圆筒。其作用是与下降管、上升管连接，组成自然循环回路，它又接受省煤器送来的给水，向过热器输送饱和蒸汽。所以，锅筒是加热、蒸发、过热三个过程的连接枢纽。

4. 水冷壁由哪些部件组成？其作用是什么？

水冷壁是由沿炉膛四周紧靠炉墙内壁垂直排列的许多钢管组成。其作用是吸收火焰对水冷壁的辐射热，使饱和水蒸发成为饱和汽，另一方面还保护炉墙免于烧坏。水冷壁的上、下联箱分别由上升管和下降管与锅筒联接,组成一个闭路循环。

5. 省煤器由哪些部件组成?其作用是什么?

省煤器由布置在锅炉尾部烟道中的蛇形管组成,与低温再热器、空气预热器一起称为尾部受热面。尾部受热面可以降低排烟温度,提高锅炉效率。

6. 过热器的作用是什么?

过热器的作用是将饱和蒸汽加热成为一定温度的过热蒸汽,再送往汽轮机做功。过热器由钢管制成,其结构有几种不同形式,根据需要布置在炉内合适的位置。

7. 再热器的作用是什么?

再热器的作用是将汽轮机高压缸排出的蒸汽再加热成为一定温度的过热蒸汽,并送回汽轮机中压缸做功,再热器由钢管制成。

8. 水冷壁、过热器、省煤器安装工程定额工作内容包括哪些?不包括哪些?

(1)定额工作内容包括:

1)组合支架及校管平台的搭拆,管子或管排在校管平台上划线、检查、校正,安装时管子的通球试验,联箱的检查、清理、划线,管子对口焊接、组合,组件的水压试验,组件或管排吊装、找正、固定以及安装后的整体外形尺寸的检查调整。

2)蛇形管排地面单排水压试验,表面式减温器抽芯检查、水压试验,混合式减温器的内部清理。

3)组件起吊加固铁构件及桁架、水冷壁冷拉垫铁的制作、安装及拆除。

4)炉膛四周、顶棚管、穿墙管处铁件及密封铁板的密封焊接。

5)膨胀指示器的安装及其支架的配制。

(2)定额不包括膨胀指示器的制作(按设备供货考虑)。

9. 锅炉房的建筑形式有哪些?

锅炉房建筑布置应符合工艺布置的要求,宜符合现行国家标准《厂房建筑模数协调标准》的规定,照顾到土建工程通用的模数。根据锅炉的容量、类型、燃烧及除渣方式决定单层或多层建筑。需要扩建的锅炉房,土建应留有扩建的措施。

图 12-1 锅炉房建筑形式示意图。

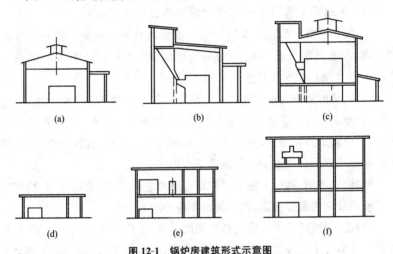

图 12-1 锅炉房建筑形式示意图
(a)单层建筑;(b)单层建筑有运煤廊;(c)双层建筑;
(d)、(e)、(f)一、二、三层的辅助间

10. 如何确定锅炉房的位置?

确定锅炉房位置时,应综合考虑以下几方面的因素:

(1)应尽量靠近热负荷密度较大的地区。当热负荷分布较为均匀时,尽可能位于热用户的中央,以缩短供热、回热管路,节省管材,减小沿途的散热损失,并有利于供暖系统中各循环环路的阻力平衡。

(2)要便于燃料和灰渣的存贮和运输。锅炉房周围应有足够的堆放煤、灰的面积,并留有扩建的余地。

(3)宜位于供暖季节主导风向的下风向,以减轻煤灰、粉尘对周围环境的污染。

(4) 宜位于供热区的低凹处和隐蔽处,以利于回热的收集和美观。但必须保证锅炉房内的地面标高高于当地的洪水位标高。

(5) 供热管道的布置应尽量避免或减少与其他管道的交叉。

(6) 应使锅炉房内有良好的自然通风和采光,便于给水、排水和供电,并应符合安全防火的有关规定。

11. 供热锅炉等设备的布置间距应符合哪些规定?

(1) 锅炉最高操作地点与锅炉房顶部最低结构的距离不应小于 2m。当锅筒、省煤器等上部不需通行和检修时,则其上部的净空不应小于 0.7m。砖木结构锅炉房该距离不得小于 3m。

(2) 锅炉前端与前墙的距离一般应不小于 3m,对于需要炉前拨火、清炉时,此距离不应小于燃烧室总长加 2m。当炉前有风机、仪表箱或操作平台时,应满足操作要求,并有 1m 以上的通道;当炉前有轻便轨道时,锅炉前端突出部件到轨道中心的距离不应小于 4m。

(3) 锅炉之间、锅炉与锅炉房侧墙与后墙之间距,应根据操作、检修或布置辅助设施的需要决定,但其间距不应小于 0.8m。

(4) 送、引风机和水泵等设备之间的通道,不应小于 0.7m。过滤器和离子交换器等水处理设备前面的操作通道,不应小于 1.2m。其顶端至上部楼板或屋面的凸出部分之间的净空,应满足安装和装卸物料的要求。

12. 烘炉常用的方法有哪些?

烘炉常用的方法有火焰烘炉、热风烘炉、蒸汽烘炉等,其中以火焰烘炉法使用较多。

锅炉必须由小火和较低的温度开始,慢慢加温。点火要先用木材,不要距炉墙过近。靠自然通风燃烧,以后逐渐加煤,并开启引风机和鼓风机,风量不要太大。

13. 为什么要进行煮炉?

新装、移装或大修后的锅炉,受热面的内表面留有铁锈、油渍和水垢,为保证运行中的汽水品质,必须煮炉。煮炉宜在烘炉完毕后进行,其方法是在锅炉中加碱水,使油垢脱离炉内金属壁面,在汽包下部沉淀,再经排污阀排出。

14. 煮炉应注意哪些事项?

(1)煮炉期间,炉水水位控制在最高水位,水位降低时,及时补充给水。

(2)每隔3~4h由上、下锅筒(锅壳)及各集箱排污处进行炉水取样,若炉水碱度低于45mg当量/L,向炉内补充加药。

(3)需要排污时,应将压力降低后,前后、左右对称排污。

(4)清洗干净后,打开人孔、手孔,进行检查,清除沉积物。

15. 锅炉试运行应注意哪些事项?

(1)打开点火门。在炉排前端放好木柴并点燃。开大引风机的调节阀使木柴引燃后,关小引风机的调节阀间断开启引风机使火燃烧旺盛,然后手工加煤并开启鼓风机。当煤层燃烧旺盛可关闭点火门向煤斗加煤,间断开动炉排,此时应观察燃烧情况,进行适当的拨火,使煤能连续燃烧。煤连续燃烧后应调整鼓风量和引风量,使炉膛内维持2~3mm水柱(20~30Pa)的负压,使煤逐步正常燃烧。

(2)升火时炉膛温升不宜太快,避免锅炉受热不均产生较大的热应力,影响锅炉寿命。一般情况,从升火至锅炉达到工作压力历时应不小于3~4h。

(3)升火以后应注意水位变化,炉水受热后水位上升,当超过最高水位时应排污使水位正常。

(4)当锅炉有压力时,可进行压力表弯管和水位计的冲洗工作。当压力升至0.3~0.4MPa时,对锅炉范围内的法兰、人孔、手孔和其他连接部位进行一次检查和热状态下的紧固,无问题后升至工作压力。在工作压力下再进行一次检查,人孔、手孔、阀门、法兰和填料应严密,锅炉、集箱、管道和支架的膨胀应正常。

16. 锅炉本体钢结构安装定额工作内容包括哪些?

(1)基础清理、检查、验收、划线、垫铁配置、立柱和横梁的编号、测量校正、组合、加固、吊装、找正及固定。

(2)组合平台的搭拆,临时梯子、平台、硬支撑及加固铁构件的制作、安装及拆除。

17. 压力在 8MPa 以上时怎样计算 35~130t/h 锅炉机组定额工程量?

35~130t/h 锅炉机组压力在 8MPa 以上时,应增加下列无损检验探伤人工、材料、机械费,见表 12-1。

表 12-1　　　　无损检验探伤人工、材料、机械增加费

子目名称	人工(%)	材料(%)	机械(%)
水冷壁系统安装	10	47	47
过热器系统安装	10	49	49
省煤器系统安装	10	49	49
本体管路系统安装	10	120	120

注:1. 材料指子目中的软胶片、增感屏等 21 种探伤用材料乘以上表系数;
　　2. 机械指子目中的 X 光探伤机机械乘以上表系数;
　　3. 人工指子目中总人工费乘以上表系数。

18. 锅炉本体安装定额工作内容包括哪些? 不包括哪些?

(1)工作内容包括:

1)设备开箱、清理、搬运、校正、组合、点焊(焊接或螺栓连接)、起吊安装、找正固定。

2)管件、管材及焊缝的无损检验(X 线、γ 线、超声波、光谱)。在施工过程中,受热面焊缝质量的抽查和补焊工作,焊缝无损检验过程中需要安装人员配合的工作。

3)合金风管件焊前的预热及焊后的热处理。

4)校管平台、组合支架或平台的搭拆。

5)组合或起吊中临时构件和加强铁构的制作。

6)设备本体油漆。

7)整体试验和试运。

(2)不包括的工作内容：

1)露天电站锅炉的特殊防护措施。

2)炉墙砌筑、保温及保温表面的油漆。

19. 怎样计算锅炉本体安装定额工程量？

安装定额计量单位"t"，应以锅炉本体图纸上的金属重量为准，不包括设备的包装材料、临时加固铁构件及炉墙、保温等的重量。

20. 汽包安装定额工作内容包括哪些？不包括哪些？

(1)工作内容包括：

1)汽包的检查、划线、起吊、安装，内部装置的拆除，汽包底座的检修、安装，人孔门的研磨、封闭。

2)汽包底座、临时加固件的制作、安装及拆除。

3)膨胀指示器的安装及支架的配制。

(2)不包括膨胀指示器的制作(按设备供货考虑)。

21. 汽包的内部装置包括哪些？

汽包的内部装置包括蒸汽出口、均汽孔板、给水管、连续排污管、支架、加药管、给水槽、下锅筒内有排放水渣的排污装置。

22. 除氧器及水箱安装定额工作内容包括哪些？不包括哪些？

(1)定额工作内容包括：

1)除氧器水箱托架的安装，水箱体的组合、安装，人孔盖的安装；

2)除氧器吊装并与水箱大小头及拉筋板找正焊接，除氧器本体组装；

3)水位调节阀检查安装，消声管及水箱内梯子安装，水箱内部油漆；

4)蒸汽压力调整阀检查、安装；

5)水封装置或溢永装置安装。

(2)定额不包括蒸汽压力调整阀的自动调整装置安装。

23. 加热器安装定额工作内容包括哪些？不包括哪些？

(1)定额工作内容包括：

1) 加热器检查、拖运、起吊就位；
2) 加热器水压试验；
3) 疏水器及危急泄水器的检修安装，支架安装。
(2) 定额不包括的工作内容：
1) 疏水器及危急泄水器支架制作；
2) 疏水器与加热器间汽、水侧连接管的安装；
3) 加热器空气门及空气管的配制、安装；
4) 加热器液压保护装置阀门及管道系统安装；
5) 加热器水侧出、入口自动阀检修、安装；
6) 电磁阀、快速电动闸阀电气系统的接线、调整。

24. 为什么锅炉用水要经过水处理才能使用？

在蒸汽锅炉内，水不断地蒸发，为了保证锅炉能连续正常地运转，需不断地向炉内补水，热水锅炉也需要正常地补充一定量的水。而水质的好坏会直接影响锅炉的寿命，甚至会导致更严重的后果。影响水质的原因就是水垢。水垢是水中的杂质在炉内不断加热过程中浓缩的结果。水垢形成后会沉淀积在炉内的金属表面上，因为它是一种不良导体，炉内的高温会因水垢无法传递给水而造成金属表面过热烧坏。水垢的附着还会产生水冷壁管阻塞而减少过水断面，降低热效率（增加了煤耗量）等一系列严重问题，因此锅炉用水一定要经过处理后才能使用。

25. 水中杂质及其对锅炉的危害有哪些？

天然水中的悬浮物和胶体物质通常由水厂通过混凝和过滤处理后大部分被清除，但仍有一部分溶解类（主要是钙、镁盐类）物质会析出或浓缩沉淀出来。沉淀物的一部分比较松散，称为水渣；而另一部分附着在受热面内壁，形成坚硬而质密的水垢。水垢的存在对锅炉安全、经济运行危害很大，主要是：

(1) 水垢的导热系数为钢的导热系数的 1/30～1/50，根据试验，受热面内壁附着 1mm 厚的水垢，就要多消耗煤 2%～3% 左右。

(2) 由于水垢导热性差，会使受热面金属壁温升高而过热，使其机械强度显著下降，导致管壁起疱，甚至产生爆炸事故。

(3)锅炉水管内结垢后,会减少管内流通截面积,增加水循环的流动阻力,破坏正常的水循环,严重时会将水管完全堵塞,使管子烧损。且水垢很难清除,缩短锅炉使用寿命。

为了保证工业锅炉的安全,经济运行,锅炉给水必须经过处理,即降低水中钙、镁盐类的含量(软化),减少水中的溶解气体(除氧),使其符合规定的水质标准要求,防止锅内结垢,减轻对受热面金属的腐蚀。

26. 水处理设备及箱罐安装工程定额说明包括哪些要点?

(1)工程范围及工作内容:设备及随设备供应的管子、管件、阀门等的安装,设备本体范围内平台、梯子、栏杆的安装;滤板、滤帽(水嘴)的精选与安装,填料的运搬、筛分、装填,衬里设备防腐层的检验,设备试运前的灌水或水压试验。

(2)澄清器安装定额中包括澄清器本体的组装焊接,空气分离器的安装,但不包括澄清器顶部小屋的搭设。

(3)机械过滤器安装定额是按石英砂垫层考虑的。定额对不同形式的排水系统及不同的装填高度不作换算。

(4)软化器安装定额中对填料的不同装填高度不作换算。

(5)衬胶离子交换器安装定额的使用:

1)阴阳离子交换器的树脂装填高度,每增加 1m 定额乘以系数 1.3,增加不足 1m 时不予调整;

2)采用体内再生的阴阳混合离子交换器时,定额乘以系数 1.1,但对体外再生的阴阳混合离子交换器,逆流再生或浮床运行的设备,执行定额时均不作调整;

3)体外再生罐安装中,带有空气擦洗装置的设备时,定额乘以系数 1.1。

(6)电渗析器安装定额中,不包括本体塑料(或衬里)管子、管件、阀门的安装,浓盐水泵的安装,以及精密过滤器的安装。

(7)水箱安装定额中,包括水箱箱底与基础接触面的油漆,以及自动液位信号接座的开孔与安装,但不包括信号装置的安装。

(8)除二氧化碳器安装定额中,包括风机的安装,但不包括风道的制作与安装,也不包括平台、梯子栏杆的制作与安装。填料装填高度每增加1m,定额乘以系数1.2;不足1m时不予调整。

(9)酸碱储罐(槽)安装定额中,不包括内外壁的防腐工作。

(10)搅拌器安装中,带有电动搅拌装置时,定额乘以系数1.2。

(11)喷射器安装定额,适用于酸、碱、盐、石灰、凝聚剂、蒸汽、树脂输送等各种类型、材质、规格的喷射器安装,定额中已包括喷嘴的调整和支架的配制及安装。

(12)泡沫吸收器安装定额中,不包括烟道的安装。

(13)储气罐安装定额中,已包括罐体压力表与安全阀的安装。

(14)取样设备安装:取样器内部清理、检查、就位、安装、固定,取样架的配制安装(但不包括取样架主材)。

27. 什么是虹吸滤池?

虹吸滤池一般是由6~8个单元滤池组成的整体,单元滤池之间相互连锁运行。它由钢筋混凝土构成。滤池平面形状为圆形、矩形或多边形,但以矩形为多。

虹吸滤池又称自助式冲洗滤池,其特点:使用两根虹吸管——进水虹吸管和排水虹吸管代替进水阀和排水阀,依靠滤池滤出水自身的水头和水量进行反冲洗。

28. 钢筋混凝土池类工艺流程装置安装定额工作内容包括哪些?不包括哪些?

(1)定额工作内容包括:

1)池体范围内的钢制平台、梯子、栏杆、反应室、导流窗、集水槽、取样槽等安装。

2)池体范围内的各种管子、管件、阀门的安装。

3)加速澄清池的转动机械、刮泥机的安装与调整。

4)水力循环澄清池的喷嘴安装与调整。

5)填料的装填。

(2)定额未包括的工作内容:

1)混凝土预制件的安装。
2)池与池及池体外部的平台、梯子、栏杆的安装。
3)池体范围内的钢制平台、梯子、栏杆、反应室、导流窗、集水槽、取样槽的配制。
4)池体范围各部件及池壁的防腐和油漆。

29. 水处理设备系统试运转定额中包括哪些费用？不包括哪些费用？

(1)定额所考虑的为水处理系统的试运转，以达到生产合格产品的条件要求。定额中包括试运准备及试运中所需的人工、材料及机械费用。

(2)定额未包括的费用：

1)机、炉试运时，需要配合发生的人工、材料及机械费(以成品单价计入机、炉试运的有关定额中)。

2)水处理设备在制出合格产品后，为检验设计质量和设备质量，以及为取得经济合理的运行方式而进行的各种生产调整试验费用(属全厂联合试运转)。

(3)水处理设备系统水压试验及试运转定额，按固定床顺流再生方式考虑，同样适用于固定床逆流再生和浮床系统。

30. 锅炉用水分为哪几种？

锅炉用水，根据其所处的部位和作用不同，可分为以下几种：

(1)原水是指锅炉的水源水，也称生水。原水主要来自江河水、井水或城市自来水。一般每月至少化验1次。

(2)软化水原水经过水质软化处理，硬度降低，符合锅炉给水水质标准的水。

(3)回水锅炉蒸汽或热水使用后的凝结水或低温水，返回锅炉房循环利用时称为回水。

(4)补给水无回水或回水量不能满足供水需要，必须向锅炉补充供应的符合标准要求的水称为补给水。

(5)给水送入锅炉的水称为锅炉给水，通常由回水和补给水两部分组成。

(6) 锅水 锅炉运行中在锅内吸热、蒸发的水。

(7) 排污水为除掉锅水中的杂质，降低水中杂质含量，从汽锅中放掉的一部分锅水，称为锅炉排污水。

31. 锅炉炉墙的作用有哪些？具有哪些特点？

锅炉的炉墙是锅炉本体不可忽视的组成部分。通过炉墙，将锅炉各受热面及燃料的燃烧与外界隔绝起来，形成封闭的炉膛和构成一定形状的烟道。炉墙起着绝热、密封作用，确保锅炉运行的安全性和经济性。为此，炉墙应具有良好的绝热性、密闭性和抗蚀性、足够的耐热性、一定的机械强度、良好的热稳定性以及重量轻、结掏简单、便于施工和造价低等特点。

32. 敷管式及膜式冷壁炉墙砌筑定额项目包括哪些工作内容？

(1) 定额工作内容包括：

1) 耐火混凝土："L"形钩钉焊接，钢丝网下料、敷设及定位；

2) 炉底磷酸盐耐火混凝土：工作件表面清扫、除垢，膨胀缝设置五合板，调酸、搅拌及闷料，分层捣打，层间打毛，养护；

3) 膜式水冷壁保温混凝土："L"形钩钉焊接，钢丝网下料、敷设及定位；

4) 矿、岩棉缝合毡或矿、岩棉半硬板："L"形钩钉焊接，矿、岩棉缝合毡或矿、岩棉半硬板分层铺实，钢丝网敷设，用压板及螺母紧固压紧缝合毡或半硬板至设计厚度；

5) 炉墙抹面及密封涂料：敷设钢丝网紧固定位。

(2) 直斜墙及包墙适用于水冷壁炉墙、冷灰斗炉墙及过热器包墙，炉顶部分适用于平顶棚炉墙，超细玻璃棉缝合毡只适用于膜式水冷壁炉墙，炉墙抹面及密封涂料适用于全炉。

(3) 敷管式与膜式水冷壁炉墙工程量计算时，应扣除加热面管子埋入炉墙部分。

33. 炉墙中局部耐火混凝土、耐火塑料及保温混凝土浇灌定额适用于哪些部位？

耐火混凝土定额适用于各型炉墙节点中的零星部位（灰渣斗及冷灰斗管子穿墙、炉顶及省煤器等管子穿墙、折焰角管子穿墙、空气预热器防磨及省煤器支撑梁等），也适用于高温炉烟管道中的耐火混凝土浇灌。耐火塑料定额适用于大汽包底部及空气预热器伸缩节等投掷式施工部位。燃烧带适用于炉膛高温区带钩钉的水冷壁管表面敷设。保温混凝土定额适用于炉墙节点中的零星部位。

34. 炉墙填料填塞工程定额适用于哪些部位？其工程量如何计算？

（1）石棉硅藻土定额适用于加热面联箱外壳的填料填塞；石棉绒高硅氧纤维定额适用于顶棚过热器上穿墙管外的密封，也适用于施工图上注明的性质相近的填料施工。

（2）计算工程量时应扣除管子穿墙部分的体积。

35. 筑炉常用的材料有哪些？

锅炉的炉墙通常分为内墙、隔烟墙和外墙。内墙、隔烟墙直接受火焰侵袭，采用耐火砖、耐火泥砌筑。耐火砖分为普型和异型两种，耐火泥由生料（生耐火泥）、熟科（熟耐火泥）配制而成。外墙不直接承受火焰的烘烤，采用优质红（青）砖和水泥砂浆砌筑。

36. 锅炉本体结构的基本安全有哪些技术要求？

锅炉本体是锅炉的整个主体系统，对其结构的基本安全有较高的技术要求：

（1）锅炉本体的各部分在运行时应能按设计预定方向自由膨胀。

（2）各部分受热面应得到可靠的冷却。

（3）锅炉各受压元件应有足够的强度，并装有可靠的安全保护设施，防止超压。

（4）受压元、部件结构的形式、开孔和焊缝的布置应尽量避免或减小复合应力和应力集中。

（5）锅炉的炉膛结构应有足够的承压能力和可靠的防爆措施，并应有良好的密封性。

(6)锅炉承重结构上承受设计负荷时应具有足够的强度、刚度、稳定性及防腐蚀性。

(7)锅炉结构应便于安装、检修和清洗内、外部。

37. 什么是快装锅炉？

快装锅炉是锅炉生产厂除锅炉辅助机械单件供货外,炉本体的组装、砌筑、保温、油漆等工序全部在生产厂完成后整体出厂的锅炉。

38. 快装锅炉成套设备安装定额工作内容包括哪些？不包括哪些？

(1)定额工作内容包括：

1)炉本体及本体范围的管道、主汽阀门、热水阀门、安全门、给水阀门、排污阀门、水位警报、水位计、温度计、压力表以及相配套的附件安装。

2)上煤装置、除灰(渣)装置、体外省煤器等设备安装及随锅炉生产厂配套供货的烟风管系统和非标构件、配件的安装。

3)锅炉本体一次门以内的水压试验。

4)烘炉、煮炉和调整安全门。

(2)定额不包括的工作内容：

1)锅炉本体一次门以外的管道安装及其保温油漆工程。

2)除上述外的非锅炉生产厂供应的设备和非标构件的制作和安装。

39. 常压、立式锅炉本体设备安装定额工作内容包括哪些？不包括哪些？

(1)定额工作内容包括：

1)炉本体及炉本体范围内的安全阀、压力表、温度计、水位计、给水阀、蒸汽阀、排污阀等附件安装。

2)锅炉本体一次门以内的水压试验。

3)烘炉、煮炉和调整安全门。

(2)定额不包括的工作内容：

第十二章 热力设备安装工程计量与计价

1)炉本体一次门以外管道安装,保温、油漆工程。
2)各种泵类、箱类安装工程。

40. 怎样计算热力设备安装工程清单工程量?

(1)中压锅炉本体设备安装,中压锅炉风机安装,中压锅炉除尘装置安装、中压锅炉制粉系统安装,中压锅炉其他辅助设备安装,汽轮发电机组本体安装,汽轮发电机辅助设备安装,汽轮发电机附属设备安装,卸煤设备安装,煤场机械设备安装,碎煤设备安装,输煤转运站落煤设备、皮带秤、机械采样装置及除木器、电动犁式卸料器、电动卸料车、电磁分离器、水力冲查、冲灰设备安装,化学水预处理系统设备安装,锅炉补给水除盐系统设备安装,凝结水处理系统设备安装,循环水处理系统设备安装,给水、炉水校正处理系统设备安装,低压锅炉本体设备安装,除尘器、板式换热器、输煤设备(上煤机)、除渣机、齿轮式破碎机安装工程均按设计图示数量计算。

(2)中压锅炉烟囱,煤管道安装工程按设计图示质量计算。

(3)中压锅炉墙砌筑工程按设计图示的设备表面尺寸,以面积计算。

(4)皮带机、配仓皮带机按设备安装图示长度计算。

(5)水处理设备按系统设计清单和设备制造厂供货范围计算。

41. 组装锅炉本体安装定额工作内容包括哪些?不包括哪些?

(1)定额工作内容包括:

1)锅炉本体的上下组件安装,本体范围的管道、主汽阀门、热水阀门、安全门、给水阀门、排污阀门、水位警报、水位计、温度计、压力表以及相配套的附件安装。

2)炉本体部分的上煤装置、除灰(渣)装置、调速箱、体外省煤器设备安装随锅炉生产厂配套供货的烟风管系统和非标构件、配件的安装。

3)锅炉本体一次门以内的水压试验。

4)烘炉、煮炉和调整安全门。

(2)定额不包括的工作内容:

1)锅炉本体一次门以外的管道安装及保温油漆工程。

2)除上述外的非锅炉生产厂供应的设备和非标构件的制作和安装。

3)锅炉本体组件接口的耐火砖砌筑、门拱砌筑、保温油漆工程。

4)定额只限锅炉本体组件分为两大件。

5)锅炉本体下部组件包括链条炉排、底座等。如为散件供货需在现场组合安装时,应按定额基价乘以系数 1.20。

6)炉后体外省煤器如为散件供货,需在现场接口研磨、上弯头、组合、水压试验、安装时,应按定额基价乘以系数 1.06。

7)锅炉的电气、自动控制、遥控配风、热工、仪表校验、调整、安装。

42. 散装锅炉本体安装定额工作内容包括哪些？不包括哪些？

(1)定额工作内容包括:锅炉本体的钢架、汽包、水冷壁、过热器、省煤器、空气预热器、本体管路、吹灰装置、各种门孔构件、走台梯子、炉排安装、水压试验、烘炉、煮炉等。

(2)定额不包括的工作内容:

1)炉墙砌筑、保温和油漆;

2)各型锅炉的辅助机械、附属设备的安装;

3)炉本体一次门以外的管道、管件、阀门的安装;

4)不属于锅炉生产厂随机供货的金属构件、煤斗、连接平台的安装;

5)锅炉热工仪表的校验、调整、安装;

6)上述未包括的工作内容,执行相应项目或相应册定额。

43. 什么是螺旋除渣机？

螺旋除渣机是容量为 2～4t/h 的"快装锅炉"、"往复推动炉排炉"及一般链条炉配用的除渣设备。

该设备由电驱动装置、螺旋轴、筒壳、渣斗等组成。电机转速为 30～75r/min。螺旋直径常采用 200～300mm。其设备简单,运行管理方便。但不适用于结焦性强的煤。

44. 除渣设备安装定额工作内容包括哪些？不包括哪些？

(1)定额工作内容包括:

1)螺旋除渣机、刮板除渣机、链条除渣机、重型链条除渣机的安装;

2)工作内容包括:设备清洗组装、机壳或机槽安装,渣机头、尾部安装,传动装置及拉链安装。

(2)定额不包括的工作内容:电机的检查接线和油漆工作。

45. 双辊齿轮式破碎机安装定额工作内容包括哪些?不包括哪些?

(1)工作内容包括:机架底座安装固定、活动齿轮安装、滴滑系统安装、液压管路酸洗安装,随设备供应的梯子、平台、栏杆安装。

(2)定额不包括的工作内容:电机检查接线工作。

46. 如何安装锅炉本体?

(1)锅炉在水平运输时,必须使道木高于锅炉基础,保证锅炉基础不受损坏。

(2)当锅炉运到基础上位以后,快装锅炉可以不撤滚杠进行初步找正,并应达到下列要求:

1)锅炉炉排前轴中心应与基础前轴中心基准线相吻合,允许偏差为±2mm。

2)锅炉纵向中心线相吻合于基础纵向中心基准线,或锅炉支架纵向中心线与条形基础纵向中心线相吻合,允许偏差为±10mm。

(3)撤出滚杠使锅炉就位。

1)撤滚杠时,应分步进行,逐步使锅炉平稳落在基础上。

2)锅炉就位后的校正:锅炉在就位过程中可能产生位移,应进行复查,用千斤顶校正,达到找正的允许偏差。

(4)锅炉找平,经水准仪测量锅炉基础的纵向和横向水平度,其水平度小于或等于4mm时,可免去锅炉的找平。

1)锅炉纵向找平:用水平尺(水平尺的长度不小于600mm)间接放在炉排的横排面上,检查炉排面的水平度。检查点最少为炉排前后两处。水平度要求为:炉排面纵向应水平或炉排面略坡向锅筒排污管一侧为合格。

2)锅炉横向找平:用水平尺(水平尺长度不小于600mm)间接放在炉

排的横排面上,检查点最少为炉排前、后两处,炉排的横向倾斜度不得大于5mm为合格,炉排的横向倾斜过大会导致炉排跑偏。

(5)炉底风量的密封要求。

1)锅炉支架底与基础之间必须用水泥砂浆堵严。

2)锅炉底座与基础之间的密封砖墙应砌筑严密,两侧抹水泥砂浆。

3)基础的预留孔洞安装完毕后也应砌筑严密,用水泥砂浆抹严。

47. 燃油(气)锅炉本体安装定额工作内容包括哪些？不包括哪些？

(1)定额工作内容包括：

1)各型整装燃油(气)锅炉包括炉本体及本体范围内管道、阀门、管件、仪表及水位计的安装,随炉本体配套供应的油、水泵、燃烧器、调速器、平台、梯子、栏杆、电控箱等的安装,锅炉本体范围内的水压试验、烘炉、煮炉和调整安全门；

2)各型散装燃油(气)锅炉包括炉本体钢架、汽包、水冷系统、过热系统、省煤器及管路系统、炉本体的水汽管道、各种钢结构、除灰装置、平台梯子栏杆、炉体表皮包钢板、水压试验、烘炉、煮炉、调整安全门。

(2)定额不包括的工作内容：

1)炉墙砌筑、保温和油漆；

2)各型散装燃油(气)锅炉的泵类、油箱水箱类的安装；

3)不属于制造厂供货的金属结构件、煤斗、连接平台的安装；

4)不论整装或散装炉本体一次门以外的汽、油、水管道、管件、阀门、热工仪表的安装以及保温、水压试验；

5)整装炉的上水系统(给水泵和管路、注水器及管路)的安装；

6)试运行所需用的轻油或重油、软化水、电力的消耗量均未计入定额,但烘炉、煮炉的油、水、电已计入定额。

(3)其他：定额所选用的燃油(气)炉型号、规格、种类是按一般普通常规产品考虑的,特殊特种燃油(气)锅炉均不适用此定额。

(4)定额中烘炉、煮炉是按烧油考虑的,当燃料为气体时,应扣除定额所含轻油,由建设单位提供燃气。

48. 烟气净化设备安装定额工作内容包括哪些？不包括哪些？

(1)定额工作内容包括：
1)单筒干式、多筒干式、多管干式旋风除尘器的安装。
2)工作内容包括：设备本体、分离器、导烟管、顶盖、排灰筒及支座的组合安装。
(2)定额不包括的内容：旋风子的蜗壳制作、内衬的镶砌，另执行加工配制和保温砌筑相应项目。

49. 锅炉水处理设备安装定额工作内容包括哪些？不包括哪些？

(1)定额工作内容包括：
1)设备及随设备供应的管子、管件、阀门等的安装，设备本体范围内的平台、梯子、栏杆的安装，填料的运搬、筛分、装填，衬里设备防腐层的检验，设备试运的灌水或水压试验；
2)随设备供应的盐液、缸、电子控制仪表等的配套设备安装。
(2)定额不包括的工作内容：
1)设备及管道的保温、油漆、设备的二次灌浆，地脚螺栓的配制；
2)设备进、出口第一片法兰以外的管道安装工程。

50. 板式换热器设备安装定额工作内容包括哪些？不包括哪些？

(1)定额工作内容包括：设备及随设备供应的管子、管件、阀门、温度计、压力表等安装和水压试验。
(2)定额不包括的工作内容：
1)设备及管道的保温、油漆、设备的二次灌浆，地脚螺栓的配制；
2)设备进、出口第一片法兰以外的管道安装工程。

参 考 文 献

[1] 中华人民共和国住房和城乡建设部. GB 50500—2008 建设工程工程量清单计价规范[S]. 北京:中国计划出版社,2008.
[2] 邢莉燕. 工程量清单的编制与投标报价[M]. 济南:山东科学技术出版社,2004.
[3] 李希伦. 建设工程工程量清单计价编制实用手册[M]. 北京:中国计划出版社,2003.
[4] 张怡,方林梅. 安装工程定额与预算[M]. 北京:中国水利水电出版社,2003.
[5] 张月明,赵乐宁,王明芳,等. 工程量清单计价与示例[M]. 北京:中国建筑工业出版社,2004.
[6] 武建文. 造价工程提高必读[M]. 北京:中国电力出版社,2005.
[7] 刘庆山. 建筑安装工程预算[M]. 2版. 北京:机械工业出版社,2004.
[8] 袁建新. 建筑工程定额与预算[M]. 北京:高等教育出版社,2002.